后浪

花镜

【清】陈淏 著

伊钦恒 校注

江苏凤凰文艺出版社
JIANGSU PHOENIX LITERATURE AND ART PUBLISHING

目　录

卷一　花历新裁…17

卷二　课花十八法…41

卷四　花果类考 ··· 127

卷五 藤蔓类考…175

卷六　花草类考 … 223

附　录…299

校注《花镜》引言

本书原分六卷。这次校注中，将原分别列入花木类、藤蔓类和花草类的各种果树抽出，单列一卷，共七卷（含附录）。卷之一“花历新裁”中，除“占验”和“占候”外，“授时”部分，共分成十项，主要列出各种观赏植物栽培的逐月行事。卷之二“课花十八法”，记述观赏植物栽培的原理和管理方法。卷之三至卷之六分类（花木类、花果类、藤蔓类和花草类）说明各种观赏植物的品种及其栽培和利用，共计三百五十二种（均连附题计起），其中包括果树六十一种、蔬菜十四种。附录附禽、兽、鳞、虫等四十五种。作者总结了古代劳动人民的经验和前人研究的成果，进一步有所发展和提高，其中有些地方纠正了古书中的某些错误，提出了不少的创见，可以说是我国最早的、最宝贵的一部园艺专著。

作者陈淏子[①]，一名扶摇，别署西湖花隐翁。他的历史，梁家勉、鄞裕洹两先生曾作过考证。据查在《清史稿》《碑传集》《国朝耆献类征》《文献征存录》《国朝先正事略》以及《浙江通志》（人物艺文两部）、《杭州府志》等文献中，均不见著录作者姓名。据作者自称有“文园馆课”“书屋讲堂”等事物。再张国泰（履安）序里说：“归来高士，退老东篱；知止名流，养安北牖”，“遨游白下（即今南京），著书满家；终隐西泠，寄怀十亩”。从这里可以看出，他是有民族气节、明亡以后不愿做清朝官吏的所谓高士，是退归田园，从事花草果木栽培，并兼授徒为业的老书生。又作者在本书中自序所署的时间，坊本各有不同，或署康熙戊辰（如善成堂、花说堂等版）；或署乾隆癸卯（如文德堂巾箱本）；甚至也有署民国三年的（沈鹤记上海版）。若根据其自序以推算作者年代，究以何者为准？经查康熙前的古书，未见引及此书，但在雍正初年刊出的陈梦雷所辑的《图书集成》，已有著录，可见此序必不会撰自雍正后。再查日本花说堂版，除自序外，尚有两篇序文：一篇是丁澎（药园）写的，末署康熙戊辰立春后三日。一篇是张国泰写的，末署康熙戊辰花朝。坊本中自序署康熙戊辰的占大多数。故断定《花镜》出版系在清康熙戊辰

① 本书采纳陈剑先生意见，认为《花镜》作者署名为陈淏较为恰当。——编者注

年，即一六八八年。据自序中说："年来虚度二万八千日。"照此推算，在本书出版的当时，作者已是七十七岁的高龄，他的出生约在明万历四十年（一六一二年），即十七世纪初期。到明、清鼎革时（一六四五年），著者已是三十岁以上的中年了。他晚年对当时社会风尚表示不满，认为一般人不是在商场鬼混、投机图利，就是投身宦海、猎取官职，对种植生产，一无所知。这在自序最后一段里可以看到："……堪笑世人鹿鹿，非混迹市廛，即萦情圭组，昧艺植之理。……"因而决心将本书刊行问世，使人尽得种植之方。至于对此书的评价，当时丁澎的序文说："……若王芳庆《园亭花木记》（按《园林草木疏》系唐人王方庆作）、刘杳《离骚草木疏》（按《离骚草木疏》系宋人吴仁杰撰），犹憾其未详尽，且未及禽、鱼为欠事。《群芳谱》诗文极富，而略种植之方；今陈子所纂《花镜》一书，先花、木而次及飞、走，一切艺植、驯饲之法，具载是编，其亦昔人禽经、花谱之遗意欤？吾知其事虽细，必可传也。"又张国泰谓："将见是编一出，刁家之池馆益奇，金谷之亭园备矣。百卉争暄，别饶花药；繁葩竞露，倍结英华。……"本书由于作者从朝夕体验，以至询之嗜花友及卖花佣，总结了劳动人民许多宝贵的经验，不特在当时认为可贵，在今天看来，也有一定的实用价值。

本书的特点，值得指出的有以下几方面：

一、以前各种农书，都以粮食作物或棉、麻、蚕、桑等为主要内容，本书则专论观赏植物并涉及果树栽培。在"课花大略"一段文字中说："凡植之而荣者，即记其何以荣；植之而瘁者，即究其何以瘁；宜阴、宜阳，喜燥、喜湿，当瘠、当肥，无一不顺其性情，而朝夕体验之。即有一二目未之见、法未尽善者，多询之嗜花友，以花为事者；或卖花佣，以花为活者。多方传其秘诀，取其新论，复于昔贤花史、花谱中，参酌考证而后录之。……"从这里可以看到作者对栽培植物观察研究的细致，也说明了作者认真的治学态度，是值得我们学习的。

二、作者在"授时"的每月行事中，所罗列的花木果树等种类极其丰富。按月行事分成：分栽、移植、扦插、接换、压条、下种、收种、浇灌、培壅、整顿等凡十项。根据不同季节时期（各个月份），对不同种类、品种，运用不同的栽培管理等方法，迄今在农业生产实践上，仍有参考价值。

三、"课花十八法"中，以辨花性情法，说明植物对外界环境条件的要求，同时即分别以下种及期法、扦插易生法、接换神奇法、过贴巧合法、移花转垛法、浇灌得宜法、培壅可否法、种盆取景法、收种贮子法、整顿删科法等繁殖栽培管理的方法，最后再说到枯树活树法、变花催花法、香花耐久法，这一部分是作者毕生经验的总结，是作者得力处，也是本书最精彩的地方。作者在“课花大略”里说：“生草木之天地既殊，草木之性情焉得不异？故北方属水性冷，产北者自耐严寒；南方属火性燠，产南者不畏炎威，理势然也。”同时他还根据许多具体事例，论述这些观赏植物的生物学特性所以不同的原因。这种看法，是与米丘林学说的基本观点——有机体和它的生活条件是统一的，生活条件的改变，必然要引起有机体的改变——相符合的。

在这里作者总结了祖国劳动人民的宝贵经验，对播种前的整地，扼要地提出：“地不厌高，土肥为上，锄不厌数，土松为良。”在移花转垛法中提出：“移植无时，莫教树知；多留宿土，记取南枝。”在接换神奇法中强调砧木与接穗选择的重要性，并说：“花木之必须接换，实有至理存焉。花小者可大，瓣单者可重，色红者可紫，实小者可巨，酸苦者可甜，臭恶者可馥，是人力可以回天，惟在接换之得其传耳。”同时他指出不特类似者如近缘的桃、李、杏互接，金柑、橙、橘互接，林檎、海棠互接，即远缘的不同科属的，亦可以接换。例如白梅接冬青即变墨梅；樱桃接贴梗，则成垂丝；贴梗接梨，则成西府；柿接桃则为金桃；桑接梨则松而美……这些都是科间远缘嫁接，在前人著作中如《齐民要术》《农桑通诀》及《种树书》里，早已提到，作者又总括地提出来了。从这里说明了祖国劳动人民在很久以前，已认识到植物间的亲和力，并能确定哪种砧木与接穗配合最宜。关于接穗的选择，在王桢《农桑通诀》里说：“凡接枝条必择其美好，宜用宿条向阳者，气壮而易茂。”本书作者进一步说：“其接枝亦须择其佳种，已生实一二年有旺气者，过脉乃善……”“凡接须取向南近下枝，用之则着子多。”他更加明确指出除要选佳种外，还要选择已结过果一二年、向南近下的丰产枝条。从必须选择已结过果的枝条这一点，可看出作者已认识到植物生长发育的阶段性，而且认识到选择丰产枝条在生产上的重要意义。同时作者不但看到嫁接可以得到变异，而且认为嫁接可以改良品种，可以引起定向的变异，以及应用这种方法培育新品种。

在桃的实生繁殖方面，作者说：“种法：取佳种熟桃，连肉埋粪地中，尖头向上，覆熟肥土尺余，至春发生，带土移栽别地则旺。”这原系参考贾思勰《齐民要术》种桃柰第四十三：“熟时合肉埋粪土中，直置凡地则不生，生亦不茂。”作者对实生繁殖，除同意贾思勰应采成熟的桃播种外，并指出必须选择佳种，应从优良母株选种，且播种时尖头应向上，使更好发芽。又关于扦插移栽，他说：“总之扦插移栽，不外乎‘宜阴忌日’四字。”这扼要说明了扦插要选择阴凉的地方，避免太阳直射，使水分不致失去平衡，保证植株成活。同时在种植期的问题上，他根据劳动人民的经验，开始打破迷信观念。他认为只要提高栽培技术，随时都可移栽定植，不受季节时期的限制。他还援引实例来说明：“在南浙莳花为业者，……无花不种，无木不移，……虽非其时，亦可以植。皆因转垛得法。”运用优良的栽培技术可以控制植物的生长和发育，使之合乎人类的志愿。这正是米邱林说的：“我们不能等待自然的恩赐，而是要向自然索取。”这些在今天发展园艺作物栽培上是有一定价值的。

变花催花法，主要说明促成栽培与抑制栽培的原理。养花瓶插法，列举培养液及防腐的作用。花香耐久法，则涉及贮藏、加工的方法。虽列举无多，但亦为目前花卉园艺学上所必须研究的课题。同时还著录有几十种新的植物为《植物学大辞典》《中国植物图鉴》所采用。

此外“培壅可否法”对培养土的制法，叙述特详，迄今仍为花卉登盆所通用。“整顿删科法”，说明要剪除沥水条（下垂枝）、刺身条（怀枝）、骈枝条（平行枝）、冗杂条（重叠枝）、枯朽枝（枯枝），还指出整枝不能用手折，必须修剪，剪痕向下，则雨水不能沁其心。这些都是宝贵的经验。对整枝修剪，别有见地。又所列举栽培的植物中，除描述种类品种特性外，更论及观赏、食用及药用价值，在今天亦有相当意义。

不过本书也还存在着一些缺点，主要由于作者生长在十七世纪，受了时代及当时的科学水平的限制，尤其对天文气象的知识，更感缺乏，因此对前人的传说附会、属于迷信的东西，未能辨别。同时由于作者是个老书生，没有什么功名，当时交通不便，可能所到的地方亦不广，又缺乏标本，对某些植物形态特征的认识，也受到一定的限制。

一、“花历新裁”一至十二月的“占验、占候”部分，许多夹杂着天干、地支、五行等唯心的观点，而不是总结地方经验的农谚。本来所谓“占验、占候”，便是一种气候预测，使人能及早预防各种白然灾害；因此，凡是能反映当时气候和当地事实的农谚，对当地农业生产实践常常有某些指导作用。但若单纯用假定期限里的阴、晴、风、雨、云、雾、雷、电、霜、雪等动态，作为预测全年或后期的丰歉，更涉及天干、地支、五行等推算数字，那就太不可靠了。又花木类中有的附会一些迷信的传说，都系取自前人的糟粕，现在看来没有什么意义。

二、植物种类名称，有些地方混淆不清。例如，菩提子一节说菩提子一名无患子。但文内描述该植物的花和果实的形态时，却说：“花如冠蕤……实似枇杷，稍长大，味甘，色青而芳。”这完全是指桃金娘科的蒲桃，与菩提子及无患子的性状显然不同。但最后又说到其子可作念珠，并说核坚黑可炒食，这样又混淆起来了。

又如金丝桃一节说：金丝桃即桃金娘。但内文描述植物形态特征时，则说：“花似桃而大，其色更赪。中茎纯紫，心吐黄须，铺散花外，俨若金丝。八九月实熟，青绀若牛乳状，其味甘，可入药用。”这完全是指桃金娘，与金丝桃科的金丝桃——花为鹅黄色，果实能裂开散出种子——有所不同。

三、在编排方面，将波萝蜜、菩提子（蒲桃）、人面子、都念子、木竹子、韶子等乔木果树，列入藤蔓类，不甚恰当。又书中引用材料，没有注明出处，只说于昔贤花史、花谱中参记，致考证困难，亦是美中不足。

《花镜》虽有这些缺点，但并不影响它的价值。在这里我们理解古人，接受或学习前人的生产经验，应该抱着批判的态度。

本书所列果树种类不少，作者在描述中，还强调说明各果品的实用价值、用途，却又分列入花木类、藤蔓类及花草类中。俞德浚先生的意见，认为波萝蜜、菩提子、人面子、都念子、苌楚等，不宜列入藤蔓类。现在为了更好地划分类别与便利读者查阅研究，特将原列入花木类中的梅、樱桃、杏、桃、李、梨、木瓜、棠梨、郁李、林檎、柰、文官果、山楂、柿、橘、橙、金柑、香橼、佛手柑、石榴、杨梅、枣、荔枝、龙眼、橄榄、椰、胡桃、银杏、无花果、枳椇、栗、枇杷、榧、榛，古度子、天仙果等，及藤蔓类中的葡萄、猕猴桃、蘡薁、扬摇子（杨桃）、波萝蜜、菩提子（蒲桃）、人面子、都念子、木竹子、韶子、苌楚，以及花草类中的芭蕉等划出，增列一“花果类”。此外凤尾蕉列入花木类，萬苣列入花草类，其排列次序，仍照原书所列先后编列。又原书在花木类、藤蔓类、花草类等各类中，同一标题内，常包括几个树种，为了便利读者查阅，校注时特将原题内文所论述的有关种类，都提出附在原题下面。

本书的版本笔者所见到的有以下几种：

1 善成堂镌《花镜》木刻三本

2 金阊书业堂《花镜》木刻二本

3 日本花说堂重刻《秘传花镜》日本平贺氏校正木刻六本

4 另一种（未署明刻印处）《秘传花镜》木刻三本

5 另一种（未署明刻印处）《秘传花镜》木刻四本

6 另一种（未署明刻印处）《秘传花镜》木刻六本

7 文德堂《园林花镜》木刻六本

8 锦章图书局印《绘图园林花镜》石印一本（一九一四年发行）

9 大美书局《群芳花镜》铅印一本（一九三六年发行）

10 沈鹤记书局印《群芳花镜全书》石印一本（一九三六年发行）

11 中华书局铅印《花镜》一本（一九五六年发行）

以上各版本中，除文德堂版自序系署乾隆癸卯，沈鹤记书局自序署民国三年外，其余均署康熙戊辰。由于锦章图书局、大美书局、沈鹤记书局等铅石印本，均错漏百出，因此以各木刻版本及中华书局铅印本等，作为校注的参考，主要根据善成堂及花说堂版（概简称康本）及文德堂版（简称乾本），并以中华版为底本；同时以每一节或每一树种为单位，按校记或注解的先后，编列号码。在校注时，除"占验、占候"部分涉及迷信的，只作校记，不加注释外，其余凡是今天用得着的东西，都加以注解，使之能发挥古为今用、承先启后的作用。不过笔者为水平所限，可能有许多地方做得不够，敬祈读者提出意见，以便再版时修订补充。

此次校注时得到鄷裕洹先生的《花镜研究》作为参考，工作上便利得多。正如鄷先生所说：原书没有注明出处，校注很感困难。本来从古书中考订所记植物学名，不是容易的事，何况记述过简，又多系当时地方名称，故如只看标题，不将内文描述的形态反复研究考证，极易弄错。例如指甲花，《花镜研究》以为是凤仙花科的凤仙花。按原书描述："花如木樨，蜜色，而香甚，中多须药，可染指甲，而红过凤仙"，应为千屈菜科的散沫花。又如原书说："落花生一名香芋"，《花镜研究》仍以为是豆科的落花生。但按原书描述："开小白花，花落于地，根即生实。……冬尽掘取煮食，香甜可口。"再查《农政全书》载："香芋即土豆，根圆如鸡卵，肉白皮黄，亦可煮食。"这样它应为现在的马铃薯，可能古人只见开花，未见结实，误以为"花落地后，根即生实"，因此，当时有些地方，也叫它为落花生。再如菩提子按原书描述，实系桃金娘科的蒲桃。木竹子乃是藤黄科的多花山桔子。金灯花是忽地笑，不是山芘菰。蜜蒙花不是结香，水木樨实是指甲花，金丝桃应为桃金娘（详见校注各节），《花镜研究》也没区别清楚。其他同样的事例还有很多，读者可阅注解并参看《花镜研究》。此外鄷先生未有考证的，如：马槟榔、醒头香、僧鞋菊、兰、青鸾花、扬摇子、千岁子、白菱等，校注时，均作了考证。至于酒杯藤（原出古今注）、万年藤、侯骚子等，由于原书对植物的形态特征描述过简，而我们又限于水平，致科属学名，一时尚未能鉴定。

在校注工作中，得我院党委的指示，并承将千岁子、扬摇子、酒杯藤、侯骚子、醒头香、青鸾、白菱、马槟榔、万年藤等九种植物，函请中国科学院华南植物研究所鉴定。工作开始时，即得到西北农学院辛树帜院长的鼓励、华南农学院石牌总院梁家勉教授的协助，并提出许多宝贵的意见，谨在此表示衷心的感谢。

又原书插图幅数，各版本不甚一致，最多的为花说堂版，计有三百二十二幅，最少的为善成堂版，计有一百四十四幅。惟各版本插图，都是古代的木刻，描绘形象，未能表现出各植物的特征，笔者接受各方意见，改用现代插图，但因幅数多，绘制需时，现因急于排印，除极少部分系添制的以外，其中大部分都是采用《中国植物图鉴》《植物学大辞典》及《中国树木学》《中国森林植物志》《广州植物志》《江苏省植物药材志》等书原图，特在此向原书作者深致谢忱。①

再原稿抄写，得黄梅清同志协助，并此致意。

国庆十二周年于华南农学院佛山分院

又本书校样寄到时，适多年在滇教学的昕儿、鸿媳晋京后返抵家园。昶、晧两儿亦休假来省，协助了复校工作。写在这里，以留纪念。

钦恒附记

① 本版《花镜》插图均由江苏省中国科学院植物研究所提供。——编者注

丁澎原序㈠

尝阅槜李仲遵[1]氏《花史》所称：花师、花医、花妾、花姑、花翁之类甚夥，皆善种艺术得名；而又杂列花之名物辩证，积有卷帙。因思士大夫邸第之外，营别墅、植卉木为休沐宴闲之地者，此书故不可少；市廛肉食之家，更不可无。若王芳庆[2]《园亭花木记》、刘杳[3]《离骚草木疏》，犹憾其未详尽，且未及禽鱼为欠事。《群芳谱》[4]诗文极富，而略种植之方。今陈子所纂《花镜》一书，先花、木而次及飞、走，一切艺植、驯饲之法，具载是编，其亦昔人禽经、花谱之遗意欤！吾知其事虽细，必可传也。李赞皇[5]《平泉记》有云："鬻吾平泉业者，非吾子孙也；以一石、一树与人者，非佳子弟也。"赞皇有慨于园囿之兴废，虽一木石犹珍重爱护之若此。旧传其奇花、异卉、老松、怪石，靡不毕致，其经营于园林之课，必已久矣。而自昔池馆之盛，匪[6]直平泉也。当贞观开元[7]之间，公卿贵戚开名园于洛阳，号千有余邸，他如富人之亭榭、隐者之幽居，未易更仆可知。窃意其位置木、石、禽、鱼必有方，而其经营亦甚劳也。今得是书，而神明其法，身其境者，林麓翳然，鱼鸟亲人，会心政复不远。一时瘠者腴，病者安，实者蚤[8]且多。其硕茂，其蕃息，必十倍于昔时矣。不事意匠经营，而坐享其成，是书真苑囿之明鉴哉。抑闻之，柳柳州[9]尝为郭橐驼作传矣。谓问养树得养人之术，传之以为戒。夫橐驼数语耳，而柳子谓可移之官理；脱或见是书，其旁通触悟，更不知何如？若其种种驯饲之方，虽谓与陶朱养鱼[10]、浮丘相鹤[11]诸经并传可也，纂是集者；为吾友陈扶摇自称花隐老人者也。

时康熙戊辰立春后三日药园丁澎题于扶荔堂东轩

校 记

㈠此序惟花说堂刻本独存，各版本均缺，特为补上。

注 解

①槜李，系古地名。在今浙江嘉兴县西南，即春秋时越王勾践败吴王阖闾处。仲遵系王路的别号，明代人。著有《花史左编》二十四卷。卷一，花之品；

卷二，花之寄；卷三，花之名；卷四，花之辩；卷五，花之候；卷六，花之瑞；卷七，花之妖；卷八，花之宜；卷九，花之情；卷十，花之味；卷十一，花之荣；卷十二，花之辱；卷十三，花之忌；卷十四，花之运；卷十五，花之奇；卷十六，花之事；卷十七，花之人；卷十八，花之证；卷十九，花之妬；卷二十，花之冗；卷二十一，花之药；卷二十二，花之毒；卷二十三，花之似；卷二十四，花之变。

②③见引言。

④指《二如亭群芳谱》，系明代王象晋著。

⑤即李德裕。唐代赞皇（县名，在河北临城县北）人；字文饶，年少时即勤奋求学，卓荦有大节。敬宗时为浙西观察史，武宗时由淮南节度使入相。著有：《平泉山居草木记》《次柳氏旧闻》《会昌一品制集》等。

⑥“匪”：古与“非”字相通。《诗·周颂·思文》：“莫匪尔极。”

⑦贞观，系唐太宗年号；开元，系唐玄宗年号。

⑧“蚤”：古与“早”字通用。《孟子·离娄》：“蚤起，施从良人之所之。”

⑨柳柳州即柳宗元，字子厚，唐代杰出文学家。河东（今山西永济）人。贞元进士。与刘禹锡等同参加主张革新改治的王叔文集团。失败后贬永州司马。后迁柳州，颇著政绩。世称柳柳州。散文峭拔矫健，论议踔厉奋发。著有《柳河东集》，内有《郭橐駞传》。駞系驼的或字。传里说：“驼所种树或移徙无不活，且硕茂早实以蕃，他植者虽窥伺效慕，莫能如也。有问之，对曰：橐驼非能使木寿且孳也，以能顺木之天而致其性焉尔……”大意是所以能使果树长寿、早实、丰产，主要是能顺应果木的生长特性来栽培。

⑩陶朱养鱼，系指《陶朱公养鱼经》。这书凡一卷。查《隋书·经籍志》说：梁代有此书，但已失。《文选》张景阳“七命”注曾引《陶朱公养鱼经》。又两《唐志》里亦列有《范蠡养鱼经》一卷。《太平御览》所引书中也有《陶朱公养鱼方》，但亦已散失。其实《养鱼经》《养鱼法》《养鱼方》都是同一书。原书在隋代早已散失，两《唐志》所著录的，大约是从《齐民要术》中录出，这从《太平御览》引文没有超出《齐民要术》所引的范围这一点上可以得到证明。陶宗仪的《说郛》收有这书，内容是从《齐民要术》转录的；马国翰辑录的又加上《齐民要术》中作鱼池一段，共成一卷，题为《养鱼经》，列在他的《玉函山房辑佚书》中。据各方考证，《陶朱养鱼经》系西汉人所撰，似

非范蠡本人所作。

⑪查《隋书·经籍志》载有《浮丘公相鹤书》，但未写明浮丘公的姓名。又《江西通志》：“浮丘先生姓名世代并不详；或曰黄帝时人，与容城子游；或曰即列子所称壶丘子，或曰即《汉书》浮丘伯，楚元王、申公所从受诗者。”按《太平府志》谓：“周灵王时人；尝与王子晋吹笙骑鹤游嵩山。”巢县志说：“姓李。尝以相鹤经传授王子晋，藏于嵩山，淮南王采药得之，遂传于世。”

张国泰原序(一)

昔渊明[①]嗜菊，逸气如云；茂叔[②]品莲，清芬若漪。梅花绕砌，和靖[③]高瞑；竹翠盈阶，子猷[④]独逞。景兹芳韵，适足赏心；缅彼高风，不无遐契。自蛛封燕圬，一室潜虚；迨鹤去猿惊，伊人斯远。或浮沉金马，林园之梦未生；或驱策山川，丘壑之情罔热。任药栏烂熳，曾教东皇笑人；但花幡寂寥，一听封姨嗣令。幸觏名花，未解品题之雅；纵当奇树，安知位置之宜。遂至俗不堪医，索然减兴。不仅情难入胜，黯矣消神也。乃有归来高士，退老东篱；知止名流，养安北牖。总其著作：大而经济，微而理学，久已悬之国门；溯厥渊源，远则皇古，近则来兹，靡不搜其阃奥。才称绣虎，屈宋[⑤]比肩；笔擅雕龙，潘陆[⑥]接武。是以太玄经就，屦满扬子[⑦]之亭；长门赋成，金艳文园[⑧]之席。群推祭酒，博雅登坛；竞号宗工，典型在望。固应翔步金华，上备清问；庶几燃藜天禄，遍校遗文。辨鲁鱼于汲史，定帝虎于竹书。式展鸿才，佥曰允矣；用昭硕学，谁云不然。奈何数奇不遇，空传伏叟之经；穷乃益工，博极虞卿之论。遨游白下，著书满家；终隐西泠，寄怀十亩。淹贯之余，愿学老圃；咏歌之暇，窃附陶朱。因花、木而分课，依稀紫媚红娇；借禽、鱼以娱情，仿佛鳞游羽化。更念栽植之法，古人有书而未备；豢畜之术，时流从事而弗嘉。兹修小史，多识草、木之名；兼及余刊，尽述灵、蠢之属。虽数末技，不减琅函；藉谓若笺，几同绣谷。如斯清玩，乐我素心；若彼幽标，供客雅况。将见是编一出，习家之池馆益奇，金谷之亭园备矣。百卉争暄，别饶花药；繁葩竞露，倍结英华。劲挺冰雪之姿，芬芳馥郁之质，蓊霭森秀之光，参差掩映之色。从风披拂，弄影飞扬。奚止张公之大谷，梁侯之乌椑[⑨]，周文之弱枝，房陵之朱仲，珍贵一时，夸耀奕禩而已哉。他若丹穴之精，锦铺碧浪；珠樊之翠，声度绿璁。南华园之蝴蝶入梦，半闲堂之蟋蟀吟秋。罔不各遂其性，各适其天。又若鱼跃鸢飞，皆入炎风化日矣。我知花神结袂，竞献奇英；仙鸟连翩，争相仪舞。仲长统之乐志，不过如兹；张仲蔚之孤踪，于焉尚已。以消永日，以享高年。展读斯篇，恍然得之云。

时康熙戊辰花朝同学眷小侄张国泰顿首拜题

校 记

㈠此序惟花说堂刻本独存，各版本均缺，特为补上。

注 解

①陶渊明，东晋大诗人，一名潜，字元亮，私谥靖节。浔阳柴桑（今江西九江）人。家贫，自幼博览群书。早年有远大政治抱负。又性爱自由，不慕荣利。曾先后任江州祭酒、镇军参军、彭泽令等职，因不满政治黑暗和官场虚伪，决心去职归隐。其诗善于描绘秀美的自然景色和淳朴的农村生活。生平喜爱菊花。

②茂叔，系周敦颐的别字。宋代道州（今湖南道县）人，世居营道县濂溪上，世称为濂溪先生。著有《太极圆说》及《通书》等，为宋理学开山祖，生平最喜爱莲花，写有《爱莲说》。

③林逋，北宋诗人，字君复，钱塘（今浙江杭州）人。隐居西湖孤山，清高不仕，也不婚娶，世称"梅妻鹤子"。诗中亦多咏梅之作。内容大都反映了个人的恬静和淡泊心情，有《和靖诗集》。

④子猷为王徽之的别字。系晋代王羲之的儿子，会稽人。为人卓绝不羁，初为桓温参军。爱竹成癖，常说："不可一日无此君。"

⑤指屈原与宋玉。二人善辞赋，为后世辞章家所宗，并称屈宋。

⑥指晋代的潘岳与陆机。《宋书·颜延之传》："延之与谢灵运俱以辞采齐名，自潘岳陆机之后，文士莫及。江右称潘陆；江左称颜谢。"骆宾王诗："潘陆词锋络绎飞。"

⑦即扬雄。西汉著名哲学家、语文学家。字子云，蜀郡成都（四川成都）人。王莽时校书天禄阁，后官为大夫。以文章名世。著作除《大玄》《法言》外，有《扬子云集》。

⑧指司马相如。系西汉著名辞赋家，字长卿，蜀郡成都人。景帝时为武骑常侍，因病免。去梁，从枚乘等游。工辞赋。所作有《长门赋》《子虚赋》，并有《司马文园集》。

⑨系引潘岳《闲居赋》："……竹木蓊蔼，灵果参差。张公大谷之梨，梁侯乌椑之柿，周文弱枝之枣，房陵朱仲之李，靡不毕植。……"奚止即何止，就是说何止这一些珍果。

自　序

余生无所好，惟嗜书与花。年来虚度二万八千日，大半沉酣于断简残编，半驰情于园林花鸟；故贫无长物，只赢笔滕书囊。枕有秘函，所载花经、药谱。世多笑余花癖，兼号书痴。噫嘻！读书乃儒家正务，何得云痴！至于锄园、艺圃、调鹤、栽花，聊以息心娱老耳。渊明有云："富贵非吾愿，帝乡不可期。"余栖息一廛，快读之暇，即以课花为事。而饮食坐卧，日在锦茵香谷中。时而梅呈人艳，柳破金芽；海棠红媚，兰瑞芳夸；梨梢月浸，桃浪风斜。树头蜂抱花须，香径蝶迷林下。一庭新色，遍地繁华。鼼[①]读倦纵观，岂非三春乐事乎？未几榴花烘天，葵心倾日，荷盖摇风，杨花舞雪，乔木郁蓊，群葩敛实。篁清三径之凉，槐荫两阶之粲。紫燕点波，锦鳞跃浪，鼼高卧北窗，听蛙鼓于草间；散步朗吟，霭熏风于泽畔，诚避炎之乐土也。至于白帝徂秋，金风播爽，云中桂子，月下梧桐，篱[(一)]边丛菊，沼上芙蓉，霞升枫柏，雪泛荻芦。晚花尚留冻蝶，短砌犹噪寒蝉。鸥瞑衰草，雁唳[(二)]长空。同人雅集，满园香沁诗脾；餐秀衔杯，随托足供联咏，乃清秋佳境也。迄乎冬冥司令，于众芳摇落之时。而我圃不谢之花，尚有枇杷累玉，蜡瓣舒香。茶苞含五色之葩，月季逞四时之丽。鼼曝背看书，犹藉檐前碧草；登楼远眺，且喜窗外松筠，怡情适志，乐此忘疲。要知焚香煮茗，摹榻洗花，不过文园馆课之逸事，繁剧无聊之良剂耳。痴耶？癖耶？余惟终老于斯矣。堪笑世人鹿鹿[②]，非混迹市廛，即萦情圭组，昧[③]艺植之理，虽对名花，徒供一朝赏玩，转眼即成槁木耳。客曰唯！唯！既非花癖，何不发翁枕秘，授我花镜一书，以公海内，俾人人尽得种植之方，咸诵翁为花仙可乎？

康熙戊辰桂月，西湖花隐翁陈淏子漫题

校　记

(一)"篱"：各版本均误作"离"。

(二)"唳"：各版本均误作"戾"。（编者注：此处似仍作"戾"为宜）

注 解

①“鼎刂”：古写的“则”字。

②“鹿鹿”：本作“碌碌”或“逯逯”。意即无能。这里暗指既没有能力，又不事生产。

③“昧”：“不懂”“不了解”。

校注主要参考文献

1. 陈嵘:《中国树木分类学》，一九五三年版
2. 孔庆莱等:《植物学大辞典》，一九三三年，商务版
3.《江苏省植物药材志》，一九五九年，科学出版社版
4. 贾祖璋、贾祖珊:《中国植物图鉴》，一九四六年，开明版
5. 侯宽昭等:《广州植物志》，一九五六年，科学出版社版
6. 贾思勰:《齐民要术》，北魏
7. 嵇含:《南方草木状》，西晋，三〇四年，一九三〇年商务重版，一九五五年商务版（可能系宋人伪托前人之作）
8. 范成大:《桂海虞衡志·志果》，南宋，一一七八年，知不足斋丛书清乾隆年间版
9. 李时珍:《本草纲目》，明万历，一五九〇年，一九五七年人民卫生出版社版
10. 王象晋:《二如亭群芳谱》，明天启元年辛酉，一六二一年
11. 段少卿:《酉阳杂俎》，明万历戊申，一六〇八年，上海涵芬楼影印版
12. 俞宗本:《种树书》，康成懿校注，一九六二年，农业出版社版
13. 徐光启:《农政全书》，明一六二九年，中华书局一九五六年版
14. 伊钦恒:《实用蔬菜园艺》，一九四八年，上海世界版
15. 崔友文:《中国盆景及其栽培》，一九五八年，商务版
16. 萧名远:《盆景花卉的培养》，中国林业出版社版
17. 中国农业科学院果树研究所:《中国果树栽培学》，农业出版社版
18. 杜亚泉等:《动物学大词典》，一九一七年，商务版
19. 酆裕洹:《花镜研究》，一九五九年十一月，农业出版社版
20. 侯宽昭:《华南经济果树录》，《广东农业》一九四七年一卷二期
21. 黄昌贤:《华南果树名录》，华南农学院一九五八年油印本
22. 北京中医学院中药方剂教研组:《药性歌括四百味白话解》，一九七二年九月第三版，人民卫生出版社版
23. 广州部队后勤部卫生部:《常用中草药手册》，一九六九年，人民卫生出版社版

卷一　花历新裁(一)

正月占验

九焦在辰，天火在子，地火在戌，荒芜在巳[1]。（以上四日所当忌者，每月须当查看）

[立春日]晴明少云，岁熟；阴则虫伤禾。风从乾来（属西北方），主暴霜杀物；坎来（北方[二]），主大寒；震来（东方），有暴雷；巽来（东南），多虫灾；离来（南方），旱伤万物。风[三]来冲方（西南），为逆气，主寒；六月有大水，无风人安物倍。赤云在东方，主春旱；黑云，春多雨水；赤云在南方，主夏旱。虹见正东，春多雨，夏有火灾，秋多水。下雨，主水。雪先春一日，年丰。

[元旦日]值丙，主四月旱；值戊[四]，主春旱四十五日；值己癸，多风雨；值辛，主旱。岁朝东北风，主年丰；西北风，大水。四方有黄云，主熟；青，主蝗；赤，主旱。东井有云，岁涝；雨，主春旱。虹见，多旱。霞，主蝗虫，果、蔬盛。天有青气，主蝗；赤气，旱；黑气，水。霜，主七月旱；有电，人多疾。雷鸣，主七月有霜。雾，主大水，桑贱。大雪年丰，主秋水。[二日]值甲，为上岁。[三日]得卯，主大水；得辰，晴雨匀，晴明，主上下安，月晕，所宿地小熟。风从东南来，旱，西北，水。[四日]值甲，为中岁。[五日]值甲，为下岁，得卯，主大水；得辰，稔。晴明，人安；雨，田地有收，蚕不收。雾大，伤谷。[六日]得辰，大稔。晴明，主大熟。[七日]得卯，春涝；得辰，水；得酉，中岁。晴明，主人安。风雨多，草木灾。[八日]得卯，春涝，主全收；得辰，先旱后水。晴暖，宜谷，高田熟。云掩月，春雨多。是日不见参星，月半看见红灯，蜀俗以是日踏青。[九日]得辰，主仲夏水灾。[十日]得辰，主水；月晕，主大旱。[十二日]得辰，主冬大雪；得酉，大热；月晕，主飞虫多死，大冷。

[上元日]晴，主三春少雨，百果熟。风吹上元灯，主寒食雨。有雾，主水。雨打上元灯，主秋无收。一法[五]：夜竖一丈竿，候月午影，六七尺，稔；若八九尺，主水；三五尺，必旱。

[雨水日]阴多，主水少。高下并吉。[十六]夜晴，主旱。风起西北最良。雨，主岁全收。[十七]为秋收日。晴，主秋成，百花蕃茂。晦日，有风雨，岁恶。

凡月内有三亥，主大水。日晕丙丁，主旱；戊己，水；庚辛，兵；壬癸，江河决溢。上旬月一晕，主树木生虫；二晕，禾谷虫；三晕，主雷震物。晕多至六七，路多死人。廿三、廿四日晕，五谷不成。廿五日晕，枲[2]贵，春雪多，应在一百二十日有大水。

正月事宜

辰御勾芒，木道升于初震；岁推更始，履端造于献春。系七十二候之初[③]，二十四番之首。是月也，鱼负冰，候雁北[④]，瓯兰芳，瑞香烈，樱桃将葩，杨柳欲荑，望春先放，百卉发萌，万花时育，正园主人所当着意之秋也。因辑事宜十条于后，以便园丁从事，岂曰小补之哉。

分栽

木兰、金雀儿。

移植

松、山茶、杨柳、瑞香、迎春、木兰、牡丹、蜀葵、桃、梅、李、木香、杏、棣棠、红花。

扦插

长春、蔷薇、锦带、栀子、葡萄、棣棠花、紫薇、白薇、木香、迎春、石榴、佛见笑、金沙、樱桃、银杏、杨柳、素馨、西河柳、玫瑰、菊、珍珠珮。

接换[⑤]（诸般花果，皆可接换）

蜡梅、瑞香、海棠、梨、绣球、林檎、柿、木瓜、桃、榠楂[六]、梅、蔷薇、杏、李、半杖红（以上并宜雨水后）；宝相、月季、荼蘼、木樨（以上宜中旬）；胡桃、橙、橘、桑（以上宜下旬）。

压条（凡可扦插者，皆可压条）

杜鹃、山茶、木樨、桑。

下种（诸般花子皆可下）

松子、杏子、胡桃、榛子、枳壳[⑥]、山药、薏苡、橙、橘（次年分栽）、莴苣、枸橘[⑦]。

收种（无）

浇灌（凡草木花果，皆可浇肥）

牡丹、芍药、瑞香、林檎、杏、茉莉（略润）、梅、桃、李、梨、葵。

培壅

石榴、梨、海棠、枣、林檎、樱桃、柿、栗。

整顿

稼李（元旦早），修剪诸树枝条，扎花架，盖葺墙垣，修池塘岸，整理器具，烧荒草，凡属种植地浇粪、耕锄，地熟候用。

校 记

㈠“裁”：花说堂版作“裁”，各版均作“栽”，按应作“裁”。

㈡“北方”：各版均作“西方”，按坎来应作“北方”。

㈢“风”：各版均作“坤”，按《月令广义》里有“风从冲来,……坤来春寒”，是“坤”和“冲”都表示方向，故“坤”当系“风”字之误。

㈣“值戌”：花说堂版作“值戌”，文德堂（以下简称乾本）、中华版作“值戍”，按应作“值戌”。

㈤“一法”：花说堂版作“一法”，各版漏“一”字，按应补上。

㈥“楔楂”：各版均误作“楦楂”，应改正。

注 解

①大意说：九焦、天火、地火、荒芜等，逢辰、子、戌、巳的日子，都是凶日，对农事不利，应加警惕。原出《种树书》。

十二月占验：九焦在辰，天火在子，地火在巳。《群芳谱》：天火子，地火戌，九焦辰，荒芜巳，粪忌未。

②说文：“枲，麻也”，《诗·采蘋》正义引：“麻，一名枲”，枲贵，即麻价高。

③按古时分岁为十二月、二十四气、七十二候（见《吕氏春秋》），即每月有二气（节），每气有三候，正月的节气是：“立春”“雨水”，所以是七十二候之初，二十四番（即二十四气）之首。

④鱼负冰、候雁北，就是说气候转暖，鱼已向上面游，接近冰块，鸿雁也向北飞回。

⑤接换，按即嫁接，或接木，这种繁殖方法，远在汉代《氾胜之书》里已有记载，是我们聪明的祖先在长期生产劳动实践中创造出来的，随着经验的积累，又不断创造出各种各样的嫁接方法。

⑥⑦近代把“枸橘”当作“枳”的别名，学名都是 *Poncirus trifoliata* Linn，但从古代许多文献来看，枳和枸橘是不是同一植物，值得研究。

枳这个字最早出现在《周礼》《山海经》和《晏子春秋》等书，枳实和枳壳本是一物，只不过老嫩大小不同，老而大的为枳壳，幼嫩的为枳实（见《本草衍义》及《梦溪笔谈》）。明以前的本草中，缺乏关于枳的性状描述。不过，重修《政和证类本草》，附有两幅图——汝州枳壳图和成州枳实图。从这两幅图来看，汝州枳壳是由三小叶组成的复叶，而成州枳实却为单叶，可能系指香橙（*Citrus junos* Sieb. ex Tanaka）。陆游诗也有“傍篱丛枳寒犹绿”，与落叶的枳显然不同。

至于“枸橘”，我国古代没有这个名称。韩彦直著《橘录》，才提出“枸橘”，认为它是橘的一种。并且说“枸橘，色青气烈，小者似枳实，大者似枳壳”。李时珍《本草纲目》也将枸橘与枳并列。说枸橘结实形如枳实，有采收小的果实伪充枳实的，不可不辨。说明他认为枸橘与枳是两种植物。而且入药，两者的药效是不同的。但是，李时珍《本草纲目》中对两者的鉴别也没有说得很清楚。他提到枸橘可作绿篱，似乎是 *Poncirus trifoliata* Linn.。枳是什么，没有说明鉴别的地方。本书将枳壳与枸橘分开来，显然是指两者不同的植物。

二月占验

九焦在丑，天火在卯，地火在酉，荒芜在酉(一)。

［春分日］天晴燠热，万物不成。月无光，有灾。风从乾来，多寒；艮来（东北(二)），主水暴出；巽来，草木生虫，主四月暴寒；离来，主五月先水后旱；坤来，多水；兑来（西方(三)），为逆气，主春寒；有青云，年丰；有霜，主旱。

［朔日］值春分，主岁歉；值惊蛰，主蝗火；有风雨，主人灾岁歉。［二日］见冰，主旱（闽俗以是日为踏青节）。［八日］东南风，主水；西北风，主旱；夜雨，桑柘贵。［十二］为花朝。天晴，百果实；最忌夜雨，若得是收晴，一年晴雨调匀。［十三］为收花日，亦须晴明。

［花朝］一云十五，又为劝农之日。晴明，主百花有成；风雨，主岁歉；月无光，有灾异。

凡月内值月蚀，粟贱人饥，虹多见于东，主秋米贵；见于西，主丝贵人灾；有霜，主旱。

［社日］（立春后五戊为社）社在春分前，主年丰；在春分后，年恶，社日晴明，草木蕃茂，六畜大旺。略有微雨不妨。

二月事宜

花明丽日，光浮窦氏之机；鸟弄芳园，韵叶王乔之管；飘香堕笋①，担风吞宿蝶之花；徙影流衣，握月饮听鹂之酒。是月也，玄鸟至，仓庚②鸣，桃始夭，李方白，玉兰解，紫荆繁，梨花溶，杏花饰其靥，正花之候也。

分栽

紫荆、凌霄、山矾、萱草、迎春、笑靥花、玫瑰、杜鹃、石榴、芭蕉、甘菊、映山红、百合、木瓜、榆、木笔、茴香、珍珠珮、木槿、栗、玉簪、山丹、菊秧、金雀儿、石竹、菖蒲、蜀葵、虎刺、茨菰、十姊妹、瓯兰、寿李、锦带、柳、竹秧、甘露子。

移植（余同正月）

银杏、桃、海棠、杏、葡萄[四]、雪梅堆、芙蓉、玉簪、李、蜀葵、枣、山茶花、梧桐、栗、萱草、槐、蔓菁、蓖麻子、荼蘼、茱萸、桑、漆、椒。

扦插

栀子、瑞香、葡萄、梨、石榴、西河柳、木槿、芙蓉（春分日扦，妙）。

接换（皆宜春分前后，凡可接者，亦可过贴）

香橼、橘、香橙、金柑、柚、紫丁香、沙柑、银杏、桃、梅、杨梅、林檎（宜春分日）、石榴、李、枇杷、海棠、胡桃、紫荆花、大笑、榅桲、枣、柿（春分前）、栗、木樨（宜春分后）、桑秧、梨、山茶。

压条

松、榛、栗、茶、枳、枸杞、榆、槐、椒、楮、桑、葡萄、梧桐。

下种

金钱、凤仙、黄葵、茶子、山药、曼陀子、松子、榛子、枳子、楮子、桐子、草决明、槐子、榆荚、茴香、椒核、鸡冠、十样锦、藕秧、花红、胡麻、银杏、紫苏、老少年、丽春、红花、桑葚、芝麻、皂荚、雁来黄、金雀花、剪春罗、剪秋纱、棉花、千日红、秋海棠。

收种（无）

浇灌（凡可培壅者，皆可浇灌）

牡丹、芍药、瑞香、柑、橘、林檎、橙、柚。

培壅

木樨、葡萄（皆宜用猪粪土）；橘、橙、樱桃、椒（皆宜粪灰及细土和，覆根）；荷花（宜菜饼或麻饼屑壅）。

整顿

整葡萄架（扶条干上棚），修沟渠，筑墙垣，去树裹草。遇社日，以杵舂百果树下，结实不落。凡诸草木茂而不实者，以祭余酒洒之，即生。社日若芸草捉虫，则不生。

校　记

㈠善成堂版及乾本均缺二月占验十六个字。中华版作“地火在酉”，花说堂版作“地火在午”，录以待考。

㈡“东北”：各版均作“东南”，花说堂版注：“南当作北”，按“东南”应改作“东北”。

㈢“西方”：各版均作“北方”，花说堂版注：“北当作西”，按“北方”应改作“西方”。

㈣“葡萄”：各版本均作蒲萄，按古相通。

注　解

①“斝”或作“斚”，玉爵也，按即用玉制成的酒杯，或用玉装饰的酒杯。

②“仓庚”古人误为“黄鸟”，据《尔雅义疏》及《毛氏诗疏》，均肯定“仓庚”即是“黄莺”。

三月占验

九焦在戌，天火在午，地火在申，荒芜在丑。

[清明日] 喜晴，雨则百果损。西南风发，损桑；雷鸣，主麦虚。

[朔日] 值清明，草木茂；值谷雨，年丰；风雨，草木多虫伤；雷鸣，主旱。[三日] 晴，主桑叶贵；雨，宜蚕，主水旱不时。有雷电，小麦贵；见霜，大冷。[四日] 雨，主涝。[六日] 大坏墙屋。[七日] 南风，主岁歉；雨，主决损堤防。[十一] 麦生日，宜晴。

[谷雨] 前一日有霜，主岁旱。[十六] 是日为黄姑浸种日，不宜起风，若有西南风，主大旱。[晦日] 有雨，麦不熟。

凡月内有三卯，宜豆；无，则麦不收。值日蚀，丝米贵。风不衰，主九月霜不降。云甚厚重，主暴雨将至；暴雨至，名桃花水，主梅雨必多，须料理畏湿花木。电多，岁稔。雪经三日不消，主九月霜不降，岁荒。

三月事宜

景逼三春，气临节变；金谷芳塘，无非绣谱；草茵花绮，尽成香国。繁红闹紫，相映踏青之履；燕蹴莺翻，乱点玉人之额。是月也，鸣鸠①拂其羽，戴胜②降于桑，蔷薇蔓，棣萼铧③，木笔④书空，海棠朝睡，柳絮化萍，雪球解落，花之盛也。

分栽

银杏、葡萄、樱桃、石榴、剪金、南天竹、望仙、栀子、玫瑰、罂粟、栗、孩儿菊、松、枸杞、芙蓉、芭蕉、石竹、剪秋纱、山丹、百合、玉簪、杏、决明、红钵盂㈠、菊（清明后）、箬兰、枣、藕秧、碧芦。

移植（凡可分栽者，皆可移植）

石榴、木樨、冬青、蔷薇、木槿、夹竹桃、枇杷、槐、菖蒲、桧、梧桐、醒头香、芍药、茱萸、橘、栀子、橙、秋海棠、梨、椒、木香、柑、芙蓉、茶（宜向阳之地）、杨梅、木瓜、茨、紫苏、菱花。

扦插

葡萄、瑞香、蔷薇、樱桃、月季。

接换

梅（杏接佳桃不久）、杏（梅接更宜）、柿（桃接）、桃（梅接）、李（桃接）、玉兰（木笔接）、栗（栎接）、橘、橙、香橼、柑、杨梅、枇杷、枣、绣球、冬青。

压条

石榴、栀子、梧桐、茶条、木棉、夹竹桃。

下种

梧桐、栀子、凤仙、鸡冠、紫草、十样锦、木棉、红蓼、山茶、皂角、红花、小茴香。

收种

樱桃、榆荚、金雀。

浇灌

凡木并蔬草之未发萌者，皆可浇肥；如已发萌，则不可浇肥。若土燥，只宜清水。

培壅（附过贴三种，其法详十八法内）

石榴、玉兰、夹竹桃（俱宜过贴）、萬苣、苎麻（俱宜壅肥土）。

整顿

建兰（出窖）、菖蒲（出窖后日添水）、橘、橙（俱去裹草）；水竹、茉莉、虎刺、天棘、闹山（俱方出露天）；收蚕沙、开沟渠。

校 记

㈠“盂”：乾本误作“孟”。

注 解

①鸣鸠即斑鸠。

②戴胜或叫戴鵀、戴南，鸣禽类，体长尺许，色黄褐或红褐，头顶有金黄色大羽冠，嘴细长而稍弯，尾有羽毛十枚，色黑，尾之基部有新月形的白带纹。《尔雅》有：“鵖鴔部，生于桑，其子强飞，从桑空中下来，故曰戴任降于桑。”即取此义。

③明代程羽文《花历》为“棣萼韡韡”。《诗·小雅·常棣》：“常棣之华，鄂不韡韡。”韡韡，光明的意思。

④木笔即辛夷。《楚辞·九歌·湘夫人》：“辛夷楣兮药房。”注：“辛夷花初发如笔，北人呼为木笔花。”

四月占验

九焦在未，天火在酉，地火在辛，荒芜在申。

［立夏日］天晴，主旱；日晕，主水；有雨，吉；有风，主热。风从乾来，主霜；坎来，多雨；地动，鱼虾广；艮来，山崩地动；离来，夏旱；坤来，人不安，草木伤；兑来，有蝗。南方有云，年丰，虹出正南，贯离位，主旱，有火灾。有露，主桑贵。

［朔日］值立夏，主地动，人不安；值小满，草木灾。晴明，岁丰。晴太燠，主旱；日生晕，主水；风，主热，有重种两禾之患。大风雨，主大水。［四日］稻生日，宜晴。［八日］夜雨，果实少。［十三］有雨，麦不收。［十四］晴，主岁稔；东南风，吉。

［小满］有雨，主岁大热。［十六］宜雨。如日月对照，主秋旱；月上早，色红，主大旱。迟而白，主水。［二十］俗名为小分龙日，晴则分懒龙，主旱。雨则分健龙，主水。一云：二十八日方是。东南风发，谓之乌儿风信，主热。

凡月内有三卯，宜麻(一)；日晕逢壬癸，主江河决溢；大寒，主旱。谚云："黄梅寒，井底干。"

四月事宜

炎氛扇夏，草欲迎凉；丙日[①]烘天，莲思脱火。篁新箨解，樱荐盘登；绿暗红稀，群芳敛艳。是月也，蝼蝈[②]鸣，蚯蚓出，牡丹王，芍药相于阶；罂粟秋，木香[③]升于上，杜鹃啼血，荼蘼香梦，花事阑也。

分栽

松、柏、菊、椒、菖蒲、瑞香（畏梅水浸）、秋芍药、麦门冬。

移植

栀子（带雨）、秋海棠（带子）、菖蒲、樱桃、枇杷、翠云草、荷秧（宜立夏前三日，须扶叶出水立）。

扦插

石榴、芙蓉、荼蘼、栀子、木香、樱桃（须雨天）、锦葵、茉莉（宜芒种前后）。

接换（无）

压条

木樨、紫笑、绣球、栀子（可扦）、蔷薇、玉蝴蝶。

下种

枇杷、杏子、槐荚、椒核、鸡冠、红豆、芝麻、栗子、柿核、菱、芡（俱宜上旬）。

收种

罂粟子、红花子、桑葚、芫荽子、诸菜子。

浇灌

樱桃（摘实后宜浇肥）、诸色草花（皆宜浇肥水）。

培壅（无）

整顿

茉莉（如本长大，须换大盆）、梨（箬叶包）、素馨（出窖）、剪菖蒲（宜初八日，或十四亦可）、斫竹（不蛀）、理蚕沙。

校 记

㈠“麻”：花说堂版作“麻”，善成堂及乾本均作“沫”，按应作“麻”。

注 解

①五行丙丁属火，因此旧俗以丙为火。

②出自《礼记·月令》，郑注：“蝼国，蛙也。”蝼蝈鸣，即青蛙叫。

③木香一名锦棚儿，系蔷薇科落叶攀登植物，与菊科的木香名同实异，蔓长易于蔓延升上。

五月占验

九焦在卯，天火在子，地火在酉，荒芜在巳。

[芒种] 天晴，主岁稔；宜雨（即黄梅雨，但须迟），半月内不宜有雷。

[朔日] 值芒种，六畜灾；值夏至，冬米贵；晴日，主年丰；雨，主歉。初旬内大风不雨，主大旱。吴、楚以芒种后逢丙巳进梅，小暑逢未日出梅，闽人又以壬日进梅，辰日出梅，梅雨中冬青花开，主旱（俗云冬青花不落湿地，故主旱也）。[二日] 雨，井泉枯。[三日] 雨，主水。

[端午] 天晴㈠，主水；月无光，主旱，有火灾；雨，主丝绵贵，来年熟。雾，主大水。雹，主禽兽死，草木伤。[十一] 得辰，主五谷不收。

[夏至] 在端午前，主雨水调；在末旬，大歉；日晕，主大水。是夜天河中星密，有雨；星疏，雨多；风从乾来，大寒；坎来，寒暑不时，山水暴发；艮来，涌泉出崩；巽来，主九月风落草木；坤来，主六月有横流水；兑来，秋有寒霜。夏至雨谓之淋时雨，主久雨。后半月名三时；首三日为头时，次五日为中时，后七日为末时。风发在中时前二日，大凶；有霜，主久雨。十日后雷名送时雷，主久旱。有云，三伏必热。是日巳时，东南有青气，年丰；无，则应在十月有灾。[二十] 为大分龙日。占同小分龙，次日有雨，年丰。[三十] 不雨，主人多疾。凡月内逢月蚀，主旱。炮车云起，主暴风拔木。上辰上巳雨，主蝗灾。夏至后四十六日内，虹出西南贯坤位，主水，及蝗灾，鱼少。雷不鸣。主五谷减半。

五月事宜

芙蕖泛水，艳如越女之腮；蘋藻飘风，影乱秦台之镜，榴火烘天，葵心倾日，能不畏炎而独丽者，犹赖有此耳。是月也，鹿角解①鵙②始鸣，锦葵鲜，山丹赪，薝蒲[3]有香，夜合始交，萱北乡，花之杰也。

分栽

茉莉、素馨、紫兰、菖蒲、竹（十三为竹醉日）、香藤。

移植

樱桃、枇杷、棠棣、橙、香橼、剪春罗、石榴、瑞香、花红、金橘、山丹、西河柳。

扦插

木香、荼蘼、棠棣、石榴、橘、檐葡萄、长春、蔷薇、锦带、宝相、月季、珍珠佩、西河柳。

接换（无）

压条

槐、杏、桃、李、梅、桑。

下种

梅核、桃核、杏核、李核、槐子、芝麻、红花、桑葚。

收种

罂粟、木棉、杏、梅、桃、水仙根、林檎、槐、蓝淀、百草头（俱宜端午日收）。

浇灌（凡树木久旱，止宜清水浇，惟草花宜浇轻肥）

樱桃（轻肥）、茉莉（肥粪）、桑、柑、橘（黄梅内略用粪清）。

培壅（不宜）

整顿

木竹、闹山（宜棚护酷日）、嫁枣（五日午时）、修桑、除草、扎桧柏屏风，端午五鼓，以斧斫诸果木数下，结实多。

校 记

㈠“天晴”：善成堂版及乾本均作“大晴”，花说堂版校记注：“大当作天。”中华版亦作“天晴”，按应作“天晴”。

注 解

①鹿牡者有枝形角一对。角不空，由皮肤下层（即真皮）所变化而发达的，初为瘤状，呈紫褐色，蔽褐色密毛，是为鹿茸，富有血管，等到鹿茸渐长，牡鹿便向树干摩擦使脱去毛皮，乃见真角。

②鵙，即“伯劳”，亦称“博劳”，属鸣禽类。见《尔雅·释鸟》《诗·豳风·七月》。

③薝蒲亦作薝卜，见《本草纲目》木部，栀子花名薝蒲。

六月占验

九焦在子，天火在卯，地火在巳，荒芜在辰。

[小暑日] 东南风，兼有白云成块，主有舶艎，风半月发，必大旱。

[朔日] 值夏至，大荒；值小暑，大水；值大暑，人病。得甲，饥。西南风，主虫伤百卉。雨，主熟。

[三日] 晴，主旱，草枯。雾，大热。[六日] 晴，主有收；雨，主秋水。[晦日] 值立秋，早稻迟，南风，主虫灾；不雨，人多疾。

凡月内逢日月蚀，主旱；三伏内有西北风，主冬月有冰坚，天气凉，则五谷不结。虹屡见，主米麻贵；电，夜见南方，主久晴；见北方，主即雨，七月亦然。

六月事宜

萤[①]飞腐草，光浮帐里之书；蝉噪凉柯，影入机中之鬓。叶老花残，蜂愁蝶怨。是月也，鹰始挚，蟋蟀鸣，桐花馥，菡萏[②]为莲，茉莉来宾，凌霄发，凤仙降于庭，鸡冠环户，花皆息也。

分栽（不宜）

移植

茉莉、素馨、蜀葵、林檎。

扦插（不宜）

接换

樱桃、梨、桃（并宜下旬）。

压条（不宜）

下种

梅核、杏核、桃核、李核、蔓菁、葵、水仙（取根葡和土日晒半月后；任意区种、畦种或盆种，俱用肥土覆盖。酒糟和水，浇花必盛）。

收种

洛阳花、桃、林檎、花椒、剪春罗。

浇灌（凡草类可浇轻肥水）

牡丹、芍药、林檎、桃、柑、橘（宜清水）、茉莉（肥水）、菊（宜轻肥水）、阶前草。

培壅

橘、橙、香橼、麦门冬。

整顿

锄一切花木地，竹地更要紧。扎花屏，是月伐竹，不蛀。

注 解

①萤是鞘翅类的昆虫，体长五分许，色黑褐，尾端暗黄色具发光器，产卵水滨的草根或腐草中，而生萤，因而有腐草化萤的传说。

②菡萏就是荷花。《诗·陈风·泽陂》："有蒲菡萏。"疏："菡萏，荷华也。"

七月占验

九焦在酉，天火在午，地火在辰，荒芜在亥。

［立秋日］晴，主万卉少成实；风凉，吉。热，主来年灾旱。秋天云兴，若无风，则无雨。风从乾来，暴寒多雨；坎来，冬多雨雪；震来，秋多暴雨，草木再荣；巽来，凶；离来，旱；坤来，有收成；兑来，秋多浓霜。西方有云，微雨，吉。西南黄云如群羊，坤气至也，主五谷果蔬有成。黑云相杂，宜桑麻，如无此气，主岁多霜。赤云，主来年旱，西南有赤云，宜粟，秋后四十六日内，虹出正西贯兑位，主旱，雷损晚禾。

［朔日］值立秋，处暑，人多疾；月蚀，主旱；虹见，主田不收；有霜，损晚禾。［三日］有雾，主年丰，草木荣盛。

［七夕］有雨，名洗车水，吉。［八日］得满斗，主秋成。

［处暑日］雨不通，白露枉用工，有雨，主熟。［十六］月上早，熟；月上迟，秋雨至。有雨，主来岁荒。是日名为洗钵雨，僧家四月十五结夏上堂，七月十五解夏散堂，十六洗钵有雨，便知下年必荒。停堂，甚验。凡月内值日月蚀，主人灾；水大，日常无光，主虫灾；有三卯，主大熟；雨小，吉，雨大，伤谷。

七月事宜

商风[①]警叶，满林疑落木[㈠]之声；大[②]火西流，四壁起素娥之影。巧遗仙缕，慧乞蛛丝。是月也，寒蝉鸣，鹰祭鸟，玉簪[3]搔头，紫薇浸月，木槿朝荣，梧桐叶堕，蓼花红，菱乃实，花之暮[二]也。

分栽、移植、扦插、压条、培壅（俱不宜）

接换

海棠、林擒、春桃、寒球、棠梨。

下种

蜀葵、望仙、苜蓿、腊梅子、水仙（猪粪和泥种）。

收种

莲子、芡实、松子、柏子、黄葵、紫苏子、龙眼、胡桃、楮实、茴香、枣子。

浇灌（凡草类皆宜轻肥，独橘橙不可浇粪[4]）

木樨（阴处可浇猪粪和水三分之二，阳处添水减粪）。

整顿

菊丛、剪菖蒲（宜十四）、刈草（是月锄地，最能杀草）、伐竹木（宜辰日）。

校　记

㈠“落木”：乾本误作“落本”。

㈡“暮”：乾本误作“草”。

注　解

①商风就是秋风。《楚辞·七谏·沉江》：“商风肃而害生兮。”注：“言秋气起则西风疾急而害生也。”又《礼记·月令》：“孟秋之月，其音商。”按“商五音之金音也。其音凄厉，于时为秋”，故云。

②大火，星名，即心宿。《诗·豳风·七月》中的“七月流火”即指此星。星经：“心三星：中天王，前为太子，后为庶子，火星也。”

③玉簪系百合科多年生草本，花未开时形如白玉簪，故名。

④盆栽橘、橙，培养土里已经施足了基肥。一般不要求长得很高大，故不加浇粪，与大田生产的有所不同。

八月占验

九焦在午，天火在酉，地火在卯，荒芜在卯。

［白露日］天晴，多蝗虫；雨，损草木。此日名天收日，若纳音属火，主虫多

物损。

［朔日］值白露，主果谷不登；值秋分，主物贵。晴，主连冬旱；有雨，宜种麦；大风雨，人不安；南风，禾熟。［十一］半晴，吉；是日看水浅深，可卜来年水旱。

［中秋］晴，主来年大水；无月，蚌无胎，荞麦无实；月有光，主兔多，鱼少；雨，主来年低田熟；上元无灯。

［秋分日］天晴，主有收；微雨或阴天，最吉，来年大熟。风从乾来，主下年阴雨；坎来，多寒；艮来，风急，主十二月阴寒。震来，为逆气，百花虚发；巽来，主十月多暴气；离来，岁恶；兑来，大熟。酉时西方有白云，主大稔，黑云相杂，宜麻豆；赤云，主来年旱。秋分后四十六日，虹出西北贯乾位，多水，主虎伤人；有霜，主人多病。［十八］为潮生日，前后必有大雨，名横港水。凡月内日蚀，人多疮疥；月蚀，主饥，鱼盐贵，人灾。有三卯三庚，低处草木盛，浮云不归。二月雷不行，是月不宜闻雷。有雷雪，多病人。十三至二十三日，为詹家天，最忌栽种。

八月事宜

击土鼓以迎寒，钓天不耐；建幔[一]亭而张宴[二]，仙露将倾。四时开朗，莫过于浮槎问石；一年快事，端不许嫦娥笑人。是月也，鸿雁来，玄鸟逸，槐黄荣，桂香飘，断肠[1]始娇，金钱[2]夜掷，丁香紫，蘋沼白，花尽实也。

分栽（俱宜秋分后）

牡丹（宜秋分前）、芍药、山丹、佛龛、百合、南天竹、木瓜、石竹、木笔、玫瑰、蔓菁、贴梗海棠、水仙、石榴、樱桃、紫荆、金灯、剪春罗。

移植

牡丹（秋分）、木樨（宜雨）、丁香、橘、枇杷、木香、枸杞、橙、木瓜、银杏、桃、梧桐、李、栀子、杏、柑、梅、剪秋纱。

扦插

木香、蔷薇（雨中诸色藤木者，皆可扦活，俱宜秋分前）。

接换

牡丹、玉兰、梨、绿萼、桃（各种）、西府海棠。

压条

玫瑰、木香（秋分前）。

下种

罂粟、洛阳花、苜蓿（宜中秋夜）、菱、芡（此二物取坚黑色者，撒池内，来岁自生）、胡荽（晦日晚下）、长春、丽春、石竹、莴苣、红花。

收种

梧桐、石榴、秋葵、椒核、蓝种、剪春罗、夜落金钱、凤仙。

浇灌（草类宜肥，木类忌肥，即清水亦不可多，如橙、橘、柑、柚更不宜③浇）

牡丹、芍药、瑞香（俱宜猪粪）、剪春罗（宜鸡屎）。

培壅

竹园（宜用大麦糠，或稻稳，添河泥壅）。

整顿

牡丹（每枝留一二头，余尽去之）、芍药（去旧梗）、蘘荷（月初踏其苗，否则不滋茂）、兰（可以换盆，亦可分栽）、菊（宜加土）、花竹科盆（白露后用帘遮）。

校 记

㈠“幔”：除中华版外，各版均误作“慢”。

㈡“宴”：除中华版外，各版均误作“晏”。

注 解

①断肠系指断肠花，《采兰杂志》谓即秋海棠。系秋海棠科多年生草本。又有八月春、相思草等名。

②金钱指金钱槭。系槭树科的小乔木，可供盆景。叶为羽状复叶，小叶九至十五片，上面深绿，背面淡绿。六月开小花，淡绿白色，花序松大而直立。果实是圆形的翅，形似榆钱而较大，缀生成下垂的果序；幼时红色，熟时呈褐色。

③除应保持一定湿度外，不宜多浇肥水，目的在抑制冬梢的抽生，保证充实的结果母枝，供明春抽出新梢开花结果。

九月占验

九焦在寅，天火在子，地火在巳，荒芜在未。

［朔日］值寒露，主冬大冷；值霜降，多雨，来岁稔。晴明，万物不成。风雨，来年春旱，夏多水。微雨，吉。大雨，伤禾，虹见，主麻贵，人灾。

［重阳日］晴，则冬至、元旦、上元、清明四日皆晴。东北风发，主来年丰。

西北风，则来年歉。此日是雨归路，有雨宜禾，又主来年熟。［十三］天晴，主一冬晴；月无光，主虫伤草木。

凡月内日蚀，主饥疫；月蚀，牛马灾；月常无光，主虫灾，布帛贵。草木不凋，主来年三月伤坏。虹出西方。大小豆贵，有雹，牛马不利。无霜，主来年三月多阴寒，草木皆伤。雷鸣，主谷大贵。

九月事宜

重阳[①]变序，节景穷秋。霜抱树而拥柯，风拂林而下叶。金堤翠柳，带星采以均调。紫塞苍鸿，追霞光而结阵。是月也，豹祭兽，雀化蛤，菊始英，芙蓉冷，汉宫秋老，芰荷为衣，橙橘登，山药乳，诸实告成也。

分栽

蜡梅、樱桃、萱草、桃、杨梅、柳（俱宜霜降后）；牡丹、芍药（上旬）、菊、八仙、玫瑰、贴梗海棠、水仙（宜朔日）。

移植（凡可分栽者，皆可移）

紫笑、枇杷、山茶、玫瑰、橙、橘（俱宜霜降后）；竹（移诸果木，俱宜上旬）、丽春。

扦插（不宜）

接换、压条（俱不宜）

下种

罂粟（重阳）、柿、水仙、红花（月终）。

收种

桐子、槐子、茶子、栗子、决明、老少年、金钱、蓖麻、鸡冠、蔷薇、紫草、十样锦、秋葵、木瓜、石榴、榧子、茱萸、秋海棠、栀子、枸杞、紫苏、银杏、梨、剪秋纱。

浇灌

牡丹、芍药、林檎、木樨、梅、杏、桃、李、阶前草。

培壅（不宜）

整顿

建兰、茉莉（俱宜霜降后移暖窖）；素馨、水仙（俱宜遮蔽，置檐下）；石榴、芭蕉、葡萄（俱宜用草包）。去荷花缸内水，壅甘菊，耕肥地，修窦窖，诸果木转垛者[②]，待来春方可移栽。

注 解

①旧以农历九月初九为重阳，又曰重九。魏文帝《与钟繇书》云："岁往月来，忽后九月九日为阳数，而日月并应，故曰重阳。"

②积土为垛，转垛就是将根头四边侧根转成圆垛，再用草绳盘定泥土，以便移栽。

十月占验

九焦在亥，天火在卯，地火在丑，荒芜在寅。

［立冬］天晴，主冬暖鱼多。风从乾来，岁丰；坎来，多霜；震来，深雪酷寒；巽来，冬温，来年夏旱；离来，次年五月大疫；坤来，水泛溢；雷震，万物不成。立冬四十日内，虹出正北贯坎位，冬少雨，春多水灾。冬三月虹见西方，有青云覆之，春雨调和；白云覆之，春多狂风；黑云覆之，春多雨水；有雾，名沫露，主来年水大。冬前霜早，禾好，冬后霜晚，禾有收。

［朔日］值立冬；有灾异。值小雪，东风，米贱，西风，米贵。天晴，主冬晴；风雨，来年夏多旱。雷(一)鸣，人灾。［二日］雨，芝麻不实。［十五］月望，为五风生日。此日有风，主终年风雨如期，谓之五风信。天晴，主暖；月蚀，主鱼贵。［十六］天晴，主冬暖；南风三日，主有雪；雨，主寒。凡月内日蚀，主冬旱；月蚀，秋谷鱼盐贵；月无光，六畜贵；有三卯，米价平。又一月无壬子，留寒待后春。雷鸣，人灾。闽俗立冬后十日为入液，至小雪为出液，如液内雨，百虫饮此而蛰，谓之定液雨；液内有雾，主来年五月有大水。

十月事宜

节届玄灵，钟应阴律。寒云拂岫，带落叶以飘空；朔气浮川，映岑楼而叠迴。檐前日暖，暄可护花；岭上梅先，春堪赠友。是月也，雉入水为蜃(二)，芳草化为薪。木叶解，苔藓枯，芦飞雪，朝菌歇，花复胎也。

分栽（俱宜月初）

长春、锦带、牡丹、芍药、笑靥、秋芍药、樱桃、木香、荼蘼、宝相、徘徊、棣棠花、海棠、蔷薇、郁李、金萱、玫瑰、佛见笑、玉簪、天竹、水仙、木笔。

移植（凡可分栽者，皆可移）

金橘、脆橙、望仙、蜀葵、香橼、黄柑、梅、菊、蜡梅。

扦插（不宜）

接换（不宜）

压条

贴梗、西府、垂丝。

下种

蔓菁、人参、五味子。

收种

石榴、茶子、枸杞、栗子、皂角、薏苡仁、槐子、椒核、决明、栀子、山药、金灯。

浇灌

牡丹、芍药、水仙、石榴、山茶、杨梅、枇杷、橘、菊、橙、柑、柚、香橼、栗。

培壅

樱桃（肥土）、茴香（凡畏寒花木，根主皆宜壅土）、竹。

整顿

兰花、菖蒲（俱入窖）；夹竹桃、菊秧、虎刺（俱宜入室）；水仙（笆泥围搭棚盖，南向用门，日暖开曝）、芙蓉（斫长尺余段，以稻草盖向阳土坑内，来春取插肥土）、包裹一概畏寒树木。

校 记

㈠“雷”：除中华版外，各版本均误作“霜”。

㈡“蜃”：乾本误作“唇”。

十一月占验

九焦在申，天火在午，地火在子，荒芜在午。

［冬至日］天晴，主年内多雨，万物不成。风寒，大吉。风从乾来，明年夏旱；艮来，新正多阴雨；震来，大雷雨不止；巽来，诸虫害草木；离来，名贼风，人宜避之，吉；坤来，多水；兑来，多雨。冬至后四十六日内，虹出东北方贯艮位，主

来春多旱，夏有火灾。青云北起，主岁熟人安。赤云，主旱；黑云，水；白云，灾；黄云，大熟；无云，岁恶；有露，主来年旱；有赤气，主旱；黑气，水；白气，人多疾。雪大，来年熟；少，则来年旱；冬至前后有雪，主来年水多。

［朔日］值冬至，主年荒；有风雨，宜麦；大雪，主来岁凶。［二三日］得壬，主旱。［四日］壬，大熟。［五日至八日］壬，主大水。［九日］壬，大熟。［十日］壬，少收。

凡月内日蚀，人畜俱灾，米鱼盐贵；月蚀，米贵；有雷雨，来春米贵；雨多，主年内必晴。冬至后三辛为入腊。

十一月事宜

日往月来，灰移火变。鸿入汉而藏形，鹤临桥而送语；彤云垂四野之寒，霁雪开六花[①]之瑞。鹖鴠[②]不鸣，麋角始解。蕉花红，枇杷蕊，松柏秀，荔梃出；剪彩时行，花信风至，皆是月事，花之终也。

分栽

蜡梅、蜀葵、莴苣。

移植

松、桧、柏、杉、桑、四时菊，果木（凡转垛过者，冬至后春社前，皆可移植）。

扦插、接换、压条、下种（俱不宜）

收种

橘子、橙子、柑子、香橼、梨子。埋菊秧，盦[③]芙蓉条。

浇灌

牡丹（冬至日，浇糟水）、海棠（亦宜糟水）、诸色花木，皆宜浇肥，故不细载。

培壅（先用肥灰麻饼壅起根窝，再以水浇之）

牡丹、芍药、石榴、柑、橘、樱桃、橙、柚、杨梅、瑞香、芙蓉、木香、栗、枣、椒、诸种竹、桑、阶前草。

整顿

蔷薇（芟）、荼蘼（修）、紫笑（避霜）、木香（删细嫩条）、瑞香（日晒避霜），伐竹木，酵沟泥，收牛马粪。

注 解

①《韩诗外传》："凡草木花多五出，雪花独六出。"

②鹖鸣，鸟名。《礼记 · 月令》："鹖旦不鸣。"注："鹖旦，求旦之鸟。"按《吕氏春秋 · 仲冬》作"鹖鸣"，注云："山鸟。"

③奁，覆盖也，就是覆盖的意思。

十二月占验

九焦在巳，天火在酉，地火在亥，荒芜在戌。

[小寒日] 有风雨，主损六畜。

[朔日] 值小寒，主白兔见祥；值大寒，虎伤人。有风雨，来春主旱。东风，主六畜灾。

[大寒日] 有风雨，主损鸟兽。[除夜] 东北风，主来年大熟。夜犬吠，新年无疫。冷雨暴作，主来年六七月有横水泛溢。凡月内有日月蚀，主来年水灾；月常无光，主五谷贵；有雾，主来年旱；酉日起，尤验。虹见，主黍谷贵。雷鸣，主来年旱涝不均。雪里雷鸣，主阴雨百日。雨，主冬春连阴两月。上酉日雪，主来年荒。冰后水长，主来年水。冰后水退，主来年旱。月内萌类不见，主来年五谷不实。柳眼青，主来年大熟，花果有成。下雾，主旱。

十二月事宜

时值岁终，严风递冷，苦雾添寒，冰坚汉帝之池，雪积袁安之宅。爆竹烘天，寒随除夜去；屠苏答地，春逐(一)百花来。是月也，雁北向，鹊始巢，蜡梅坼[①]，茗花发，水仙负冰，梅蕊绽，宝珠灼，水泽腹坚；岁之终，花之始也。

分栽

水仙、桑。

移植（诸般花木，俱可移）

山茶、玉梅、海棠、杨柳。

扦插

月季、蔷薇、石榴（宜廿五扦）、十姊妹、杨柳（廿四扦，不生毛虫）、佛见笑。

接换（不宜）

压条（凡果树可压）

木香、蔷薇。

下种

松子、花红、橘子、橙子、柑子、苘麻子、楮子。

收种（无）

浇灌（凡一切花木，天气时和，皆可浇肥）

牡丹（狗粪亦妙）、芍药（俱用浓粪）、樱桃。

培壅

桑（添泥）、牡丹（墩土）、芍药、橘、橙、杨梅（灰粪绕傍壅根）。

整顿

嫁李（是月晦日，正月旦日，五更，以长竿打李树梢，则结实[②]多），伐竹木（不蛀），石榴（除夕以石块安榴丫枝间，则结实大，元旦日亦可[③]），贮雪水，劚桑，刈棘，碎[㈡]河沟泥（来春用）。

校 记

㈠“逐”：乾本、中华版均作“遂”，按应作“逐”。

㈡“碎”：善成堂、乾本作“醉”，花说堂作“酵”，按应作“碎”。

注 解

①按易解：“雷雨作，而百果皆甲坼。”《释文》：“坼，《说文》云‘裂也’。《广雅》云‘分也’。”蜡梅坼，谓蜡梅花开放了。善成堂、文德堂版作“圻”字，误。

②甩长竿打树梢是冬季清园击落树上害虫办法之一，但时间不一定在元旦。

③一般枝丫角度小的少结果，以石块置榴枝丫间，能使角度大些，对结实有一定作用，但若一定要在除夕或元旦，仍属迷信。

卷二　课花十八法

课花大略

尝观天倾西北，地缺㈠东南，天地尚不能无缺陷，何况附天地而生之草木乎？生草木之天地既殊，则草木之性情焉得不异？故北方属水性冷，产北者自耐严寒；南方属火性燠，产南者不惧炎威，理势然也。[①]如榴不畏暑，愈暖愈繁；梅不畏寒，愈冷愈发。荔枝、龙眼独荣于闽、粤；榛、松、枣、柏尤盛于燕、齐；橘、柚生于南，移之北则无液[②]；蔓菁长于北，植之南则无头[③]；草木不能易地而生，人岂能强之不变哉！然亦有法焉。在花主园丁，能审其燥湿，避其寒暑，使各顺其性[④]，虽遐方异域，南北易地，人力亦可以夺天功，夭乔未尝不在吾侪掌握中也。余素性嗜花，家园数亩，除书屋、讲堂、月榭、茶寮之外，遍地皆花、竹、药苗。凡植之而荣者，即纪其何以荣；植之而瘁者，必究其何以瘁。宜阴、宜阳，喜燥、喜湿，当瘠、当肥，无一不顺其性情，而朝夕体验之。即有一二目未之见、法未尽善者，多询之嗜花友，以花为事者；或卖花佣，以花生活者。多方传其秘诀，取其新论，复于昔贤花史、花谱中，参酌考证而后录之。可称树艺经验良方，非徒采纸上陈言，以眩赏鉴者之耳目也。因辑课花十八法于左，以公海内同志云尔。

校 记

㈠“缺”，康本、乾本均作“地限东南”。中华版作“地陷东南”。按原出《徐陵与杨仆射书》“天倾西北，地缺东南”。故“限”或“陷”，均应改作“缺”。

注 解

①从“生草木之天地既殊”起，这一段说明植物的生物学特性所以不同的原因。这种看法与米丘林学说的基本观点——有机体和它的生活条件是统一的，生活条件的改变，必然要引起有机体的改变相符合。

②大意谓虽能生长，但果实发育不良，汁液很少。

③指植株的根部不能好好地生长，直根细小，不能肥大成头。

④说明如能了解和掌握植物的生物学特性，则无论原生在何处的花木都可以栽培得好。

辨花性情法

每见世俗好花，不惜重资购㈠取。有从千里携归，未及半载，非枯焦即聋[①]闭；是昧其理而失其性也。苟得其性，万无不生之木，不艳之花，惟在治圃者亟当详察耳。如朱草应月[②]而生，日长一叶，月半即落，谓之蓂荚[③]。梧叶随年而长，每枝十二，立秋解一，谓之知秋[④]。黄杨木遇闰月反短，谓之厄闰[⑤]。梧桐叶遇闰月独多，谓之增闰。蔓草皆左旋，顺天之左旋也。凡花皆五出[⑥]，法地之数五也。橘藉尸荣[⑦]，榴滋骸茂[⑧]；蕨以猿啼盛发[⑨]，蕉以雷振顿长[⑩]。橄榄畏盐，纳盐实落[⑪]；番蕉喜火，钉火愈生[⑫]。紫薇怕痒[⑬]，皂角怕箍[⑭]。茯苓碎瓦，薜荔压枝。杷板受刀复合，柿木画皮生纹；建兰叶喜人捋而绿，水仙叶恶人捋而黄；兰花向午发香，荷花向午香敛；芡开花向日，菱开花背日。芜荑生于燕，枳、榛死于荆。春分铁烙梨枝[⑮]而栽，小雪刀段芙蓉而窖[⑯]，五月斫桑枝[⑰]；六月吊水仙[⑱]；物各有性，所必然也。大概早茁者，茂于和煦之时；迟发者，盛于沍寒之候。古云：畜匏之家不烧穰，种瓜之家不焚漆，避物性之相忤也。苟欲园林璀灿，万卉争荣，必分其燥、湿、高、下之性，寒、暄、肥、瘠之宜，则治圃无难事矣。若逆其理而反其性，是采薜荔于水中，搴芙蓉于木末，何益之有哉。

校 记

㈠“购”：花说堂、善成堂及乾本均作“构”字，按应作“购”。

注 解

①聋，犹闇也。聋闭意即生长困难，甚至停止生长。

②“朱草应月”原出《尚书故实》：“朱草，瑞草也。长三尺，枝叶皆赤，茎似珊瑚。”据《大戴礼记》载：“朱草日生一叶，至十五日生十五叶。十六日一叶落，终而复始云。”

③蓂荚：按《帝王世纪》载：“尧时有蓂荚生庭，每月朔生一荚，至月半则生十五荚；至十五日后日落一荚，至月晦而尽。若月小余一荚，王者以是占历。惟盛德之君，应和气而生，以为尧瑞。名曰蓂荚，一名瑞草，又名仙茆。”根据这些记载，朱草与蓂荚实非同一植物。再据张衡《东京赋》云：“盖蓂荚为难莳也，故旷世而不睹。”汉时已指出是旷世不见的植物，说明不过是一种传说。

④梧桐知秋、知闰，原出《遁甲书》：“梧桐可知月正、闰岁。生十二叶，一边六叶，从下数，一叶为一月，有闰则十三叶。视叶小处，则知闰何月。立秋之日，如某时立秋，至期一叶先坠。”故云“梧桐一叶落，天下尽知秋”。按不过偶然的巧合，实际上并不如此。

⑤黄杨厄闰：据《群芳谱》载："黄杨木理细腻，枝干繁多，惟坚致难长，岁长一寸，闰年反缩一寸。"故东坡诗云："园中草木春无数，只有黄杨厄闰年。"按黄杨生长迟缓，倘植地环境条件不适，发育更不良好，表面上看来似乎生长停止，当不限于闰年。

⑥《韩诗外传》："草木花多五出"，改作"皆"字亦不恰当。

⑦橘藉尸荣：查《种树书》有"以死鼠浸溺缸内，候鼠浮取埋橘树下，次年必盛"。又《涅槃经》云："如橘得鼠，其果子多。"这说明施肥的重要。其他有肥效的亦可，但施用不要过于集中。

⑧榴滋骸茂：即是说石榴施用骨肥则生长茂盛。原系根据《齐民要术》插石榴法："置枯骨僵石于枝间骨石是树性所宜。下土筑之。一重土，一重骨石。平坎止。其土，令没枝头一寸许也。水浇，常令润泽，既生，又以骨石布其根下，则科圆滋茂可爱。若孤根独立者，虽生亦不佳焉。"

⑨蕨以猿啼盛发：蕨生于山野，只要生长环境适宜，没有猿啼的地方也可盛发，此语当系传说。

⑩蕉以雷振顿长，亦属一种传说。

⑪橄榄畏盐，纳盐实落：查《种树书》有："橄榄将熟，以竹钉钉之，或纳少许盐于皮下，其实尽落。"纳盐的作用，可能是增加土壤水分的渗透压招致生理干燥，引起落果，与用环状剥皮，及用竹篾箍紧树干减少水分供应，达到自然落果的作用相同。

⑫番蕉喜火，钉火愈生：查《群芳谱》载："按番蕉一名凤尾蕉，能辟火患。此物产于铁山，如小萎以铁烧红穿之即活。平常以铁屑和泥壅之则茂。"这说明番蕉需要"铁"分供作营养。

⑬紫薇怕痒：《群芳谱》载："紫薇一名怕痒花，人以手抓其肤，彻顶动摇。故名。"

⑭皂角怕箍：原出《群芳谱》："采取皂角，因树多刺，难以采时，以篾箍其树，一夕尽落。"这与箍橄榄树的作用相似。

⑮铁烙梨枝：主要作用在切口消毒，与涂草木灰的作用相同。原意引自《齐民要术》："种者，梨熟时，全埋之，经年，至春地释，分栽之。多着熟粪及水。至冬落叶，附地刈杀之，以炭火烧头，二年即结子。"

⑯这时芙蓉已落叶，可截下枝条窖藏，准备来年春扦插繁殖。

⑰采桑后截下部分枝条，使它更好地抽出新芽长出新叶。

⑱五、六月间水仙花叶枯黄后，把鳞茎掘起，放在阴凉处经过二三天后，贮藏在干燥地方，或悬挂在灶房暖处，准备秋季栽培时分植。

种植位置法

有名园而无佳卉，犹金屋之鲜丽人；有佳卉而无位置，犹玉堂之列牧竖。故草木之宜寒宜暖、宜高宜下者，天地虽能生之，不能使之各得其所，赖种植时位置之有方耳。如园中地广，多植果木松篁，地隘只宜花草药苗。设若左有茂林，右必留旷野以疏之；前有芳塘，后须筑台榭以实之；外有曲径，内当垒奇石以邃之。花之喜阳者，引东旭而纳西晖[①]；花之喜阴者，植北囿而领南薰[②]。其中色相配合之巧，又不可不论也。如牡丹、芍药之姿艳，宜玉砌雕台，佐以嶙峋怪石，修篁远映。梅花、蜡瓣[③]之标清，宜疏篱竹坞，曲栏暖阁，红白间植，古干横施。水仙、瓯兰之品逸，宜磁斗绮石，置之卧室幽窗，可以朝夕领其芳馥。桃花夭冶，宜别墅山隈，小桥溪畔，横参翠柳，斜映明霞。杏花繁灼，宜屋角墙头，疏林广榭。梨之韵，李之洁，宜闲庭旷圃，朝晖夕蔼；或泛醇醪，供清茗以延佳客。榴之红，葵之灿，宜粉壁绿窗；夜月晓风，时闻异香，拂麈尾以消长夏。荷之肤妍，宜水阁南轩，使熏风送麝，晓露擎珠。菊之操介，宜茅舍清斋，使带露餐英，临流泛蕊。海棠韵娇，宜雕墙峻宇，障以碧纱，烧以银烛，或凭栏，或欹枕其中。木樨香胜，宜崇台广厦，挹以凉飔[④]，坐以皓魄，或手谈，或啸咏其下。紫荆荣而久，宜竹篱花坞。芙蓉丽而闲[(一)][⑤]，宜寒江秋沼。松柏骨苍，宜峭壁奇峰。藤萝掩映，梧竹致清，宜深院孤亭，好鸟闲关。至若芦花舒雪，枫叶飘丹，宜重楼[(二)]远眺。棣棠丛金，蔷薇障锦，宜云屏高架。其余异品奇葩，不能详述，总由此而推广之。因其质之高下，随其花之时候，配其色之浅深，多方巧搭。虽药苗野卉，皆可点缀姿容，以补园林之不足。使四时有不谢之花，方不愧名园二字，大为主人生色。

校 记

㈠“闲（閒）”：善成堂版、乾本均作“开（開）”，花说堂版作“闲”，按应作“闲”。

㈡“楼”：花说堂版作“楼”，善成堂版、乾本均作“桃”，按应作“楼”。

注 解

①喜阳花木宜种在东西开朗阳光充足的地方。

②喜阴花木可种在面北的园地。

③“蜡瓣”：按即蜡梅。

④“飔”：凉风也。见《说文新附》。

⑤“闲”：安静之意。

接换神奇法

凡木之必须接换，实有至理存焉。花小者可大，瓣单者可重，色红者可紫，实小者可巨，酸苦者可甜，臭恶者可馥，是人力可以回天，惟在接换之得其传耳[①]。如树将发生时，或将黄落时，皆宜接换。大约春分前、秋分后[②]，是其脱胎换骨之候也。凡树生二三年者易接[③]，其接枝亦须择其佳种；已生实一二年，有旺气者过脉乃善[④]。接必两枝，俟其活后生叶，拣弱者删去其一。至于斫木，须执刀端直，不至重伤则易成。截树砧，须用细齿利锯断之，又将快刀裁砧处令光，使不沁水[⑤]。遂从砧之一傍裁开其皮，微连以膜，约一小寸；先将剪下之枝，裁去两旁，于口中含热，连唾插掩，是假人涎以助其气。用纸封外，再以箬封，然后用麻扎缚。如干壤，少润，总不宜灌；须遮日曝，待其成体[⑥]，方可开也。匕头须木枝与树砧，各斜裁其半，以人唾粘掩之，以瓦规土，灌使少润，晴阴皆以器覆之。木之佳者，须侧坎而探，斫断其中根，止留四散生者，立覆侧坎而灌之，则生子必硕大。树以皮行汁，斜断相交则生。用泥泥之，或以锐皮连木者，插所斫之木心而泥之。侧插而生者，析其皮而绪之也。凡接须取向南近下枝，用之则着子多。如以本色树接本色[⑦]，惟以花之佳、果之美者接，自不待言矣。若以他木接，必须其类相似者方可[⑧]。如桃、梅、李、杏互接，金柑、橙、橘互接，林檎、棠梨互接，夫人而知之。至于奇妙处，又不可不讲也。白梅接冬青或楝树上，即变墨梅。西河柳接海棠，极易生长。樱桃接贴梗上，则成垂丝。贴梗接梨树上，则成西府。柿树接桃[⑨]，则为金桃。梅接桃则脆，桃接杏则肥。桑接梨则松而美，桃接李则红而甘。桑接杨梅则不酸，李接桃杏则可久之类，亦宜留心。圃人接换之法有六：一曰身接[⑩]。用细锯截去原树枝茎作盘砧，高可及肩，以利刀际其盘之两傍，微启小罅，深可寸半，先以竹片探之，测其浅深。却以[一]所接条约五寸长，一头削作小篦样，略噙口中，即纳之罅内，使皮骨相对[⑪]。插讫，用树皮封固得所，再用牛粪和泥，斟酌封裹之，勿令透风。外仍留口眼于上，以泄其气。二曰根接[12]。如小树将锯截去原树身，离地五寸许，以所接条削尖插之，一如身接法。即以原土培封，外将棘刺围护之。三曰皮接[13]。用小快刀于原树身八字斜劈之，以竹签测其浅深，将所接枝条，皮骨相向插入。封护如前法。候接枝发茂，断其原树枝茎，使其茎独茂耳。四曰枝接[14]。如皮接之法而差近之。一本可发二色或三色花。五曰靥接㈡[15]。只宜小树，先于原树横枝上，接截下留一尺许，于所取接条树上眼㈢外方半寸[16]，刀尖断皮肉至骨，并带膜揭皮肉一方片，须带芽心揭下。口噙少顷，取出印湿痕于横枝上。以刀尖依痕刻断原树靥㈣处，大小如之。以接按之，上下两头将桑皮纸封系，紧慢得宜。仍用牛粪泥涂护之。随树大小，酌量多少接之。"俟苞生根，始断其半而后分植焉。"㈤六曰搭接[17]。将已种出芽条，去地三寸许，上削作马耳，用所接条，并削马耳，相搭接之。封系粪壅如前法。凡接树虽活，下有气条[18]从本身上发者，急宜削去，勿令分其气力。一概种接，须令接头向外，则易生。

校记

㈠"以"：善成堂、乾本均作"其"，花说堂作"以"，按应作"以"。

㈡"靥"：各版均误作"压（壓）"，照《务本新书》改。

㈢"眼"：各版均误作"根"，照《农桑辑要》改。

㈣"靥"：同㈡。

㈤按芽接只须砧木与接芽愈合，无须"俟苞生根……"，两句疑系误植，似应删去。

注解

①这一段说明嫁接可以改良质量，可以引起定向变异，以及应用这种方法可以培育新品种，与米丘林学说认为嫁接可引起有机体变异相同。

②意谓一般花木果树在发芽前及叶将黄落时，大约春分前、秋分后，都适宜嫁接。

③指实生二三年幼苗作为砧木，接后易活。

④即接穗要选择质量好结过果的强健枝条才好。

⑤沁水，意即渍水。

⑥成体系指接穗与砧木完全愈合而成一体。

按接穗切削后衔入口中主要为防止干燥，如大量削取接穗或接芽时，可放入清水盆中以待应用。至用纸封或箬封目的在于减免外界不良环境的影响。现在已改用涂蜡，成活率更高。

⑦按指品种间互接。

⑧按指远缘种类如同科或同属间互接。

⑨按《种树书》载："柿树接桃枝，则为金桃。桃树接李枝，则红而甘。桑上接梨，则脆而甘。桑接梅则不酸。"

⑩即一般的高接，大树多用此法。

⑪意谓砧木与接穗的形成层互相密接。

⑫即普通切接法，砧木离地面四五寸处截断，接后用土培封，减免外界不良环境条件的影响。至目前所指的根接法则系利用根部作砧木的嫁接方法。枝接中的切接、劈接、皮下接、舌接、芽接等法，均可采用。可以用露地接或掘接法嫁接，与此有别。

⑬即腹接法。多用于生长季节的枝接。

⑭如前法，但同时可接上几个接穗。

⑮即芽接中的盾状芽接法，一名嵌芽接法。

⑯《农桑辑要》作"眼外方半寸"，按"眼"系指"芽眼"而言。

⑰即合接法，适用于砧木与接穗粗细相近的嫁接。

⑱即削除砧木上萌发的芽条，使养分可集中到接穗上去。

按以上方法系转录《务本新书》，叫接博法，原文说："一经接博，二气交通，以恶为美……"所谓二气交通，就是接穗砧木相互的影响，可增强嫁接苗的适应性、抗逆性，且能保持母株的优良经济性状，又能经济利用母株枝条，增加繁殖数量，因此嫁接繁殖，在保证质量和数量上都有重要意义。

分栽有时法

一切草木，分各按其时，栽能得其法，则长成捷于核种多矣。凡根上发起小条俱可分；必先就本根相连处断而不动，以待次年，当分时移植，仍记其阴阳[①]，不令转易即活。若阴阳易位，则难生矣。大树须髡[②]，不髡恐风摇则死。故《战国策》云："柳纵横颠倒，树之皆生，使千人树之，一人摇之则无生矣[一]。"至若小树，可以不记、不髡[③]。每栽必量其树之大小，先掘深坑，纳树其中，以泥水沃之。着土令如薄泥，东、西、南、北摇之，良久待其泥浆入根间[二]已足，再加肥土，自无不活。若此时不摇实，则根虚多死。其根上土决宜坚筑，惟留上面三寸勿筑，取其松柔易受水也。每浇水过，即以燥土覆之④，不然恐易干涸。埋定后，不可再用手捉动摇，及六畜触突。正月为上时，自朔暨晦，可栽大木，如松、柏、桐、梓、茶、竹之类是也。花果树必须望前，望后栽者，果必少实。二月为中时，可栽百卉。三月为下时，不宜栽者多矣。须查逐月条例，如枣鸡口，槐兔目，桑虾蟆眼，榆负瘤散㈢，鼠耳、虻翅等，各有其时，皆从叶生形容之象⑤，似以此时栽种者多生。虽云早栽者叶晚出，究竟宜早为妙。凡栽树，将大蒜一枚、甘草一寸⑥，先放根下，永无虫患。正月尽二月，可劙㈣树枝；二月尽至三月，可掩树枝，埋树枝土中令生，二年已上，便可移栽。凡栽日，宜：六仪⑦、母仓、除、满、收、成、开，及甲子、己巳、戊寅、己卯、壬午、癸未、己丑、辛卯、戊戌、己亥、庚子、丙午、丁未、戊申、壬子、癸丑、戊午、己未等日；忌：死炁⑧、乙日、建、破日、火日。至如栽桃宜密，栽李宜稀⑨，栽杏㈤宜近人家之法，不能枚举。在有园圃者，随地活变之耳。且草木或有不见栽时之例者，求之此条可也。

校记

㈠“矣”：各版均作“柳”，照《战国策》原文改。

㈡“间”：各版均作“内”，照《齐民要术》改。

㈢“榆负瘤散”：各版作“榆员瘤与”，照《齐民要术》改。

㈣“劙”：各版均作“剥”，照《四民月令》改。劙是分开的意思。

㈤“栽杏”：除花说堂版作“栽杏”外，余版均作“栽者”，照《四时类要》改。按杏为喜光树种，一般强烈的阳光对它无不利影响，而光照不足，常使枝叶徒长，近人家栽杏光照常感不足，对杏没有好处和作用，但以观赏为主的，仍以栽近人家为宜。

注解

①《齐民要术》载：“阴阳易位则难生，小栽者，不须记也。”由于大树生长已久，照原方向定植成活率较高。

②髡：即修剪，大树移植要修剪枝叶，以减少蒸发及摇动，可保证植株的生长。

③小树低矮枝叶少，不修剪或少修剪，不照原日方向亦无碍。

④浇水后用燥土覆盖，可以减少蒸发，保持湿润。

⑤指从芽的形态观察，主要说明要在发芽前移植，不宜过迟。

⑥大蒜、甘草有一定的驱避害虫作用。

⑦六仪，从辰名，指月中吉辰，以下均属忌讳迷信。但作者在移花转垛法里引南浙莳花者“无花不种，无木不移，……虽非其时，亦可以种”却又打破了这类忌讳。

⑧炁同气字解。

⑨桃树龄短，株行距可较小；李生长期长，故株行距要宽些。

扦插易生法

草木之有扦插，虽卖花佣之取巧捷近法，然亦有至理存焉。凡未扦插时，先取肥地，熟劚[①]细土成畦，用水渗定。待二三月间，树木芽蘖将出时，须拣肥旺发条，如拇指大者，断长一尺五寸许，每条下削成马耳状；另以杖刺土成孔，约深五六寸；然后将花条插入孔中，筑令土著木[②]，每穴相去尺余，稀密相等，常浇令润泽，不可使之干燥。夏搭矮棚蔽日，至冬则换暖荫[③]，仲春方去。候其长成高树，始可移栽。每欲扦插，必遇天阴方可动手；如遇连雨，则有十分生机；无雨减半。梅雨时尽可扦，晴亦不宜。插须一半入土中，一半出土外。若扦蔷薇、木香、月季及诸色藤本花条，必在惊蛰前后。拣嫩枝斫下，长二尺许，用指甲刮去枝下皮三四分，插于背阴之处；四旁筑实不动，其根自生。若果木须拣好枝，先插于芋头或萝卜上，再下土时则易活。脑上必须有箬叶裹之[④]。若扦各色花枝，接头亦得。总之扦插移栽，不外乎“宜阴忌日”[⑤]四字。至于扦盆花捷法：取春花半开者，用快剪断下，即插芋头上或萝卜内[⑥]，立以花盆种之；时加浇灌，不见日色，久久自生根芽矣。

注 解

①“劚”：这里作动词用，即锄碎细土成畦的意思。

②使土壤与插条密贴。

③各种措施主要在保持土壤一定的湿度和温度。

④使插条不易干枯，保持生活能力。

⑤“宜阴忌日”：就是避免太阳直射，目的在保持植株生活力，免致水分失去平衡，易于成活。

⑥主要作用在免致剪口干燥，保持生活力。现在用植物生长刺激素对促进发根

的作用更为显著。

移花转垜法

移花接木，在主人以为韵事，于花木实系生死关头。若移非其时，种不得法，未有能生者也。今述其要，为圃友知之。凡木有直根一条，谓之命根；趁小时栽便盘屈，或以砖瓦盛之，勿令直下，则易于移动。若大树，趁春初未芽时，或霜降后根旁宽深掘开，斜将钻心钉地根截去；惟留四边乱根，转成圆垜，仍覆土筑实；不但移栽便，而实结亦肥大。小树转垜后一年，即可移；若大树，必须三年，每年轮开一方，乃可移种。转垜时以稻秸[①]纫成草索，盘缚定泥土，未可移动。复以松土填满，四围锄开处，仍用肥水浇实。待次年正、二月间移起，就合种处，如种果木，宜宽，当以丈二为矩。视树之大小作区，安顿端正，然后下土半区，将木棒斜筑根垜下结实，上以松土壅，高过地面三二寸，但不露大根足矣。若本身高者，必须桩[㈠]木扶缚定，勿使风摇动，即以肥水浇之。如无雨每朝浇水，待月半后根实，生意渐萌，便如随常浇法可也。若迁移远路，必髠其梢，未能便栽，必须蔽日，虽迟三五日不妨；但若垜碎日曝，则无生理矣。凡种一切果木，望前移植者多实。在南浙莳花为业者，则不然。无花不种，无木不移，新启园亭，而欲速构者，虽非其时，亦可以植。皆因转垜得法，少俟天雨即移，顷刻便成林麓矣。古云："移树无时，莫教树知[②]；多留宿土，记取南枝[③]。"此正转垜后之谓也。

校　记

㈠"桩"：各版均误作"椿"。

注　解

①秸，禾槁去皮后叫秸。见《说文》注："禾茎已刈之，上去其穗，外去其皮，存其净茎是曰秸。"

②"勿令树知"系指植株生长停止及休眠时期，此时移植对植株影响少，成活率高。上面再引浙南莳花者无花不种，无木不移，虽非其时，亦可以植，说明运用优良的栽培技术和控制植物的生长和发育，可以使之合乎人类的志愿。这与米丘林说的"我们不能等待自然的恩赐，而是要向自然索取"，其意义是一致的。

③多留根株宿土（原有的泥头），并照原日的方向定植，更可以保证成活。

过贴巧合法[1]

凡花木分栽、压条、接换皆不可者，乃以过贴法行之。先将树相等、叶相类之小木，移于欲贴之木傍。视其可以枝相交合处，以利刀各削其皮一半，相对合之，以竹箨包裹，麻皮缠缚牢固，外以泥封之。如大树则所合枝傍截半断，小树所合枝发梢。若欲花果两般合色，则勿去梢，来年春方可截断连处，复候长定，然后移种可也。脱果木生之果，八月间以牛、羊粪和土，包其鹤膝[2]；再用纸包裹麻缚令密，以木撑住，以水频浇，任其发花结实。次年夏秋间，始开包视之，其根已生，则斫断埋土中，其花实自能晏然不动，一如巨木所结。又一法[3]：选嫩树枝长尺余者，刮去皮寸许，用有节竹筒劈作两开，合着树枝，用篾缚住，内以土筑实，其根自生。二年后方可剪开。凡惊蛰前后，并八月[一]中皆可过贴。

校 记

㈠“八月”：善成堂、金阊书业堂、乾本及中华版等均作“八日”，花说堂版作“八月”，按应作“八月”。

注 解

①过贴法，现称靠接法或诱接法、换接法、寄接法。此法属嫁接法的一种。

②鹤膝指接合处。

③此法系属压条法中的高压法或叫空中压条法、圈枝法，所育成的系自根树，与过贴育成的嫁接树性质有所不同。一般上泥后两个月左右，即可发根，再过一个月可截下假植。现在除较难发根的仍用竹筒外，多用踩软的稻草与幼细肥土掺匀，拉成泥条，紧缠切口，裹成蛋形的泥头。或用油纸包扎苔藓，代替泥头，比用竹筒压泥的方法简便得多。

下种及期法

凡下诸色花卉种时，亦有至理存焉。地不厌高，土肥为上；锄不厌数，土松为良[1]。至于下之早晚，已载于月令条下，兹不再赘。但种之之法，不可不知。临下时，核，宜排；子，宜撒[2]。必于日中燥曝，择净[3]。然后合浸者浸之，不浸者，看其子粗，则培入土内；细，则均撒土面，下讫即以粪沃其上，暖日区种者亦然。下之日必须天晴，雨则不出。下后三五日，必须得雨，旱则不生。遇旱须频浇水。若佳果欲种，须候肉烂[一]和核排种之。以尖朝上，将肥土盖之，否则所生之实，便不类其佳，亦且难生。细子下后，必盖以灰，恐不盖必为虫蚁所食[④]，则无生种矣。

校 记

㈠“烂”：除花说堂版作“烂”外，各版本均作“难”。按应作“烂”。

注 解

①指明播种圃地要求土壤肥美，同时要求多耕锄使土粒松软。

②说明核（大粒种子）要用条播或点播；小粒种子，可用撒播。

③播前将种子先行晾晒，以促进发芽，同时除去混杂及不好的种子。

④播后覆盖草木灰可防虫蚁并有促进发芽的效用。

收种贮子法

凡名花结实，须择其肥老者收子；佳果，须候其熟烂者收核；则种后发生必茂。其法：在收子时，取苞之无病而壮满者，与果之长足而不蛀者[①]，摘下日晒极干，悬于通风处，或以瓶收贮。各号名色[②]，庶临期收用，不致差错。将瓶悬于高处，勿近地气，不生白醭[㈠③]。如隔年陈者，亦多不生。核种者，当于墙南向阳处，锄一深坑，以牛马粪和土，平铺其底。将核尖向上排定，复以粪土覆之[④]，令厚尺许；至春生芽，万不失一。但忌水浸风吹，皆能腐仁。又一法：以泥包核，圆如弹大，就日晒干，方投粪土坑中尤妙。凡果实未全熟时，不可便摘，恐抽过筋脉，来岁不盛。摘必两手拿摘，则年年结实自繁。若孝服人摘之，来年不生[⑤]。故治圃者，能随时而收，按时而下[⑥]，迟早不踰，斯得之矣。

校 记

㈠“醭”：乾本误作“膏”。

注 解

①说明留种要选果实生长充实没有病虫害的。

②即写明各个栽培植物的种类、品种、名称，以便识别。

③白醭即指发霉。近地则湿度大，易霉坏。

④指层积贮藏。这样，可减免伤，并促进种子后熟作用。

⑤此则近于迷信传说。

⑥指应适时采收、按期播种。

浇灌得宜法

浇、灌(一)之于花木，犹人之需饮食也。不可太饥，亦不可太饱；燥则润之，瘠则肥之，全赖治圃者，不时权衡之耳。大凡人心喜香艳，而恶枯寂。春、夏万卉争荣，则浇灌之力勤；秋、冬草木零落，则浇灌之念弛；孰知来年之馥郁，正在秋、冬行根发芽时之肥沃也①。及至交春，萌蘖一生，便不宜浇肥。肥能菑翳，即有一二喜肥者，亦须停久宿粪。热(二)②粪只可腊月用，余月用之有害，若用挦猪毛汤③，或退鸡鹅翎(三)汤④，不宜亲木跗⑤，恐生蛀虫。汤内若投以荔枝、圆眼核，则翎易腐而虫不生，亦是善贮肥之一法。当果实时宜浇，摘实后并腊前通宜浇，若宿粪和以塘水，胜于诸水，以其暖而壮也。究竟以黄梅水为最，当多蓄听用。但浇肥之法，草与木不同：草之行根浅，而受土薄，随时皆有凋谢，逐月皆可浇肥，惟在轻重之间耳。如正月则七分粪三分水，二月六粪四水，三月对和，四月四粪六水，五月三粪七水，八月四粪六水，九月对和，十月六粪四水，十一月七粪三水，十二月八粪而止。即十一月、十二月、正月，亦有宜轻肥者，并不宜者，俱载花历条下，兹不再赘。若遇天旱，每日要浇，只宜清水；肥须隔数日一用，然亦须分早晚。早宜肥水浇根，晚宜清水洒叶；若果木则不然，二月至十月浇肥，各有宜忌，如二月树已发嫩条，必生新根，浇肥则梢反枯。倘有萌未发者，浇之不碍，三月亦然。凡花开时不宜浇粪，恐堕其花。夏至梅雨时浇肥，根必腐烂，八月尤忌浇肥。白露雨至必长嫩根，一浇即死。六七月花木发生已定，皆可轻轻用肥，至小春时便能发旺。若柑橘之类，又不宜肥，肥则皮破脂流⑥，隆冬必死。杜鹃、虎刺(四)，尤不可肥。至如石榴、茉莉，虽烈日之下，尽肥浇不害。一云社酒浇果根，则实繁。冬至日糟水浇牡丹、芍药、海棠⑦，则花艳。皂角无实，根旁凿一孔，入生铁屑三五斤，泥封之，即结角。如菖蒲无力萎黄，水和鼠粪浇之即盛，此补浇、灌之所不及也。每月九焦日，不但忌种，抑且忌浇。

校 记

(一)“浇、灌”：各版本均作“灌、溉”，按原意浇指浇肥，灌指灌水，故应改作“浇、灌”。

(二)“热”：除花说堂版外，各版本均作“熟”字，按应作“热”字。

(三)“退鸡鹅翎”：花说堂版作“退鸡鹅、翎”，各版均作“用鸡鸭翎”，按应作“退鸡鹅翎”。

㈣“虎刺”：花说堂版、乾本作“虎茨”，中华版作“虎刺”，按应作“虎刺”。

注 解

①强调指出春季行根发芽前施肥的重要意义。

②热粪指新鲜粪尿，宿粪指已经腐熟的肥料。

③指屠猪场的废水。

④指屠宰鸡鹅鸭三鸟时的废水。

⑤说明肥料应施在细根前端，不应浇近根头，以免引起虫害，并便利根群吸收。

⑥由于制培养土时已施入许多肥料，故不另多浇液肥，以免冬季受冻引起流胶病（树脂病）。与大田栽培柑橘要求果实生产的略有不同。

⑦《种树书》载：“海棠花欲其鲜而盛，于冬至日早以糖水浇根中。”

培壅可否法

地有高下，土有肥瘠，粪有不同；若无人力之滋培，各得其宜，安能使草木尽欣欣以向荣哉？在植物莫不以土为生，以肥为养；故培壅之法，必先贮土。取好土粪浇，草火煨过，再以粪浇复煨，如此数次，曝干捣碎筛净，拣去瓦、石、草根[①]，收藏缸内，置之日照雨飘处听用。或取黄泥浸腊粪中年余[②]，亦有用处。至于各花各有宜壅之粪土，必须预为料理。如或用灰粪，或麻饼、豆饼屑和土者，或贮二蚕沙、鞔鼓皮屑[③]和土者（鼓皮取其无硝），或以牛、马粪，或以猪、羊粪，或以鸡、鸭等粪和土，当令发热过[④]，方为肥土。又人之栉发垢腻，壅花最佳；然不能多得，只可盆花取用耳。壅根宜高三五寸，浇水实定，不可太过。如竹、木、桑、菊根皆上长，每年必添泥覆方盛。各种肥土用法，已详花历条下，兹不赘。凡五果花盛时，逢霜则无实；当预于园中，多贮败草、牛马干粪，逢天雨新晴，北风寒切，是夜必霜；此时放火作煴，令花少得烟气，可免霜威，则实可保[⑤]。至若盆花，受气有限，全赖良土培壅，更不可怠忽。所贮花盆，先须炭屑及瓦片浸粪沟中经月，为铺盆之用；不可临期取办，使不如法。

注 解

①说明培肥的重要和培养土的制法。

②意谓冬季将泥土浸粪中。

③指制鼓时多余的皮屑。

④指各种厩肥要腐熟后肥效才好，才高。

⑤说明熏烟防寒保花保果的方法，按熏烟防寒，对花木防冻作用亦大。

治诸虫蠹法

凡木有蠹，叶有螃，果有蝤，菽有蝗，谷有螟、螣、蝥、蠈①，皆由阴阳不时、湿热之气所生；虽有佳木、奇葩，一经侵蚀，无生理矣。今特录其可以驱除之法，为治圃者知之。凡树内蛀虫，入春头俱向上，难于钩取，必用烟熏；逢冬头向下②，只须铁线一搜立尽。初春去蠹蝎蛣蝠者，以杉木为针，闭塞其气则自死，或以硫黄末塞之。如蛀穴深曲，以焰硝、硫黄、雄黄，作纸药线，纴穴中焚之，走其烟臭则皆死。或以芫花㈠③或百部叶④纳穴中，亦能杀虫。若在外蝤虫螃虫，则以鱼腥血水洒其叶上，不久自消。能飞之虫，取江橘黐⑤以胶之，或畜蚁⑥以食柑虫。若顺风烧油篓，可以驱松虫；若用多年竹灯架，挂果树上⑦，可以去青虫；或将桐油纸捻条塞蛀眼亦可。桐油脚入粪浇蔬菜，亦能去虫。树有蠹孔，弹竹篾于孔边，如蒲虫声，其蠹自出，即此可悟啄木鸟取虫之理矣。桃生蛀，煮猪头汤冷浇之，橘生虫，用修马蹄屑塞之；林檎、梨树生毛虫，埋蚕蛾于下，或用海鱼腥水浇之；槐生虫，擂鼓于树下则尽落；芝麻梗挂树上，则无蓑衣虫，西风久雨亦能杀毛虫。桑树虫多，用铁线钩取。凡树生癞，以甘草削钉，针之自消。凡栽花草，根下置白蔹末⑧，最能辟虫患。土坑中先置甘草一寸，大蒜一枚，后种树上，则不生虫。盖木实之蠹者，必不沙烂，沙烂者必不蠹，亦性使然也。一法：清明子时，于诸树上缚稻草一把㈡⑨，则不生虫。清明前一二日，多取螺蛳浸水中，至清明日，以此水洒墙壁甃砌，能去蚰蜒。盆内有蚁穴，以香油或羊骨引出之；有蚓穴，以鸭粪壅之，或灰水浇之，如用灰水，当即以清水解之。又云：以生人发挂树上，鸟雀不敢偷啄其实。

校 记

㈠“芫花”：康本、乾本各版均误作“莞花”，按应作“芫花”。

㈡“把”：各版本均作“根”字，疑系“把”字之误。

注 解

①蠹指食害木中的虫；螃通指蚜虫；蝤即蛴螬，系金龟子幼虫；蝗即蝗虫；螟即螟虫；螣通指食叶害虫；蝥、蠈通作食苗根的害虫。

②大概指春暖蠹虫开始活动，难于钩取，故用熏烟毒杀；冬季虫多潜伏不动，用铁线一搜立尽。

③芫花系瑞香科植物，花能使皮肤发泡，可供药用；有效成分为芫花素，系一种淡黄色针状结晶体。

④百部系百部科多年生蔓草，块根状似天门冬，可供药用，有镇咳除虫等功效，按《种树书》载："果树有蛀虫者，以芫花纳孔中或百部叶。"

⑤江橘鷸即江蓠，名见《本草纲目》，系江蓠科暗红色海藻，生于稳静的海湾浅水中，体为细圆柱形，至上部而愈细，有不规则的分枝，表面滑泽。晒干后可充糊料。

⑥《南方草木状》记载岭南一带有利用一种蚁——惊蚁——防治柑橘害虫的事实。唐代的《酉阳杂俎》和《岭表录异》中也有此记载。清初《广东新语》更记载有用藤竹引度，使惊蚁顺利地往来柑橘园中，以保证柑橘免被虫害的方法。

⑦据俞宗本《种树书》载："果树生小虫，虹蜻盼挂树自无。"《调燮类编》也有类似记载："生虫，以多年竹灯擎挂树间，虫自落。"又《农学丛书》作："丁蜻蛉盼树自无。"似可解释为点灯诱杀法。

⑧白蔹系葡萄科多年生攀援藤本，俗名狗卵子(镇江、无锡)，名见《本草经》。叶互生，有柄；小叶三至五枚。花小淡黄色，果实为球形的浆果。根供药用，能止痛消肿，并用以辟虫。

⑨现今防止害虫爬到树上为害，仍多采用此法。即将稻草一把缚在树上，诱集害虫到稻草中，然后取下扑灭。

枯树活树法[①]

天生地长，草木之荣枯，岂人得而主之？然人为万物之灵，能杀之，复能生之，挽回造化，亦在掌握之间。如木以肉桂作钉，钉之即死，用甘草水灌之复荣。乌贼鱼骨[②]钉之则翳，以狗胆解之仍茂。或曰鳞鱼乾树(即墨鱼也，一名海螵蛸)。又云：河豚骨。若以邵阳鱼刺日西时树阴即死。一云：桂钉木上则茂，钉木下则枯。

大榕树以苏木作钉，钉其根则死。葡萄树以甘草针针之即槁。柚树一抹阿魏[③]入其内则立枯。以肉桂屑布地，则草不生。人溺焊麻[④]即萎。豆汁浇鼠莽根即烂。韭汁滴野葛上即枯。枇杷、栀子、瑞香、杜若、秋海棠浇粪即萎。凡树离根三尺，斫其皮，纳巴豆[5]数粒，则汁泻而枯。穴果树以钟乳粉[6]纳之，则实多味美；纳于老树根皮内，则瘁者复茂。白蔹末置花根下，辟虫易活。又骟㈠树法[7]：凡木发芽时，根旁掘土，搜其直下命根截去，则结果肥大易长。

校 记

㈠“骟”：各版本均误作“骗”。

注 解

①此法主要说明使用药剂或加以处理，可以使树木枯死或生长繁茂，似和现今应用植物生长刺激素意义相差不远。但其中有些系传说或抄自前人书中，尚待实验证明。

②乌贼骨即海螵蛸。

③阿魏系伞形科多年生草本，原产伊朗及北印度。高二三尺，叶有缺刻，柄扁平包茎，花小，黄色，聚成复伞形花，其枝干中出乳液，久之坚凝成块，名为阿魏。味极臭，供药用。名见《唐本草》。

④汤中瀹肉曰焊。人溺焊麻，意即热尿浇麻。

⑤巴豆系大戟科常绿灌木，高丈许，叶卵形而尖，基脚有二蜜腺，互生，花生单性，雌雄同株，花丛之上部为雄花，下部为雌花，果实为钝三棱形，内有钝卵圆形种子，称为巴豆，为峻下剂，能杀虫解毒。

⑥是一种矿物石钟乳的粉末，含有碳酸钙。此则原出《种树书》。

⑦此法原出《便民图纂》：“骟诸果树——正月间，树芽未生，于根旁宽深掘开，寻攒心钉地根凿去，谓之骟树。留四边乱根勿动，仍用土覆盖筑实，则结子肥大。”不过此节与枯树活树题意有所不同。

变花催[1]花法

天然香艳，何假人为；然而好奇之士，偏于红白反常、迟早易时处显技，遂借此以作美观。如白牡丹欲其变色，沃以紫草汁，则变魏紫；红花汁则变绯红；黄则取白花初放时，用新笔蘸白矾水描过待干，再以藤㈠黄和粉调淡黄色描上，即成姚黄。恐为雨淋，复描清矾水一次，色自不落。牡丹根下置白术末，诸种花色皆起腰金。白菊蕊以龙眼壳照住，上开一小孔，每早以淀清㈡水或胭脂水滴入花心，放时即成蓝紫色。海棠用糟水浇，开花更鲜艳而红。凡花红者欲其白，以硫黄烧烟熏盏盖花在内，少顷即白。芙蓉欲其异色，将白花含苞用水调各色于纸，蘸花蕊上，仍裹其尖，开时即成五彩。昔马塍艺花如艺粟，橐驼之技名于世，往往能发非时之花，诚足以侔造化而通仙灵。凡花之早放者名堂花。其法：以纸糊密室，凿地作坎，缏竹置花其上，粪土以牛溲、马尿、硫黄尽培溉之功。然后置沸汤于坎中，少候汤气熏蒸，则扇之以微风，花得盎然融淑之气，不数朝而自放矣[②]。若牡丹、梅花之类，无不皆然，独桂花则反是；盖桂禀金气而生[③]，须清凉而后放，法当置之石洞岩窦间，暑气不到之所；鼓以凉飔，养以清露，自能先时而舒矣。凡花欲催其早放，以硫黄水灌其根，便隔宿即开。或用马粪浸水浇根，亦易开[④]。若欲其缓放，以鸡子清涂蕊上，便可迟三两日。此虽揠苗助长之举，然亦须适其寒温之性，而后能臻其神奇也。

校 记

㈠“藤”：各版本均误作“塍”。按“塍”为害虫，藤黄为金丝桃科植物名，应改正为“藤”。

㈡“淀清”：花说堂版作“淀青”，其他各版作“淀清”，指蓝淀的清水。

注 解

①摧、催，古义相同。意即催促。

②这段说明加温促成提早开花的方法，尽培溉之功加强管理，并在地窖密室作好保温设备，列举牡丹、梅花等可用本法处理。

③说明桂花要求秋凉气候，可用短日和冷凉处理，故须放在石洞岩窦间，同时鼓入凉风，以催促早日开花。

④原出《便民图纂》：“催花法。用马粪浸水浇之，当三四日开者，次日尽开。”

种盆取景法

山林原野，地旷风疏，任意栽培，自生佳景。至若城市狭隘之所，安能比户皆园。高人韵士，惟多种盆花小景，庶几免俗。然而盆中之保护灌溉，更难于园圃；花木之燥、湿、冷、暖，更烦于乔林。盆中土薄，力量无多，故未有树先须制下肥土[①]。全赖冬月取阳沟污泥晒干，筛去瓦砾，将粪泼湿复晒，如此数次。用干草柴一皮[②]，肥土一皮，取火烧过；收贮至来春，随便栽诸色花木可也。栽后宜肥者，每日用鸡鹅毛水与粪水相和而浇[㈠]。如花已发萌，不宜浇粪。若嫩条已长，花头已发，正好浇肥。至花开时，又不可浇。每日早晚，只须清水，果实时亦不可浇，浇则实落。凡植花，三四月间，方可上盆，则根不长而花多；若根多则花少矣。或用蚕沙浸水浇之，亦良。草子之宜盆者甚多，不必细陈。果木之宜盆者甚少，惟松、柏、榆、桧、枫、橘、桃、梅、茶、桂、榴、槿、凤竹、虎刺、瑞香、金雀、海棠、黄杨、杜鹃、月季、茉莉、火蕉、素馨、枸杞、丁香、牡丹、平地木、六月雪等树，皆可盆栽。但须剪裁有致。近日吴下出一种，访云林山树画意，用长大白石盆，或紫砂宜兴盆，将最小柏桧或枫榆，六月雪或虎刺、黄杨、梅椿等，择取十余株，细视其体态，参差高下，倚山靠石而栽之。或用昆山白石，或用广东英石，随意叠成山林佳景。置数盆于高轩书室之前，诚雅人清供也。如树服盆已久，枝干长野，必须修枝盘干。其法宜穴干纳巴豆，则枝节柔软可结；若欲委曲折枝，则微破其皮，以金汁③一点，便可任意转折㈡。须以极细棕索缚吊，岁久性定，自饶古致矣。凡盆花拳石上，最宜苔藓，若一时不可得，以菱泥、马粪和匀，涂润湿处及桠枝间，不久即生，俨如古木㈢华林。

校 记

㈠“浇”：善成堂、乾本均误作“烧”。

㈡“任意转折”：乾本转字上多一“枝”字。

㈢“古木”：花说堂版误作“古水”。

注 解

①说明盆栽花木必先制好登盆用的培养土。

②“一皮”：指一层。

③“金汁”：即粪中清汁，用棕皮棉纸，上铺黄土，浇粪汁于其上，滤取清汁，然后入瓮深埋土中腐熟，叫作金汁。

养花插瓶法

家无园圃，枯坐㈠一廛，则眼前之生趣何来？即有芳华，一遭风雨，则经年之灌溉皆虚；不若采千林于半亩，萃四序于一瓯，古人瓶花之说，良有以也。贮之金屋，主人之赏鉴犹存㈡；聊借一枝，贫士之余芬可挹。但养不得其法，不特花即失神，亦且色不耐久。今略举各花养法而言之：凡花滋雨露以生，虽瓶养亦当用天落水㈢，每日添换，其开庶久；若三四日不换，花必零落，蕊必干枯。每夜宜择无风有露处置之，犹可多延一二日之鲜丽，此乃天与人参(四)之力也。折花之法，不可乱攀；须择其木之丛杂处，取初放有致之枝，或一二种；比枝配色，不冗不孤，稍有画意者，方剪而燔其折(五)处插之，则滋不下泄，花可耐久；盖有不宜清水养者，又不可不察也。如梅花、水仙，宜盐水养。而梅更宜腌猪肉汁去油，俟冷插花；且瓶不结冻，虽细蕊皆开；若贮古瓶中，常刺以汤，还能结子生叶。海棠花须束(六)薄荷叶于折处，再以薄荷水浸养，细蕊尽开。栀子花折处须捶碎，以盐入瓶中干插，自能放花抽叶，花谢后盐仍可用。牡丹初折，即燃其枝，不用水养①；当以蜜浸自荣，谢后蜜仍可用。芍药(七)烧枝后，即插水瓶中；夜间另浸大水缸内，早复归瓶，则叶绿(八)花鲜。莲花先用泥塞其折孔内，再以发缠之，先插入瓶，后方灌水，夜置无风有露处，则菡萏皆开。芙蓉、竹枝、金凤花，皆当以沸汤养之，乘热即塞瓶口，则花易开而叶不损。若蜀葵、秋葵、芍药、萱花等类，宜烧枝插，余皆不可烧。凡贮瓶中水，须烧红瓦片投之，则水不臭。冬月将浓灰汁和酒灌瓶内则不冻。鲜肉(九)冻汁养山茶、蜡梅则开耐久。如瓶口大者，内置锡管，冬月贮水，不碎瓶。若小口胆瓶等，投硫黄末数钱，亦可免冻之患。夫花之配搭既善，则花之意态自佳，而贮花之瓶罍，并供花之位置，亦不可不讲也。一瓶之最忌者，两对一律。有珥环成行列，以绳束缚，以多为贵。若铜瓶虽不能得出土旧觚，青绿入骨，砂斑垤起者，亦宜择其款制精良者一二。瓷瓶虽不能皆哥窑、象窑、定窑、柴窑，亦须选细润光洁好窑瓶二三，方不辱名花，而虚此一番攀折也。大抵书斋清供，宜矮小为佳。喜铜瓶必花觚、铜觯、尊罍、方汉壶、素温壶、匾壶之类，爱(十)窑器必纸槌、鹅颈、茄袋(十一)、花尊、花囊、蓍草、蒲槌、壁瓶之类，方不与家堂香火前五事件内瓶同。至若厅堂大厦，所用大瓶，不在此例也。如插牡丹、芍药、玉兰、粉团、莲花等，则花之本质既大，瓶自宜大，又不在此例。尝闻古铜窑器入土久则得气深，以此养花，其色必鲜，且能结实；虽无济于事，无园者亦可眩奇。吁！寒士处此，名花犹可假乞，古器从何而致？若有宣德成化，或龙泉窑者一二，便可脱俗矣。

校 记

(一)“枯坐”：乾本误作“枯树”。

(二)“犹存”：乾本误作“存存”。

(三)“天落水”：乾本误作“五落水”。

(四)“人参”：乾本误作“人生”。

㈤“折”：善成堂、乾本均误作“析”。

㈥“须束”：乾本误作“狼柬”。

㈦“芍药”：乾本误作“乃药”。

㈧“叶绿”：乾本误作“叶落”。

㈨“鲜肉”：乾本误作“鲜鱼”。

㈩“爱”：花说堂版作“爱”，各版均误作“受”。

(十一)“岱”：花说堂版误作“袋”。

注 解

①《便民图纂》养花法：“牡丹、芍药插瓶中，先烧枝断处，镕蜡封之，水浸，可数日不萎。”

整顿删科法①

诸般花木，若听其发干抽条，未免有碍生趣。宜修者修之，宜去者去之，庶得条达畅茂有致。凡树有沥㈠水条②，是枝向下垂者，当剪去之。有刺身条③，是枝向里生者，当断去之。有骈枝条④，两相交互者，当留一去一。有枯朽㈡条⑤，最能引蛀，当速去之。有冗杂条⑥，最能碍花，当择细弱者去之。但不可用手折，手折恐一时不断，伤皮损干。粗则用锯，细则用剪；裁痕须向下⑦，则雨水不能沁其心，木本无枯烂之病矣。至伐木之期，必须四月、七月，则无虫蠹之患，而木更坚韧耐用。若非时斫伐者，必须水沤一月，或火煏极干，亦不生虫。

校 记

㈠“沥”：乾本“有”字下缺“沥”字。

㈡“朽”：善成堂、乾本均误作“巧”。

注 解

①即整枝修剪的方法。

②沥水条即下垂枝。

③刺身条即内向枝或怀枝。

④骈枝条即骈生枝。

⑤枯朽条即枯枝。

⑥冗杂条即重叠枝或冗枝。

⑦裁痕须向下，可减免沁水，引起腐烂。

花香耐久法[①]

昔人云："种花一载，看花不过十日。"香艳不久，殊为恨事！今特载一二耐久之法，以补惜花主人之不逮尔。冬月用竹刀取梅蕊之将开者，蘸以蜡投尊缶[②]中，夏月取出，以沸汤就盏泡之，蕊即解[㈠]绽[③]，香亦不减。捣女贞实汁（即冬青子）拌岩桂半开者，入细瓷瓶中，以厚纸盖之，至无花时，密室聊置一盘，其香袅袅，可以久留。或以盐卤浸桂花，藏至来年，色香俱在。玫瑰同醎梅、白糖拌收瓶内，经年花之色香如故。又一法：取梅或菊，或玫瑰、茉莉、珍珠兰，皆摘其半开[㈡]之蕊，四停[④]茶叶一停花，以罐罂收之；内一层茶一层花，间投至满，用纸箬縶固[⑤]入锅内，以重汤煮之，取出待冷；另用纸封固裹置火上焙极干，收用泡茶，其香可爱。又香橼、佛手，若扦芋于其蒂上，以湿纸围护之，经久不瘪[⑥]。或捣蒜罨其蒂，则香更充溢。

校 记

㈠"解"：各版均误作"鲜"。

㈡"半开"：乾本误作"年开"。

注 解

①主要说明采花酿花的方法。

②"尊缶"：系装酒盛物的用器。

③"解绽"：这里指花蕊开放。

④停字与份字意义相同。即按茶四花一的比例。

⑤用厚纸或笋壳包裹紧密。

⑥即经久不致干枯。

花间日课 四则

春

晨起点梅花汤，课奚奴洒扫曲房花径。阅花历，护阶苔，禺中[①]取蔷薇露浣手，薰玉蕤香，读赤文绿[㈠]字。晌午采笋蕨，供胡麻，汲泉试新茗。午后乘款马。执剪水鞭，携斗酒双柑(二)，往听黄鹂。日晡，坐柳风前，裂五色笺，任意吟咏。薄暮，绕径，指园丁理花、饲鹤、种鱼。

校 记

(一)“绿”：乾本误作“缘”。

(二)“柑”：乾本误作“相”。

注 解

①禺中：日在巳曰禺中，指接近中午的时候，《淮南子》说“日出阳谷至衡阳曰禺中”。

夏

晨起芰荷为衣，傍花枝吸露润肺，教鹦鹉诗词。禺中随意阅老、庄数页，或展法帖临池。晌午脱巾石壁，据匡床，与忘形友谈《齐谐》《山海》；倦则取左宫枕，烂游华胥国。午后刳椰子杯，浮瓜沉李，捣莲花，饮碧芳酒。日晡，浴罢兰汤，棹小舟垂钓于古藤曲水边。薄暮，箨冠蒲(一)扇，立高阜，看园丁抱瓮浇花。

校 记

(一)“蒲”：乾本误作“满”。

秋

晨起下帷捡牙签，挹花露研朱点校。禺中操琴调鹤，玩金石鼎彝。晌午用莲房洗砚，理茶具，拭梧竹。午后戴白接䍦①冠，着隐士衫，望霜叶红开，得句即题其上。日晡持蟹螯鲈鲙，酌海川螺，试新酿，醉听四野虫吟，及樵歌牧唱。薄暮焚畔月香，壅菊观鸿，理琴数调。

注 解

①白接䍦：巾名，按《尔雅·释鸟》“鹭舂嘴”注：“白鹭也，头、翅、背皆有长翰毛，今江东人取以为睫攡，名之曰白鹭缞。”睫攡就是接䍦，当时或以白鹭之羽为饰，因此名曰白接䍦。

冬

晨起饮醇醪，负暄盥栉。禺中置毡褥，烧乌薪，会名士作黑金社。晌午挟策理旧稿，看树影移阶，热水濯足。午后携都统笼，向古松悬崖间，敲冰煮建茗。日晡羔裘貂帽，装嘶风镫，策蹇驴，问寒梅消息。薄暮围炉促膝，煨芋魁，说无上㈠妙偈，剪灯阅㈡剑侠列仙诸传，叹剑术之无传。

校 记

㈠“无上”：乾本误作“无士”。

㈡“阅”：乾本误作“閲”。

花园款设 八则

堂室坐几

堂前设长大天然几一，或花梨，或楠木，上悬古画一。几上置英石一座，东坡椅六，或水磨，或黑漆。室中设天然几一，宜左边东向，不可迫近窗槛，以避㈠风日。几上置旧端砚一，笔筒一，或紫檀，或花梨，或速香。笔规一，古窑水中丞一，或古铜；砚山一，或英石，或水晶，或香树根。古人置砚俱在左，以其墨光不闪眼，且于灯下更宜。清烟徽墨一，画册、镇纸各一，好腾瓶一。又小香几一，上置古铜炉一座。香盒一，非雕漆，即紫檀。白铜匙柱一副，匙柱瓶一，非出土古铜，即紫檀或老树根。左壁悬古琴一，右壁挂剑㈡一，拂尘帚一，园中切不可用金银器具，愚下艳称富尚，高士目为俗陈。

校 记

㈠“避”：一各版本均作“逼”，按应作“避”。

㈡“挂剑”：善成堂及乾本均误作“拄剑”。

书斋椅榻

书斋仅可置四椅、二凳、一床、一榻。夏月宜湘竹，冬月加以古锦制褥，或设皋比俱可。他如古须弥座，短榻矮几、壁几、禅椅之类，不妨高设，最忌靠壁平设数椅。屏风仅可置一座，书架书柜俱宜列于向明处，以贮图史；然亦不可太杂如书肆㈠样，其中界尺、裁纸刀、铁锥各一。

校 记

㈠“书肆”：乾本误作“书四”。

敞室置具

敞室宜近水，长夏所居，尽去窗槛，前梧后竹，荷池绕于外，水阁㈠启其旁，不漏日影，惟透香风。列木几极长丈者于正中，两旁置长榻无屏者各一。不必挂佳画，夏日易于燥裂，且后壁洞开，亦无处可悬挂也。北窗设竹床蕲簟于其中，以便长日高卧。几上设大砚一，青绿水盆一，尊彝之属，俱取阳大者。置建兰、珍珠兰、茉莉数盆于几案上风之所，兼之奇峰古树，水阁莲亭；不妨多列湘帘，四垂窗牖，人望之如入清凉福地。

校 记

㈠“水阁”：乾本误作“水间”。

卧室备物

卧室之用，地屏、天花板虽俗，然卧处取干燥，用亦无妨，第不可彩画及油漆耳。面南设卧榻㈠一，榻后别留半室或耳房㈡，人所不至处，以置熏笼、衣架、盥匜、厢奁、书灯、手巾、香皂罐之属。榻前仅留一小几，不设一物。小方杌二，小橱一，以贮香药玩器，则室中精洁雅素。一涉绚丽，便类闺阁气，非林下幽人，眠云梦月所宜矣。更须穴壁一贴为壁床，以供契友高人，连床夜话。下穴抽替，以藏履袜。庭中不可多植㈢贱木，第取㈣异种，当秘惜者，置数本于内，以文石伴之，如英石、昆山石之类。盆景则设仿云林或大痴画意者㈤二三盆，以补密室之不逮。

校 记

㈠“卧榻”：乾本误作“卧标”。

㈡“耳房”：乾本误作“耳傍”。

㈢“多植”：乾本误作“勿植”。

㈣“第取”：乾本误作“取取”。

㈤“意者”：乾本误作“章若”。

亭榭点缀

大凡亭榭不避风雨，故不可用佳器，俗者又不可耐，须得旧漆方面粗足古朴自然者，置之露坐；宜湖石平矮者，散置四傍。其石墩、瓦墩之属，俱置不用，尤不可用朱架架官砖于上。榜联须板刻，庶不致风雨摧残，若堂柱馆阁，则名笺重金，次朱砂皆可。

回廊曲槛

廊有二种：绕屋环转，粉壁朱栏者多阶砌，宜植吉祥绣墩草，中悬纱灯，十余步一盏，以佐黑夜行吟花香兴到用，别构一种竹椽无瓦者，名曰花廊。以木槿、山茶、槐、柏等树为墙，木香、蔷薇、月季、棣棠、荼縻、葡萄等类为棚，下置石墩、瓷鼓，以息玩赏之足。

密室飞阁

几榻[一]俱不宜多置，但取古制狭边书几一，置于其中。上设[二]笔、砚、香盒、薰炉之属，俱宜小而雅。别设石小几一，以置茗瓯茶具。置小榻一，以供倦时偃卧趺坐。不必挂画，或置古奇石，或供檀香吕祖像，或以佛龛供鎏金大士像于上亦可。

校 记

(一)“几榻”：乾本误作“凡榻”。

(二)“上设”：乾本误作“土设”。

层楼器具

楼开四面，置官桌四张，圈椅十余，以供四时宴会。远浦平山，领略眺玩。设棋枰一，壶矢骰盆之类，以供人戏。具笔、墨、砚、笺，以备人题咏。琉璃画纱灯数架，以供长夜之饮。古琴一，紫箫一，以发客之天籁，不尚伶人俗韵。

悬设字画

古画之悬，宜高斋中，仅可置一轴于上；若悬两壁，及左右对列最俗。须不时更换，长画可挂高壁，不可用挨画竹曲挂画。桌上可置奇石，或时花盆景之属，忌设朱红漆等架。堂中宜挂大幅横披，斋中密室，宜小景花鸟。若单条、扇面、斗方、挂屏之类，俱(一)不雅观。有云画不对景，其言亦谬(二)，但不必拘。挨画几须离画一分，不致污画。

校　记

(一)“俱”：花说堂版、善成堂版及乾本均作“俱”，其他各版，误作“供”。

(二)“谬”：善成堂、乾本、中华等版，均误作“缪”。

香炉花瓶

每日坐几上，置矮香几方大者一，上设垆一，香盒大者一，置生熟香；小者二，置沉香、龙涎饼之类。筋瓶一，每地不可用二垆，更不可置于挨画桌上，及瓶盒对列。夏月宜用瓷，冬月用铜，必须古旧之物，不可用时垆被熏。凡插花随瓶制，置大小矮几之上。春、冬铜瓶，若瓷者必须加以锡胆，或水中置硫黄末。秋、夏用瓷。堂屋、高楼宜巨，书室、曲房宜小，贵铜瓦，贱金银，忌有环，鄙成对。花宜瘦巧，不取烦杂。每采一枝，须择枝柯奇古。若二枝须高下合宜，亦止可一二种，过多便如酒肆招牌矣。惟药苗草本插胆瓶或壁瓶内者不论。凡供花不可闭窗户，恐焚香烟触即萎，水仙尤甚。亦不可供于画桌上，恐有倾泼(一)损画。

校　记

(一)“倾泼”：乾本误作“领泼”。

仙坛佛室

慕长生者，供青牛(一)老子一轴，或纯阳负剑图一，必须宋、元名笔方妙。如信轮回者，供乌丝藏佛一尊，以金镂甚厚、慈容端整、妙相具足者为上。或宋、元脱纱大士(二)像俱可。若香像、唐像、接引、诸天(三)等像，号曰一堂，并朱红、销金、雕刻等橱(四)，道家三清，梓潼(五)关帝①等神，皆僧寮、羽客所奉，非居士所宜也。此室位置，得在长松石洞，有石佛、石几处更佳。案头须以旧瓷净瓶献花，净碗酌水，石鼎爇香，中点石琉璃灯，左旁置古倭漆经橱，以盛释典或仙录。右边设一架悬灵壁石磬。并幡幢、如意、蒲团、几榻之类，随便款设，但忌(六)纤巧。庭中列施食台，台下用古石座、石幢一，幢下植香艳名花。

校 记

㈠“青牛”：乾本误作“青年”。

㈡“大士”：乾本误作“大五”。

㈢“诸天”：乾本误作“诸大”。

㈣“等橱”：康本各版均误作“等树”。

㈤“梓潼”：康本、乾本误作“梓童”。

㈥“但忌”：除花说堂版外，各版本但字下均漏“忌”字。

注 解

①这些属于迷信。佛家、道家供奉偶像一类的东西。

花园自供 五则

天然具

斫柏成扉，牵萝就幕；屈竹为篱，倚松作座；山林真率，自觉天然。

桃核杯、古藤杖、木笔、蒲剑、松拂、碧筒、花壶芦、书带草、蕉扇、棕索、金灯、荷珠、芰荷衣、柏子香、锦带、柳线、玉簪、菡萏㈠、榆荚钱、椰实瓢、竹杖、瘿盂、莲房、秧针、珊瑚珠、御马鞭、兰佩、枫香、萝带。

校 记

㈠“菡萏”：花说堂版误作“萏茵”，中华版误作“萏菡”。

自来音

柝㈠鸣永巷，角奏边陲。击热敲寒，总不入高人之梦。惟是一顷白云，横当衾枕；数声天籁，惠我好音。松涛、竹笑、鹤鸣皋、燕呢喃、砧声夜捣、蛙鼓、蚓笛、鱼吹浪、蛩㈡啾唧、铁马骤风、雁警、石溜、呦鹿鸣、鹊惊枝、犬声如豹、鸡唱、泉涓、蝉咂露、风度晓钟、莎鸡㈢振羽①。

校 记

㈠“柝”：花说堂版、乾本均误作“析”。

㈡“蛩”：善成堂、乾本、中华等版均误作“巩”。

㈢“莎鸡”：花说堂版误作“涉鸡”。

注 解

①“莎鸡”：虫名。《诗 · 豳风 · 七月》：“六月莎鸡振羽。”陆玑疏：“莎鸡如蝗而色斑，毛翅数重，其翅正赤，六月中飞而振羽、索索作声。”

百禽言

鼎沸笙歌，不若枝头娇鸟；候调鹦鹉，何如燕语莺鸣。能言之禽尽多，若不罗其群，毁其卵，毋烦饮啄，而自集长鸣也。

行不得也哥哥，凤凰不如我。都护从事，姑姑得过且过。钩辀格磔①，不如归去。春去了，婆饼煎，泥滑滑②，上山看火（蚕上山结茧便有此声），莫损花，鹁果果，脱布衫㈠，提壶芦，哎哟！

校 记

㈠“布衫”：乾本误作“衣衫”。

注 解

①查《本草集解》，孔志约说：“鹧鸪生江南，形似母鸡，鸣云钩辀格磔。”又颂曰：“今俗谓其鸣曰‘行不得也哥哥’。”说与孔异。李群玉诗：“方穿结曲崎岖路，又听钩辀格磔声。”此或另一山鸟，未必就是鹧鸪。

②查杜荀鹤诗：“春雨时闻泥滑滑。”按《本草纲目》：“竹鸡，南人呼为泥滑滑，因其声也。”随录禽言之一，如下：“泥滑滑，泥滑滑，北风多雨雪。十步九倾跌，前日一翅翦，昨日一臂折，阿谁肯护持，举足动牵掣，仰天欲哀鸣，口噤不敢说，回头语故雌，恐难复相活，泥滑滑。”

百花酿

市酤村醪，岂宜名胜？况园中自有芳香，皆堪采酿；既具百般美曲，何难一湎杜康①。椒柏酒、梅花酒、松液酒、柏叶酒、天门冬酒、茯苓酒、桑葚酒、竹叶酒、茴香酒、百灵藤酒、菖蒲酒、南藤酒、五加酒、荔枝酒、薏苡仁酒、枸柑酒、菊花酒、女贞酒、桂花酒、枸杞子酒、碧芳酒、葡萄酒、豆淋酒、归圆酒、生地黄酒、缩砂酒、玫瑰酒、巨胜酒（即炒芝麻同薏苡仁各二升，生地八两，袋盛浸酒），酒库须近厨房左右，夏日合曲，冬日酿酒。随意取曲造成，每瓮上号明某酒，则开饮不差。

注 解

①杜康，周人，善造酒。魏武帝诗："何以解忧，惟有杜康。"

天然笺

凭楼远眺，花底豪吟，园中四时，自有天然笺简，可供笔墨，何烦楮造色成。红叶笺、蕉叶笺、梧桐笺、柿叶笺、楸叶笺、贝叶笺、黎云笺、散花笺、苔笺、蒲笺。

卷三　花木类考

是编乃绿墅名园所必需，主人好花而不善植者，所当细阅也；然详圃而略农，非弃本以趋末，五谷简而草木繁，若不细审其性情，分别其宜忌，则万卉千葩，安望其色之妍、香之浓、叶之肥、实之美耶！今以不传之秘，公之同人，则世无不生之花矣。

松 马尾松、剔牙松、赤松、白松、鹿尾松、罗汉松*

松为百木之长，诸山中皆有之。两鬣①、三鬣而细者，常松也。五鬣、六鬣为一朵叶者，剔牙栝(一)子松也②。阔瓣厚叶者，罗汉松③也。其质磥砢修耸，多节永年。皮粗如龙鳞，叶细如马鬣，遇霜雪而不凋，历千年而不殒。其花色黄而多香，但有粉而无瓣，实似猪心，叠成鳞砌。秋老(二)则子长鳞裂，味最甘香可口（滇南子色黑，辽东子色黄）。千岁松④产于天目、武功、黄山，高不满二三尺(三)，性喜燥背阴，生深岩石榻上，永不见肥，故岁久不大，可作天然盆玩。又有赤松、白松、鹿尾松(四)之异，惟剔牙松青皮而嫩，稍伤其皮，则脂易溜，须以火铁烫止，用粪泥密封，方不泄气。凡欲松偃盖，必截去松之大根，惟留四旁根须，则无不偃盖矣。种法：于春分前，浸子十日，治畦下粪，漫撒畦内，如种菜法，其苗自生。一切花木，皆贵少壮，独松、柏、梅等，世人多贵苍老古劲。岁久松能化石，脂能成珀；如上有兔丝，则根下有茯苓，为仙家服食之药，其花(五)亦可作粉食。

校 记

(一)“栝”：乾本误作“枯”。

(二)“老”：善成堂版误作“者”。

(三)“尺”：乾本误作“只”。

(四)“松”：乾本误作“日”。

(五)“其花”：乾本误作“花花”。

注 解

①鬣，指松针，《酉阳杂俎》载：“凡言松两粒、五粒，粒当言鬣，俗谓孔雀松、三鬣松也。”按二针为一束的，有马尾松，别名青松、山松，学名 *Pinus massoniana* Lamb.；油松，别名短叶松 *P. tabuliformis* Carr.；赤松 *Pinus densiflora* Sieb & Zucc.。三针的有白皮松 *P. bungeana* Zucc.，油松亦间有三针的，都是本书所说常见的松（常松）。

②据《群芳谱》载：“栝子松俗名剔牙松，岁久亦生实，又说三针者为剔牙松。”与本书所载，亦有出入。查五针为一束的，有海松，别名果松，学名 *P. koraiensis* Sieb & Zucc.，树姿雅丽，种子粒大，味美可食。华山松，别名五叶松，学名 *P. armandii* Franch。海南松，别名粤松，学名 *P. fenzeliana* Hand.-Mzt.。日本五针松，学名 *P. parviflora* Sieb & Zucc.。

③罗汉松，学名 *Podocarpus macrophyllus* (Thunb.) Sweet，树形优美，果味甘，可食，为优良风致树。

④按《群芳谱》《广群芳谱》载："千岁之松，下有茯苓，上有兔丝。"这不过说明松木长寿，不是一个品种名称。

又标题下有＊符号的系校注者补入。

柏 扁柏、黄柏、桧柏、璎珞柏

柏一名苍官，一名掬。与松齐寿，有扁柏①、桧柏②、黄柏、璎珞柏③之异。惟扁柏为贵，故园林多植之。因其叶侧向而生，又名侧柏。其味微涩而甘香，道人多采作服食，用点茶汤。诸木向阳，柏独㈠西指。其性坚致，有脂而香，故古人破为畅臼㈡用以捣郁。三月开细锁花，不甚可观，结实成球，状如小铃，霜后四裂，中含数子，大如麦粒，亦自芬香。仁亦道家所服食者。桧柏，体坚难长，亦难萎黄，木耸直而皮薄肌细，叶至冬更青翠。璎珞柏，枝叶俱垂下，宜栽庭际，皆无花有子。峨眉㈢山有竹叶柏身者，名竹柏，禀坚凝之质，不与群卉同凋，其小者止一二尺，可作盆玩。又乾陵有柏，木之文理大者，多为菩萨、云气、人物、鸟兽，状态分明，径尺一株，可值万钱。柏性喜晒，每年中用晒过粪水浇三四次，则色鲜润。秋时剪小枝二三尺者，插肥地亦活。或收子至二三月间，用水淘，取沉者着湿地，隔两日再淘，候芽出，将劚熟地成畦，以子匀撒其中，覆以细土，二三日一浇，苗出土后，须围以短篱，防虾蟆所食。

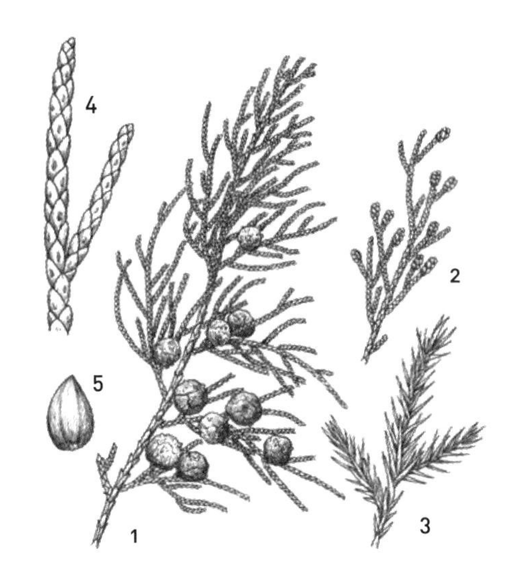

桧柏：1. 球果枝；2. 雄球花枝；3. 刺叶枝；4. 鳞叶枝；5. 种子。

校 记

㈠"柏独"：善成堂及中华版作"柏木"，乾本作"桓木"，花说堂版作"柏独"，按应作"柏独"。

㈡"畅臼"：各版均误作"畅白"。

㈢"眉"：乾本误作"嵋"。

注 解

①扁柏属柏科，华北各地亦名黄柏、香柏，学名 *Biota orientalis* Endl.，变

种有丛柏、千头柏，为优美观赏树木。

②桧柏即圆柏，或刺柏、真珠柏，学名 *Juniperus chinensis* Linn.，变种有塔柏、龙柏、偃柏等，树形均极美观。

③璎珞柏，学名 *Juniperus communis* Linn.。

梓

梓[①]，一名木王，林中有梓树，诸木皆内拱。叶似梧桐，差小而无歧。春开紫白花如帽，极其烂熳。生荚细如箸，长尺许。冬底叶落，荚犹在树。种法：秋末冬初，取荚曝干播种，一年薅[②]之，二年方可移植，或交春断其根，瘗[③]于土，亦能发条，其叶饲豕最肥。

注 解

①系紫葳科的落叶乔木，学名 *Catalpa ovata* G.Don，多栽培于庭园，为风景树。

②“薅”：意指除草培育工作。

③“瘗”：原意是埋藏，这里指压条培育。

梓树：1. 花枝；2. 蒴果；3. 种子。

牡丹

牡丹[①]为花中之王，北地最多，花有五色、千叶、重楼之异，以黄紫者为最。自欧阳修[②]作记后，人皆烘传其名，遂有牡丹谱[(一)]，今乃取其一百三十一种，详释于后。其性宜凉畏热，喜燥恶湿，根窠乐得新土则茂，惧烈风酷日，须栽高敞向阳之所，则花大而色妍。移植在八月社前，或秋分后皆可。根下宿土少留，切勿掘断细根。每种过先将白蔹末一斤拌[(二)]匀新土内（因其根甜，多引土蚕蛴螬虫，故用白蔹杀之），再以小麦数十粒撒下，然后坐花于上，以土覆满，复将牡丹提与地平，使其根直，则易活。不可踏实，随以天落水或河水灌之。子类母丁香而黑，六月收置向风处，晾一日，以瓦盆拌湿土盛之，至八月中，取其下水即沉者，而畦种之。待其春芽长大，五、六月以苇箔遮日，夜则露之，至次年便可移种矣。然结子畦种，不若根上生苗分植之便，其接换亦在秋社前后，将种活五年以上小牡丹，去地留一二寸，将利刀斜削去一半，再以佳种旺条截一段，斜削去一半，上留二三眼，贴于小树上，合如一木，以麻缚定，用湿泥抹其缚处，两瓦合之，内填细土，待来春惊蛰后，出瓦与土，随以草荐围之，未有不活者。其花愈接愈幼。昔张茂卿接牡丹于椿树之上，每开则登楼宴赏，至今称之。夏月灌溉必清晨或初更，必候地凉方可浇。八、九月五七日一浇，十月、十一月三四日一浇，十二月地冻，止可用猪粪壅之。春分后便不可浇肥，直至花放后，略用轻肥。六月尤忌浇，浇则损根，来年无花。花未放时去其瘦蕊谓之打剥；花将放，必用高幕遮日，则花耐久，开残即剪，勿令结子，留子则来年不盛。冬至日以钟乳粉和硫黄少许，置根下，有益。如枝梗虫蛀[三]，当寻其蛀眼，用硫黄或塞或熏；或用杉木作针，钉之自毙。性畏麝香、生漆气，旁宜树逼麝草，如无即种大蒜、葱、韮亦可。不使乱草侵生，并热手抚摩。若折枝插瓶，先烧断处，熔蜡封之，可贮数日不萎；或用蜜养更妙（花谢后，蜜仍可用，养芍药亦然）。如将萎者剪去下截，用竹架起，投水缸中浸一宿，复鲜。一法：以白术末放根下，诸般花色悉带腰金。若北方地厚，虽无肥粪，即油粆[3]肥壅之亦盛，不可一例论也。但忌犬粪。八月十五是牡丹生日，洛下名园，有植牡丹数千本者，每岁盛开，主人辄[四]置酒延赏，若遇风日晴和，花忽盘旋翔舞，香馥异常，此乃花神至也，主人必起具酒脯罗拜花前，移时始定，岁以为常。

附牡丹释名 共一百三十一种。（编者注：实际共一百二十九种）

正黄色（计十一品）

御衣黄（千叶，似黄葵），姚黄（千叶楼子，产姚崇家），淡鹅黄（平头，初黄后渐白），禁院黄（千叶起楼子），甘草黄（单叶，深黄色），爱云黄[4]（大瓣，平头，宜重肥），黄气球（瓣圆转，淡黄），金带腰（腰间色深黄），女真黄（千叶而香浓，喜阴），太平楼阁（千叶，高楼），蜜娇[5]（本如樗，叶尖长，花五瓣，蜜蜡色，中有蕊，根檀心）。

大红色（计十八品）

锦袍红（即潜溪绯，千叶），状元红（千叶楼子，喜阴），朱砂红（日照如猩血，喜阴），舞青倪（中吐五青瓣），石榴红（千叶楼子，喜阳），九蕊珍珠（红叶上有白点如珠），醉胭脂（千叶，颈长，头垂），西瓜穰（内深红，边浅淡），锦绣球（叶微小，千瓣，圆转），羊血红（千叶，平头，易开），碎剪绒[6]（叶尖多缺如剪），金丝红（平头，瓣上有金线），七宝冠（千叶楼子，难开），映日红（千叶细瓣，喜阳），石家红（平头千叶，不甚紧），鹤顶红（千叶，中心更红），王家红（千叶，楼尖微曲），小叶大红（头小叶多，难开）。

桃花色（计二十七品）（编者注：实计二十六品）

莲蕊红（有青趺三重），西番头（千叶，难开，宜阴），寿安红（平头，细叶，黄心，宜阳），添色红（初白，渐红，后深），凤头红（花高大，中特起），大叶桃红（阔瓣，楼子，宜阴），梅红（千叶，平头，深红色），西子红（千叶，圆花，宜阴），舞青霓（千叶，心吐五青瓣），西瓜红（胎红而长，宜阳），美人红（千叶，软条，楼子），娇红楼台（千叶，重楼，宜阴），海天霞（平头花大如盘），轻罗红（千叶而薄），皱叶红（叶圆有皱纹，宜阴），

牡丹：1. 花枝；2. 茎皮；3. 雄蕊；4. 雌蕊。

陈州红（千叶，以地得名），殿春芳（晚开，有楼子），花红绣球（细瓣而圆花），四面镜（有旋瓣四面花），醉仙桃（外白内红，宜阴），出茎桃红（茎长有尺许），翠红妆（起楼，难开，宜阴），娇红（似魏红，而不甚大），鞓红（单叶，红花稍白，即青州红），罂粟红（单叶，皆倒晕），魏家[7]红（千叶，肉红，略有红梢开最大，以姓得名）。

粉红色（计二十四品）（编者注：实计二十三品）

观音面（千叶花紧，宜阳），粉西施（淡中微有红晕），玉兔天香（中二瓣如兔耳），玉楼春（千叶，多雨盛开），素鸾娇（千叶楼子，宜阴），醉杨妃（千叶平头，最畏烈日），粉霞红（千叶，大平头），倒晕檀心（外红，心白），木红球（千叶，外白内红，如球），三学士（系三头聚萼），合欢娇（一蒂双头者），醉春容（似醉西施，开久露顶），红玉盘（平头，边白心红），玉芙蓉（成树则开，宜阴），鹤翎红（千叶细长，本红末白），西天香（开早，初娇，后淡），回回粉（细瓣，外红内白），玛瑙盘（千叶淡红，白梢檀心），云叶红（瓣层次如云），满园春（清明时即开），瑞露蝉（花中抽碧心如合蝉），叠罗（中心琐碎如罗纹），一捻红（昔日贵妃匀面，脂在手，偶印花上，来年花生，皆有指甲红痕，至今称以为异）。

紫色（计二十六品）

朝天紫（金紫，如夫人服），腰金紫（腰间围有黄须），金花状元（微紫，叶有黄须），紫重楼（千叶，楼最难开），葛巾紫（圆正，富丽如巾），紫云芳（千叶，花中包有黄蕊），紫罗袍（千叶，瓣薄，宜阳），丁香紫（千叶，小楼子），茄花紫（千叶，楼深紫，即藕丝），瑞香紫（浅紫，大瓣而香），舞青猊（千叶，有五青瓣），驼褐紫（大瓣，色似褐衣，宜阴），紫姑仙（大瓣，楼子，淡紫），烟笼紫（千叶，浅淡交映），潜溪绯（丛中特出绯者一二），紫金盘（千叶，深紫，宜阳），紫绣球（即魏紫也，千瓣，楼子，叶肥大而圆转可爱），檀心紫（中有深檀心），叶底紫（似墨紫花，在丛中旁必生一枝，引叶覆上，即军容紫），泼墨紫（深紫色，类墨葵），鹿胎紫（千叶，紫瓣上有白点，俨若鹿皮纹，宜阳），魏家紫[8]（千叶大花，产魏相家），平头紫（即左紫也，千叶，花大径尺，而齐如截，宜阳），乾道紫（色稍淡，而晕红），紫玉（千叶，白瓣中有深紫色丝纹，宜阴），锦团缘（其干乱生成丛，叶齐小而短厚，花千瓣，粉紫色，合纴如丛瓣，细纹）。

白色（计二十二品）

玉天仙（多叶，白瓣檀心），庆天香（千叶，粉白色），玉重楼（千叶，高楼子，宜阴），线边白（瓣边有绿晕），蜜娇姿（初开微蜜，后白），万卷书（即玉玲珑，千瓣细长），银妆点（千叶，楼子，宜阴），水晶球（瓣圆，俱垂下），玉剪裁（平头，叶边如锯齿），白青猊（中有五青瓣），莲香白（平头，花香如莲），伏家白（以姓得名，犹如姚黄），凤尾白（中有长瓣特出），玉盘盂（多叶大瓣，开早），玉版白（单叶，细长如拍版），鹤翎白（多叶而长，檀心），金丝白（瓣上有淡黄丝），羊脂玉（千叶楼子，大白瓣），青心白（千叶，青色心），玉碗白（单叶，大圆花），平头白（花大尺许，难开，宜阴），一百五（瓣长多叶，黄蕊檀心，花最大，此品尝至一百五日先开）。

青色（计三品）

佛头青（一名欧碧，群花谢后，此花始开），绿蝴蝶（一名萼绿华，千瓣，萼微带绿），鸭蛋青（花青如蛋壳，宜阴）。

牡丹花之五色灿烂，其形，其色，其态度，变幻原莫可名状。后之命名，亦随人之喜好，约百种，然而雷同者亦不少；兹存一百三十种，尚有疑似处，望博雅裁之。

校 记

㈠“谱”：乾本误作“诸”。

㈡“拌”：乾本误作“牲”。

㈢“蛀”：乾本误作“蛙”。

㈣“辄”：除中华版外，各版均误作“辙”。

注 解

①牡丹原产我国北部，秦岭和陕北山地尚多野生；系毛茛科灌木，又有鹿韭、百两金、花王、富贵花等名。我国栽培最古，品类繁多，学名 *Paeonia suffruticosa* Andr.。唐时盛栽于长安，宋时称洛阳牡丹为天下第一，故牡丹又名洛阳花。花朵特大而艳，冠绝群芳，旧有“花王”之名。

②牡丹在宋代时已有很多品种，欧阳修《洛阳牡丹品序》中说：牡丹名凡有九十余种。以后陆游《天彭牡丹花品序》中说：天彭牡丹花品大概有近百种。明代王象晋《群芳谱》中记载一百八十余种。鄞江周氏《洛阳牡丹记》中记载四十种。薛凤翔《亳州牡丹史》中记载一百五十余种。本书记载一百二十九种。近年山东省菏泽县（曹州）牡丹乡万花农业社的牡丹目录中

包括近百种，内有若干古来有名的品种，例如御衣黄、文公红、姚黄、状元红、娇容三变、胭脂红、王红、魏紫、烟笼紫、墨葵等等。

③油粈：按即豆粕、芝麻粕一类的油粕。

④查《群芳谱》作"庆云黄"。

⑤查《群芳谱》列入"间色"。

⑥按即《群芳谱》"大红剪绒"。

⑦按即《群芳谱》"魏花"。

⑧查与《群芳谱》"徐家紫"说明同。

牡丹忌炎热多温湿，但耐寒力较强，且能耐干旱，繁殖普通用嫁接法，砧本用下等牡丹，或芍药，嫁接期在秋季。

蜡梅

蜡梅①俗作腊梅。一名黄梅，本非梅类，因其与梅同放，其香又相近，色似蜜蜡，且腊月开，故有是名。树不甚大而枝丛。叶如桃，阔而厚，有磬口、荷花、狗英②三种。惟圆瓣深黄，形似白梅，虽盛开如半含者名磬口，最为世珍。若瓶供一枝，香可盈室。狗英亦香，而形色不及。近似㈠圆瓣者，皆如荷花而微有尖；仅象狗㈡英者，皆由用狗英接换故㈢也。若以子出不经接过者③，花小而香淡，其品最下。实如垂铃。夏熟㈣。采取试水，沉者种之多生。产荆襄者，为上。今南浙亦盛，其本宜过枝，不宜接换。

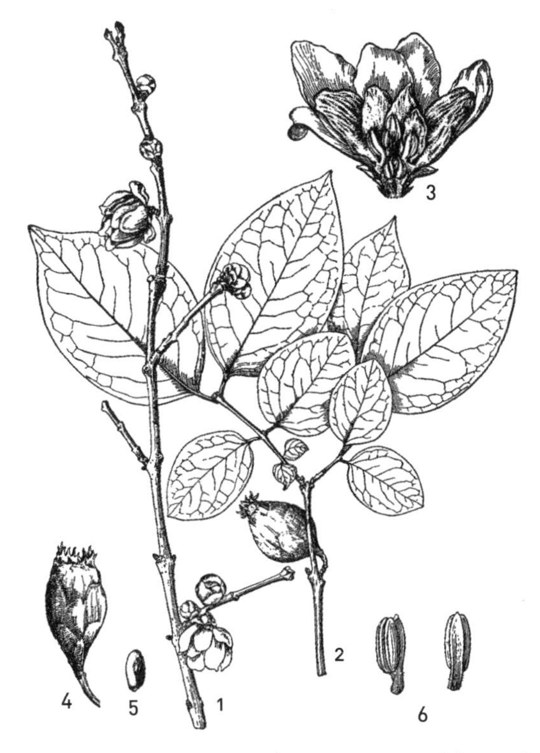

蜡梅：1. 花枝；2. 果枝；3. 花纵剖面；4. 坛状果托；5. 瘦果；6. 雄蕊的腹面（左）和背面（右）。

校 记

㈠“似”：各版误作“日”。

㈡“象狗”：乾本误作“免英”。

㈢“故”：乾本误作“过”。

㈣“熟”：乾本误作“日”。

注 解

①系蜡梅科的落叶灌木，名见《救荒本草》。原产我国中部各省。学名 *Chimonanthus praecox*（Linn.）Link。

②所列品种名称与《本草纲目》稍有出入，李时珍说：“蜡梅小树，丛枝尖叶，种凡三种，以子种出不经接者，腊月开小花而淡香，名‘狗蝇梅’。经接而花疏，开时含口者，名‘盘口梅’。花密而香浓，色深黄如檀香者，名‘檀香梅’，最佳。结实如垂铃，尖长寸余，子在其中，其树皮浸水磨墨，有光彩。”

③实生的生长期长，质量亦劣，故多用分根、压条（高压）、嫁接等方法繁殖。

山茶

山茶①一名曼㈠陀罗。树高者一二丈，低者二三尺。枝干交加。叶似木樨，阔厚而尖长，面深绿光滑，背㈡浅绿，经冬不凋。以叶类茶，故得茶名。花之名色甚多，姑列于后。其开最久，自十月开至二月方歇。性喜阴燥，不宜大肥。春间㈢腊月皆可移栽，四季花寄枝宜用本体。黄花香寄枝宜用茶体；若用山茶体，花仍红色。白花寄枝同上。磬㈣口花、卺口花，宜子种。以单叶接千叶，则花盛而树久，以冬青接，十不活一二。②

附山茶释名 共十九种。

诸色茶花③

玛瑙茶（产温州，红黄白粉为心大红盘），鹤顶红（大红莲瓣，中心塞㈤满如鹤顶，出云南），宝珠茶（千叶攒簇般红，若丹砂，出苏、杭），焦萼白宝珠（似宝珠，蕊白，九月开，甚香），杨妃茶（单叶花，开最早，桃红色），正宫粉、赛宫粉（花皆粉红色），石榴茶（中有碎花），梅榴茶（青蒂而小花），真珠茶（淡红色），菜榴茶（有类山踯躅㈥），踯躅茶（色深红，如杜鹃），串珠茶（亦粉红），磬口茶（花瓣皆圆转），茉莉茶（色纯白，一名白菱，开久而繁，亦畏寒），一捻红（白瓣有红点），照殿红（叶大而且红），晚山茶（二月方开），南山茶④（出广州，叶有毛，实大如拳）。

山茶：1. 花枝；2. 花解剖：示雄蕊和花瓣；3. 雄蕊；4. 果实。

校 记

㈠“曼”：乾本误作“蔓”。
㈡“背”：乾本误作“皆”。
㈢“间”：乾本误作“闭”。
㈣“磬”：乾本误作“罄”。
㈤“塞”：乾本误作“二”。
㈥“踯躅”：乾本误作“鹃”。

注 解

①简称茶花，系山茶科常绿花木，原产我国云南、四川、广东、福建、湖南各地山中，现在还有野生茶树。学名 *Camellia japonica* Linn.，名见《本草纲目》。

②可用二年生枝，切成短段，只留两叶扦插，或用空中压条及切接法繁殖。

③宋时徐致中的《山茶诗》描写有八个品种，王象晋《群芳谱》记载有二十个品种。赵壁的《云南山茶谱》记载了近百种。李时珍谓花有数种：“宝珠者花簇如珠，最胜。海榴茶花蒂青。石榴茶中有碎花，踯躅茶花如杜鹃花，宫粉茶、串珠茶皆粉红色。又有一捻红、千叶红、千叶白等，名不可胜数。”现在将上海、福建（德化）及湖南（长沙）等地有名的品种摘录如下，以供参考。一、十八学士，这是最有名的品种，在同一植株上开放各样的花朵。如红六角、白六角、红白牡丹。二、九曲，是前种芽变分离的品种。三、桃李争春，花朵成六角形，红白两色混合，也是十八学士的变种。四、大白，是古代的名种千叶白，本种已传播至世界各地。五、绿牡丹，花朵洁净透明如碧玉，大如牡丹。六、雪牡丹，花心卷瓣，花朵大像牡丹。七、大小白荷，白瓣黄蕊，卷瓣牡丹

型。八、东方亮，属于宝珠型。九、鹤顶红，为古代名种，来自云南，又名滇茶。十、杨妃茶，是古代的名种。十一、朱红饼，宝珠型，朱红色，花期较早。十二、宫粉，古代名种。此外还有台阁茶、花蝴蝶、玫瑰紫、牡丹点雪、墨葵、洒金、西施晚装、小桃红、观音白、十样锦、玉楼春、凤仙茶、紫重楼等等。④南山茶叶比一般山茶稍狭长而先端尖，且叶脉上面有沟纹，常见的多重瓣，单瓣的极少。红色。

瑞香

瑞香①一名蓬莱花。有紫、白、红三色。本不甚高，而枝干极婆娑，来年发蕊，蓓蕾于叶顶，立春后即开花。紫如丁香者，其香更浓。叶边有黄晕者，名金边瑞㈠香②。又有似杨梅叶者，或球子者，李枝者。其性喜阴耐寒，然又恶湿。妇人多喜扦带，不宜粪浇，惟用浣衣垢水，或焊猪汤浇，或壅人㈡头垢则茂。芒种时，剪取嫩条，破开放大麦一粒，用乱发缠之，插入土中，根旁壅好，勿令见日，以垢水浇之。一云左手折花，随即扦插，勿换手种③，无有不活。其根甚甜，多藏蚯蚓，必须以法去之。又名麝囊，能损花，宜另植。

瑞香：1. 根；2. 花枝；3. 花萼纵剖面观，示雄蕊；4. 雌蕊；5. 核果。

校 记

㈠“瑞”：乾本多一“瑞”。

㈡“人”：乾本误作“火”。

注 解

①原产我国，系瑞香科的常绿小灌木。名见《本草纲目》，又有蓬莱紫、风流树、露甲等名。学名

Daphne odora Thunb.。

②据《中国树木分类学》载有三个变种：金边瑞香（叶缘金黄色）、白瑞香（花纯白）、蔷薇瑞香（瓣里白，表面带红色）。通常多栽培于庭园。

③繁殖可采成熟种子播种，春末可用压条，成活后即从母株分离。或截取短枝二三节，插砂盆中繁殖。

结香

结香[①]俗名黄瑞香，干叶皆似瑞香，而枝甚柔韧，可绾结。花色鹅黄，比瑞香差长，亦与瑞香同时放，但花落后始生叶，而香大不如。

注 解

①系瑞香科黄瑞香属的落叶灌木，原产喜马拉雅山，学名 *Edgeworthia chrysantha* Lindl.，栽培庭园供观赏。树皮的纤维可制纸。俗以栽培此树可驱白蚁，又名白蚁树。

结香：1. 花枝；2. 花；3. 花纵剖面观，示花被、雄蕊和雌蕊的关系；4. 雌蕊。

迎春花

迎春花[①]一名腰金带。丛生，高数尺。方茎厚叶，开最早，交春即放淡黄花。形如瑞香，不结实，对节，生小枝，一枝三叶。候花放时移栽肥土，或岩石上，或盆中。而柔条散垂，花缀枝头，实繁且韵。分栽宜于二月中旬，须用焊牲水浇，方茂。

注 解

①系木樨科（或作素馨科）灌木，枝细长，稍带蔓性，名见《本草纲目》《群芳谱》，一名“金腰带”。又《滇志》云：“花黄色，与梅同时，故名‘金梅’。”学名 *Jasminum nudiflorum* Lindl.，二三月用分株或扦插，均可繁殖。

迎春：1. 枝叶；2. 花枝；3. 花冠纵剖面观，示雄蕊；4. 花萼纵剖面观，示雌蕊；5. 雄蕊。

玉兰：1. 花枝；2. 果枝；3. 花去花被，示雄蕊群和雌蕊群；4. 雄蕊群的背面（左）和腹面（右）。

玉兰 木莲

玉兰[①]古名木兰，出于马迹山紫府观者佳，今南浙亦广有。树高大而坚，花开九瓣，碧白色如莲，心紫绿而香[㈠]，绝无柔条。隆冬结蕾，一干一花，皆着[㈡]木末，必俟花落后，叶从蒂中抽出。在未放时多浇粪水，则花大而香浓；但忌水浸，与木笔[②]并植，秋后接换甚便。其瓣择洗清洁，拖面麻油煎食极佳，或蜜浸亦可，其制法与牡丹瓣同。

校 记

㈠“香”：乾本误作“查”。

㈡“着”：乾本误作“看”。

注 解

①原产我国，系木兰科的落叶乔木。名见《群芳谱》，据云：“玉兰花九瓣，色白微碧，香味似兰，故名。”学名 *Magnolia denudata* Desr.，供观赏用，花瓣可供食用。

②木笔一名辛夷，系木兰科大灌木。学名 *M. liliiflora* Desr.，原产我国中部，是最普通的园景树，并可用作玉兰的砧木。五月间开花。花大形，有绿色萼片三枚，细而短；花瓣六片，外面紫色，里面白色，无香气。

丁香

丁香[①]一名百结。叶似茉莉。花有紫、白二种，初春开花，细小似雀舌，蓓蕾而生于枝杪，其瓣柔，色紫，清香袭人。接、分俱可，但畏湿而不宜大肥。

注　解

①产华北各地，为木樨科落叶灌木，学名 *Syringa oblata* Lindl.，名见《花史左编》。另有桃金娘科的丁子香，又名鸡舌香或洋丁香，原产南洋，学名 *Syzygium aromaticum* (L.) Merr. & L. M. Perry，可加工制香油。

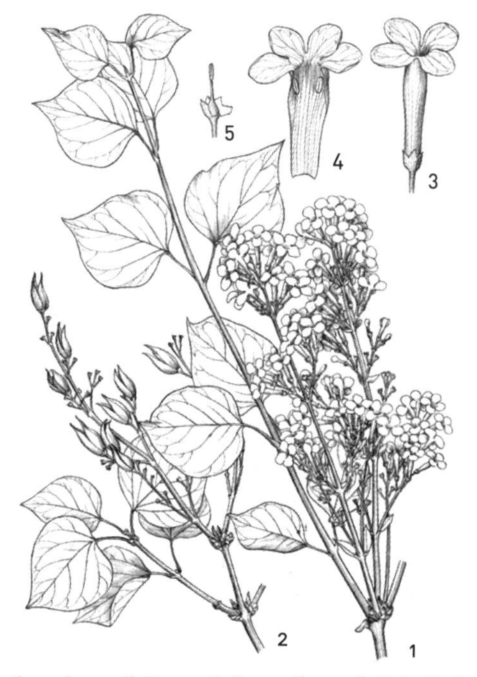

紫丁香：1. 花枝；2. 果枝；3. 花；4. 花冠纵剖面观，示雄蕊；5. 花萼纵剖面观，示雌蕊。

辛夷 木笔

辛夷[①]一名木笔，一名望春[②]，较玉兰树差小。叶类柿而长，来年发蕊，有毛，俨若笔尖。花开似莲，外紫内白，花落叶出而无实。别名“侯桃”，俗呼“猪心花”。又有红似杜鹃者，俗呼为“石荞”。其本可接玉兰，亦宜斫条扦插，可同玉兰并植，至秋后过枝即生，皆可变为玉兰。多浇粪水，则花大而香浓，人多取蕊合香。

注　解

①另有紫玉兰、木莲花、房木等名，学名见前。

②望春花，别名法氏木兰，学名 *M. fargesii* Cheng，系木兰科落叶乔木。叶芽卵形，具淡黄色绒毛。叶膜质，表面深绿色，背面淡绿色，沿中肋及侧脉均有毛。花形小；花瓣五至六片，白色，匙形，外面的较长大，内面的较小。果实为不

规则圆筒形；种子单生；深红色。按与辛夷有别。

杜鹃㈠ 黄杜鹃

杜鹃[①]，一名红踯躅。树不高大，重瓣红花，极其烂缦，每于杜鹃啼时盛开，故有是名。先花后叶，出自蜀中者佳。花有十数层，红艳比他处者更佳。性最喜阴而恶肥，每早以河水浇，置之树阴之下，则叶青翠可观。亦有黄[②]、白二色者。春鹃亦有长丈余者，须种以山黄泥，浇以羊粪水方茂；若用映山红接者，花不甚佳。切忌粪水，宜豆汁浇。

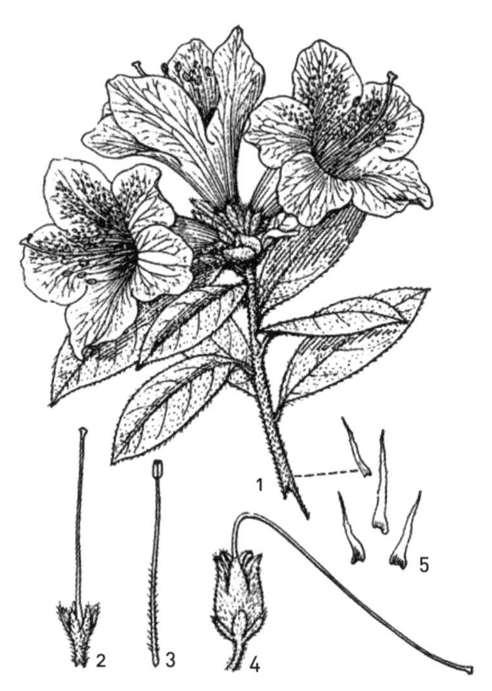

杜鹃：1. 花枝；2. 花去花冠和雄蕊，示花萼和雌蕊；3. 雄蕊；4. 蒴果；5. 糙伏毛。

校 记

㈠“鹃”：乾本误作“鹛”。

注 解

①杜鹃花科落叶或半常绿灌木，学名 *Rhododendron simsii* Planch.，名见《广群芳谱》。花二至六朵，花冠阔漏斗状。春开红花，变种有白花杜鹃、彩纹杜鹃、紫斑杜鹃等。产长江及珠江流域各省。

②黄花杜鹃即羊踯躅，别名羊不食草（《本草拾遗》）、闹羊花。学名 *Rhododendron molle* G.Don，花数多；花冠钟状及漏斗状，金黄色，带有绿色斑点；很是美观。但有毒，可作为杀虫剂。可用压条繁殖或扦插繁殖。

金丝桃 桃金娘

金丝桃[①]一名桃金娘[②]，出桂林郡。花似桃而大，其色更赪。中茎纯紫，心吐黄须，铺散花外，俨若金丝。八九月实熟，青绀若牛乳状，其味甘，可入药用。如分种，当从根下劈开，仍以土覆之，至来年移植便活。

注 解

①金丝桃系金丝桃科半常绿灌木，别名金丝海棠（河南）、照月莲（湖南）。学名 *Hypericum monogynum* Linn.，花单生或为三至七朵集合的聚伞花序，黄色有光泽；萼片卵形，雄蕊较花瓣为多，花期六至九月。果实能裂开散出种子。

②按文内描述形态实为桃金娘，系桃金娘科常绿灌木，学名 *Rhodomyrtus tomentosa* Hassk.，叶椭圆形，有三大脉，下面密生细毛，对生而质厚，夏月枝梢叶腋出小梗开花。花红色，雄蕊数多，花后，结实牛乳状，初青色，熟时紫色，味甘供食用，与金丝桃不同。

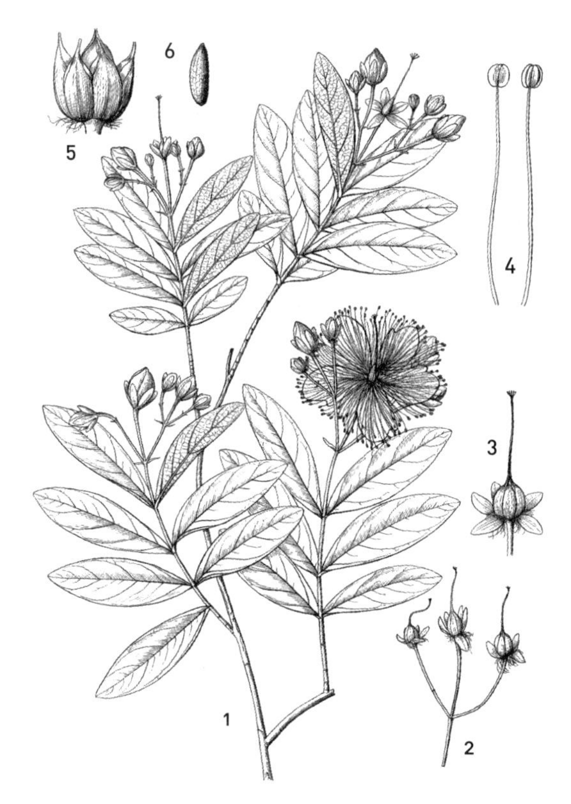

金丝桃：1. 花枝；2. 果序；3. 雌蕊和花萼；4. 雄蕊；5. 蒴果；6. 种子。

夹竹桃

夹竹桃[①]本名枸那，自岭南来。夏间开淡红花，五瓣，长筒，微尖，一朵约数十萼，至秋深犹有之。因其花似桃，叶似竹，故得是名，非真桃也。性恶湿而畏寒，十月中即宜置向阳处，以避霜雪。最喜者肥，不可缺壅。冬逢和暖日，微以水润之，但水多则恐冰冻而死。分法在季春，以大竹管套[一]于枝节间，用肥土填贮[②]，朝夕不失水，久之根生，截下另植，遂可得种矣。今人于五六月间，以此花配茉莉、妇女簪髻，娇袅可挹。

校 记

㈠“套”：善成堂、乾本均作“韬”，中华版作“套”，按应作“套”。

欧洲夹竹桃：1. 花枝；2. 花纵剖面观，示鳞片、雄蕊和雌蕊；3. 雄蕊；4. 雌蕊；5. 叶局部放大；6. 茎一段放大。

注 解

①系夹竹桃科常绿灌木，原产波斯。学名 *Nerium indicum* Mill.，名见《群芳谱》，又名柳叶桃（《花历百咏》）。叶线状披针形，花玫瑰红色或白色，通常重瓣，有芳香；花冠附属器为细长裂片。我国栽培甚久，主要供观赏用。

②即是用高压法繁殖。

贴梗海棠

海棠有数种，贴梗①其一也。丛生单叶，缀枝作花，磬口深红，无香，不结子。新正即开，但取其花早而艳，不及西府之娇媚动人。二月间于根傍开一小沟，攀花着地，以肥土壅之，自能生根，来冬截断，春半便可移栽。其树最难大，故人多植作盆玩。近法皆不用压，直于根上分栽，而分必须正月中浣。性不喜肥，颇畏寒，宜避霜雪，亦有四季花者。

注 解

①蔷薇科木瓜属，名见《群芳谱》。据说海棠有四种，皆木本，即贴梗海棠、垂丝海棠、西府海棠、木瓜海棠，原产我国，为著名园景植物。花色有大红、粉红、乳白等，且有重瓣及半重瓣的。学名 *Chaenomeles lagenaria* Koidz.。按与西府海棠、垂丝海棠不同属。

垂丝海棠

海棠[1]之有垂丝，非异类也。盖由樱桃树接之而成者，故花梗细长似樱桃。其瓣丛密而色娇媚，重英向下，有若小莲，微逊西府一筹耳。世谓海棠无香，而蜀之潼川、昌州，海棠独香，不可一例论也。接法详十八法内。

注 解

①原产我国，学名 *Malus halliana* Koehne (*Pyrus halliana* Voss)，树态婆娑，枝下垂成带状。花色红艳美丽，以往文人对它极为欣赏。沈立著《海棠百咏》，开首有："岷蜀地千里，海棠花独妍；万株佳丽国，二月艳阳天。"从这里可见它分布的广阔，是花中的名品。变种有重瓣的及白色的。

山踯躅

山踯躅[1]，俗名映山红。类杜鹃花而稍大，单瓣色淡。若生满山头，其年必丰稔，人竞采之。亦有红、紫二色。红者取汁可染物。以羊粪为肥，若欲移植家园，须以本山土壅始活。

注 解

①学名与杜鹃花同。此系指山野自生单瓣的、淡紫红色的映山红、满山红、照山红（浙江）。

粉团花

粉团[1]，一名绣球。树皮体皴，叶青而微黑，有大小二种。麻叶小花，一蒂而众花攒聚，圆白如流苏，初青后白，俨然一球，其花边有紫晕者为最。俗以大者为粉团，小者为绣球。闽中有一种红绣球，但与粉团之名不相侔耳。麻球、海桐，俱可接绣球。

满山红：1、2. 花枝；3. 雌蕊；4. 雄蕊；5. 蒴果。

圆锥绣球：1. 花枝；2. 孕性花；3. 蒴果。

注 解

①一名圆锥绣球花，系虎耳草科的落叶灌木。学名 *Hydrangea paniculata* Sieb.。夏日枝梢开花，有装饰花和寻常花两种，排列成圆锥花序，呈白色，形似粉团。名见《中国植物图谱》，供观赏用。

八仙花

八仙花[①] 即绣球之类也。因其一蒂八蕊，簇成一朵，故名八仙。其花白，瓣薄而不香。蜀中紫绣球，即八仙花。如欲过贴，将八仙移就粉团树畔，经年性定，离根七八寸许，如法贴缚，水浇，至十月，候皮生，截断，次年开花必盛。昔日琼花至元时已朽，后人遂将八仙花补之，亦八仙之幸也。

注 解

①虎耳草科，七八月间枝梢开花，排列成聚伞花序，呈球形，正常花仅少数，隐于花序的中心；装饰花有多数，萼形似花瓣，呈紫色。学名 *Hydrangea macrophylla*(Thunb.)Ser.，另一种为红八仙，花为伞房花序，中心有多数小形的寻常花，周围有数朵大形的装饰花，初开时白色，后变红色，一名红绣球。繁殖法：于二三月间进行扦插育苗颇易，需防晒保湿。

绣球：1. 花枝；2. 不孕花。

紫荆花

紫荆花①，一名满条红。花丛生，深紫色，一簇数朵，细碎而无瓣，发无常处，或生本㈠身，或附根枝，二月尽即开。柔丝相系，故枝动，朵朵娇颤若不胜。花谢后叶出，光紧微圆。根旁生枝，可以分种。性喜肥，畏湿，若与棣棠并植，金紫相映而开，更觉可人。冬取其荚，种肥地，交春即生。昔临潼田真兄弟分居复合，荆枯再荣，勿谓草木无情也。

校 记

㈠“本”：乾本误作“木”。

注 解

①系豆科紫荆属的落叶灌木。学名 *Cercis chinensis* Bunge，春月先叶节节攒簇生花，花为蝶形花冠，红紫色。名见《开宝本草》。

紫荆：1. 果枝；2. 花枝；3. 花。

金雀花

金雀花①，枝柯似迎春；叶如槐而有小刺，仲春开黄花，其形尖，而旁开两瓣，势如飞雀可爱。乘花放时，取根上有须者，栽阴处即活。用盐汤焯干，可作茶供。

注 解

①系豆科锦鸡儿属，原产欧洲，常绿灌木，掌状复叶，自三小叶成，无卷须。花一枚或二枚，生于叶腋，蝶形花冠，黄金色。名见《群芳谱》，一名黄雀花，见《本草纲目拾遗》。一名飞来凤，见《嘉兴府志》。别名木锦鸡儿，学名 *Caragana frutex* Koch。

山矾花

山矾花①，一名芸香，一名郑花，多生江浙诸山。叶如冬青㈠，生不对节，凌冬不凋。三月着白花，细小而繁，不甚可观，而香馥最远，故俗名七里香，北人呼为玚花。其子熟则可食。土人采其叶以染黄，不借矾力而自成色，故名山矾。二月中可以压条，分栽。采置㈡发中，久而益香，放床席下，去蚤虱；置书帙间，辟蠹鱼。

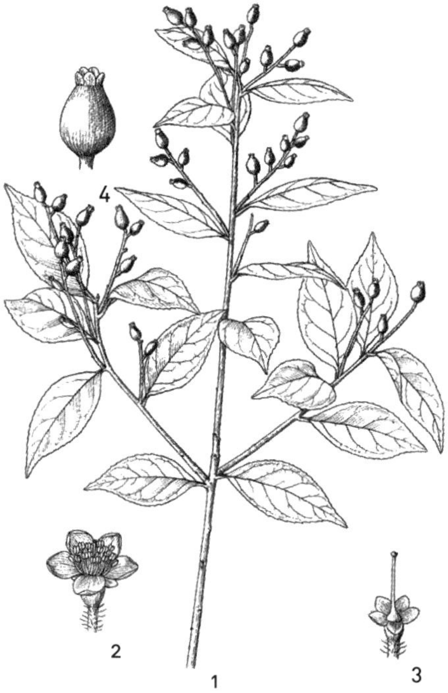

校 记

㈠“青”：乾本误作“冬”。

㈡“置”：乾本误作“寘”。

4

2

1

3

山矾：1. 果枝；2. 花；3. 花萼和雌蕊；4. 核果。

注 解

①系山矾科的乔木。叶互生，单叶。花两性，为总状花序。学名 *Symplocos sumuntia* Buch.-Ham. ex D. Don。

桑

桑①之功用甚大，原非玩好之木，此独不遗者，以存圃中之本务也。其种类稍异，白桑②叶大如掌而厚，鸡桑叶细而薄，子桑先葚后叶，山桑叶尖而长，女桑树小而条长。压桑材中弓弩，丝中琴瑟，桋桑似赤棘。以子种者，不若压条之易大；若以构接，则叶大。根下埋龟甲，则茂盛不蛀。又桑生黄衣，谓之金桑，其木必槁。叶专饲蚕，一岁三采，更盛。一云：蝗之所至，无叶不食，独不食桑，亦造物之灵也。擪桑条宜燥，燥则根易生。

注 解

①系桑科桑属，原产东部亚细亚，名见《本草经》。别名黄桑（扬州）、荆桑（湖南）、家桑（通县）。学名 *Morus alba* Linn.。我国中部各省栽培历史悠久，变种颇多。根据《中国树木分类学》所列有大叶桑、花叶桑、白脉桑、塔桑、垂枝桑、鲁桑等几个变种。

②白桑等品种系根据李时珍所记，不过加上一个女桑。据《群芳谱》载："桑皮裂干疏，叶面深绿，光泽多缺刻。其种类甚多，不可遍举。世所名者，荆与鲁也。'荆桑'多葚，叶薄而尖，边有瓣。凡枝干条叶坚韧者，皆荆类也。'鲁桑'少葚，叶圆厚而多津，凡枝干条叶丰腴者，皆鲁类也。"

桑树：1. 雌花枝；2. 雄花枝；3. 雄花；4. 雌花。

佛桑花

佛桑[1]一名扶桑，枝[一]头类桑与槿，花色殷红，似芍药差小，而轻柔过之。开[二]当春末秋初，五色婀娜可爱，有深红、粉红、黄、白、青色数种[2]，并单叶、重叶之异。今北地亦有之，皆自南方移植者，但易冻死，逢冬须密藏之。

校 记

㈠“枝”：乾本误作“柱”。

㈡“开(開)”：乾本误作“闻(聞)”。

注 解

①系锦葵科木槿属的常绿灌木。学名 *Hibiscus rosa-sinensis* Linn.，原产我国。名见《本草纲目》，又有朱槿、赤槿、日及等名。

②按李时珍谓扶桑乃木槿别种，花有红、白、黄三种。红者尤贵，呼为朱槿。其花深红色，五出，大如蜀葵，有蕊一条，长如花叶，上缀金屑，日光所灿，疑若焰生。又曰东海日出处有扶桑树，此花光艳照日，其叶似桑，因以比之，后人讹为佛桑。

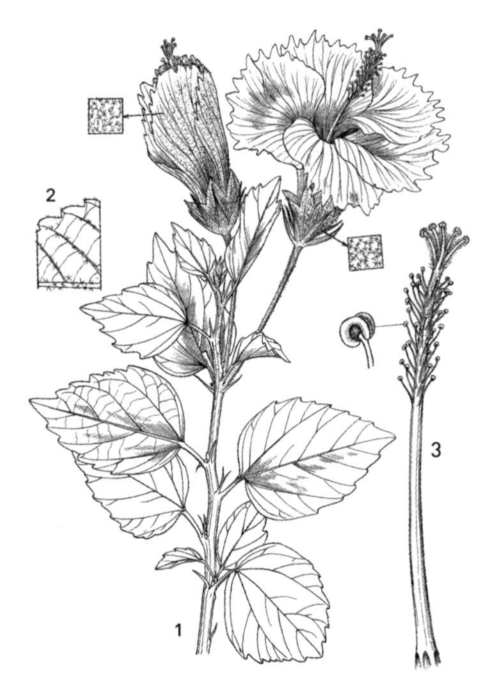

朱槿：1. 花枝；2. 叶背局部放大：示毛被；3. 雄蕊柱和花柱。

南天竹

南天竹[①]（一作竺）一名大椿，吴楚山中甚多。树高三五尺，岁久，亦有长至丈者，但不易得耳。糯者矮而多子，粳者高不结实。叶似苦楝[㈠]而小，经冬不凋。实干敷枝。三四月间，开细白花。结子成簇，至冬渐红如丹砂，雪中甚是可爱，亦可制食。其性喜阴而恶湿，用山黄泥种背阴处自茂。不宜浇粪，但用肥土，或鞋底泥壅之；若浇只宜冷茶，或臭酒糟水，退鸡鹅毛水，最妙。人多植庭除间，不特供玩好，尤能辟火灾[②]。若秋后髡其干，留取孤根，俟春生后，遂长条肄而结子，则本低矮而实红，可作盆中冬景。

校 记

㈠“楝”：乾本误作“栋”。

注 解

①小檗科南天竹属常绿灌木。学名 *Nandina domestica* Thunb.。叶为数回羽状复叶，小叶披针形，叶柄基部呈鞘状。花小，排列呈圆锥花序。果实小圆球形，多红色，间有白色的。

②白色的果实中医作镇咳药，有强烈的麻痹作用，至于能否辟火灾，尚待实验证明。

南天竹：1. 花枝；2. 果枝；3. 顶端小叶；4. 花蕾；5. 花；6. 雌蕊；7. 雄蕊。

合欢花

合欢[①]，一名蠲忿。生益州，及近京、雍、洛间。树似梧桐，枝甚柔弱。叶类槐，荚细而繁。每夜，枝必互相交结，来朝一遇风吹，即自解散，了不牵缀，故称夜合，又名合昏。五月开红白花，瓣上多有丝茸。实至秋作荚，子极薄细。人家第宅园池间皆宜植之，能令人消忿。冬月可以分栽。分枝捣烂绞汁，浣衣最能去垢。

注 解

①为豆科合欢属的落叶乔木。学名 *Albizia julibrissin* Durazz.。叶为二回羽状复叶，由多数小叶合成。小叶形小，夜间闭合，夏日枝梢出花梗着花，呈红色，萼和花瓣短小，有多数细长的雄蕊。名见《本草经》。又有青裳、萌葛等名。《植物名实图考》载："合欢即'马缨花'，京师呼为'绒树'，以其花似绒线故名。"

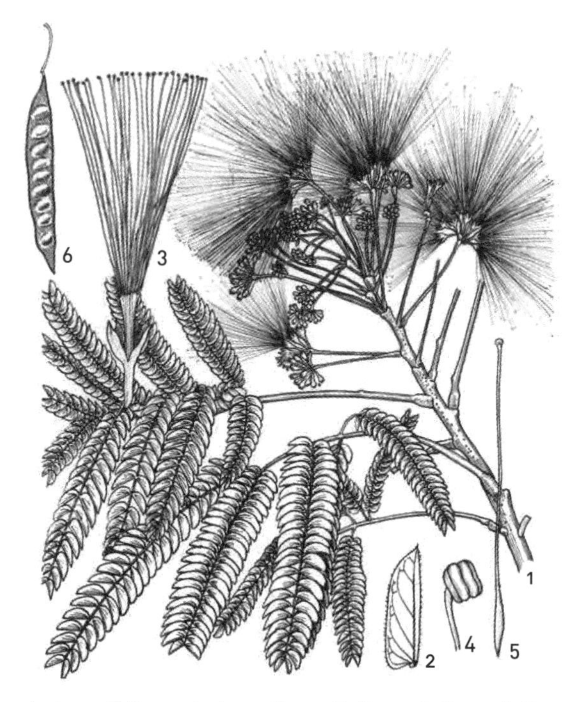

合欢：1. 花枝；2. 小叶；3. 花；4. 雄蕊；5. 雌蕊；6. 荚果。

桼

桼①（一作漆）生蜀、汉、江、浙等处。木高二三丈，皮白。叶似椿，花似槐，子若牛李。木心黄，可作杖。夏至后，以刚斧斫其皮，将竹管承取其汁，用漆器具甚妙（液若不取，多自毙）。

注 解

①为漆树科落叶乔木。学名 *Toxicodendron vernicifluum* (Stokes) F.A.Barkley。叶为奇数羽状复叶，有小叶九至十三片。六月间开小花，呈黄绿色。排列成复总状花序。果实为核果，扁平而歪。漆是我国的发明之一，《尚书》中即记载有漆。

柳 官柳、垂柳

柳，一名官柳①，一名垂柳②。本性柔脆，北土最多㈠。枝条长软，叶青而狭长。初春生柔荑，粗如箸，长寸许，开黄花，鳞次荑上，甚细碎。以渐生叶，至暮春，叶长成。花中结细子，如粟米大，扁小而黑，上带白絮如绒，俗名柳絮，随风飞舞。

凡着毛衣，即生蛀虫，入池沼即化浮萍[3]，此乃官柳也。若丛叶成阴，长条数尺或至丈余，袅袅下垂者，此为垂柳。虽无香艳，而微风摇荡，每为黄莺交语之乡，吟蝉托息之所，人皆取以悦耳娱目，乃园林必需之木也。种法：在腊月[二]斫大干，燔其下，焦而扦之。如劈开其皮，夹甘草一片入土，则不生虫。壅土宜实，种后若不动摇，虽纵横颠倒插之尽活，乃最易生之物也。昔人因其花似絮，故有“飞棉飞絮寒无用，如雪如霜暖不消”之咏。

校 记

㈠“北土最多”：乾本误作“此土长多”。

㈡“在腊月”：乾本自“在”字以下七十九字，与下面第四则“橙”稍后以下八十六字交互错置。

注 解

①官柳或名河柳、江柳、旱柳。学名 *Salix matsudana* Koidz.，多见于华北一带旱地；但在湿地河岸、高原亦能长成。

②垂柳即水柳或垂枝柳，学名 *S. babylonica* Linn.，盛产于南方之水乡；但北京及吉林各宫殿寺院，以至国外也有作为行道树及风景树的，都是杨柳科柳属的植物。

③系属传说。

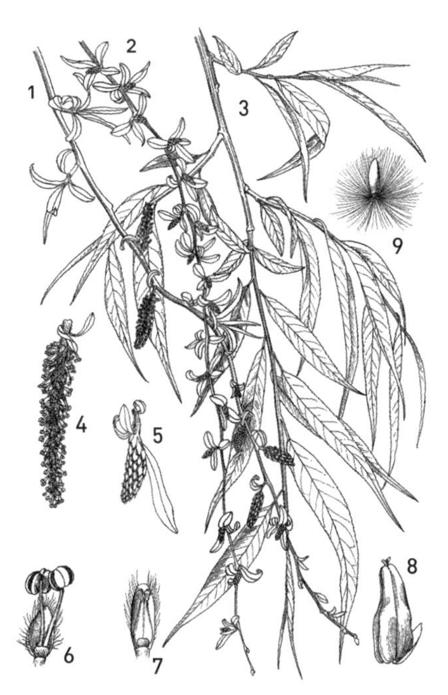

垂柳：1. 雄花枝；2. 雌花枝；3. 枝条；4. 雄花序；5. 雌花序；6. 雄花和苞片；7. 雌花和苞片；8. 蒴果和苞片；9. 种子。

杨 白杨、青杨

杨有二种：白杨[1]叶芽时便有白毛，及尽展，似梨叶长而厚，面淡青而背白，蒂长两两相对，遇风则簌簌有声。人多植之坟墓间，高可十余丈。又青杨[2]树比[一]白杨较小，叶似杏叶而稍长大，色青绿。本亦耸直，大概柳枝长软，叶狭长；杨枝短硬，叶圆阔；柳性耐水，杨性宜旱，二木迥不相侔，何可因其并称而遂认为一木耶，特表而出之，赤者近水生根须，可栵[③]以护堧[④]堤。

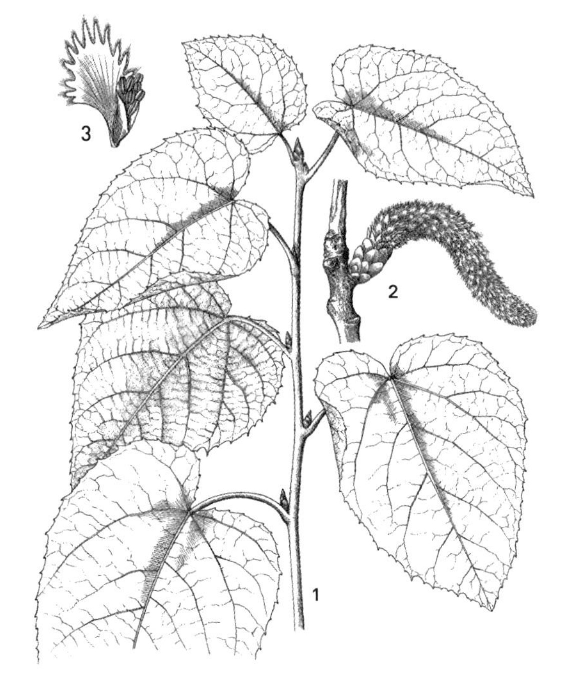

毛白杨：1. 枝叶；2. 雄花序；3. 雄花和苞片。

校 记

㈠“比”：乾本误作“彼”。

注 解

①即毛白杨或大叶杨，属杨柳科。学名 *Populus tomentosa* Carr.，主产黄河流域及江浙等地，多栽为庭园树。

②青杨即小叶杨，花为葇荑花序，苞片边缘呈流苏状，雄蕊三十至三十五枚，子房光滑，柱头二至四裂，蒴果卵圆形而尖。但一般植株并不比白杨小，是否即本种尚有疑问，名见《河北习见树木图说》。

③“栵”：树行生曰栵。《诗·大雅·皇矣》：“其灌其栵。”《传》：“栵，行生者也。”即一行行种植的意思。

④“堧”：即河边的土地。

柽柳

柽柳[①]，一名观音柳，一名西河[㈠]柳。干不甚大，赤茎弱枝，叶细如丝缕，婀娜可爱。一年作三次花，花穗长二三寸，其色粉红，形如蓼花[②]，故又名三春柳。其花遇雨即开，宜植之水边池畔[③]，若天将雨，柽先起以应之，又名雨师。叶经秋尽红，负霜不落，春时扦插易活。

校 记

㈠“西河”：乾本误作“河西”。

柽柳：1. 花枝；2. 叶枝；3. 花枝；4. 花；5. 花萼；6. 花盘及雄蕊；7. 雌蕊。

注 解

①为柽柳科落叶小乔木。学名 *Tamarix chinensis* Lour.。

②七至九月开花，淡红色，排列成纤弱的总状花序，侧生于本年的枝上，集成大圆锥花序；常下垂。

③又可植于浮沙上造成防沙林。可供药用，有发表透疹的作用。

槟榔

槟榔①，一名马金南，生南海，今岭外皆有。木大如桄榔，高五七丈，初生若竹，节概劲硬。引茎直上，无旁枝，柯条从心生，端顶有叶似芭蕉，条脉开破，风至则如羽扇。三月叶下肿起一房，因自拆裂出穗，凡数百实，其大如李，皆有皮壳。又生刺重累于下，以护其实。五月成熟，剥去其(一)皮，煮肉曝干，交广人邂逅，设此代茶，食必以扶留藤、牡蛎灰同咀嚼之，吐出红水一口，则柔滑甘美不涩。又大腹子，即猪槟榔，形扁而味涩，必须蒌叶与蛤粉，卷和而食。

校 记

㈠“去其”：乾本误作“其去”。

注 解

①系棕榈科槟榔属，原产印度。学名 *Areca catechu* Linn.。叶为羽状复叶，每一干有三四穗，每一穗上结实三四百颗，果实有健胃利尿之效，并有固齿作用。名见《名医别录》。又有宾门、仁频、洗瘴丹等名。

虎刺

虎刺①一名寿庭木。生于苏、杭、萧山。叶微绿而光，上有一小刺。夏开小白花，花开时子犹未落，花落后复结子，红如珊瑚。其子性坚，虽严冬厚雪不能败。性畏日喜阴，本不易大，百年㈠者止高二三尺。春初分栽，亦多不活，用山泥，忌粪水，并人口中热气相冲，宜浇梅水及冷茶。吴中每栽盆内，红子累累，以补冬景之不足。

虎刺：1. 果枝；2. 花枝；3. 花序枝；4. 花冠纵剖面观，示雄蕊；5. 花萼和雌蕊；6. 核果。

校 记

㈠“年”：乾本误作“高”。

注 解

①茜草科虎刺属的常绿亚灌木，枝条繁茂，密生细刺，与叶同长。叶小卵形，质硬。初夏枝梢开小花，白色，花冠如漏斗状。果实小，圆形，赤色，经久不落。名见《本草纲目》，又名寿星草、伏牛花。学名 *Damnacanthus indicus*（L.）Gaertn.F.。

蜜蒙花

蜜蒙花[①]生益州，及蜀之州郡。木高丈余，叶似冬青而厚，背白色，有细毛。花微紫色，二三月采花曝干，则味甘甜如蜜。其花一朵，有数十房，蒙蒙[㈠]然细碎，故有是名。

校 记

㈠“蒙蒙”：乾本误作“蒙亡”。

注 解

①系马钱科醉鱼草属的披散灌木。今名密蒙花，学名 *Buddleja officinalis* Maxim.。高十余尺，小枝密被绒毛。叶矩圆形或线状披针形，全缘或有小锯齿，上面深绿色而有小柔毛，背面密被白色或黄色星状绒毛。圆锥花序，大，顶生，密被小茸毛，花芳香，淡紫色而有黄心。原产我国西南部和西北部，是一种美丽的庭园观赏植物。一名羊春条。

密蒙花又是眼科专用药，它的作用是明目，并能养肝，对肝血虚引起眼睛翳膜外观虽无变化，但看不见东西的青盲症，用本品治疗效果好。

平地木

平地木[①]高不盈尺，叶似桂，深绿色。夏初开粉红细花。结实似南天竹子，至冬大红，子下缀可观。其托根多在瓯兰之傍，虎刺之下，及岩壑幽深处。二三月分栽，乃点缀盆景必需之物也。

注 解

①现名紫金牛，系紫金牛科常绿小灌木，如草本状。学名

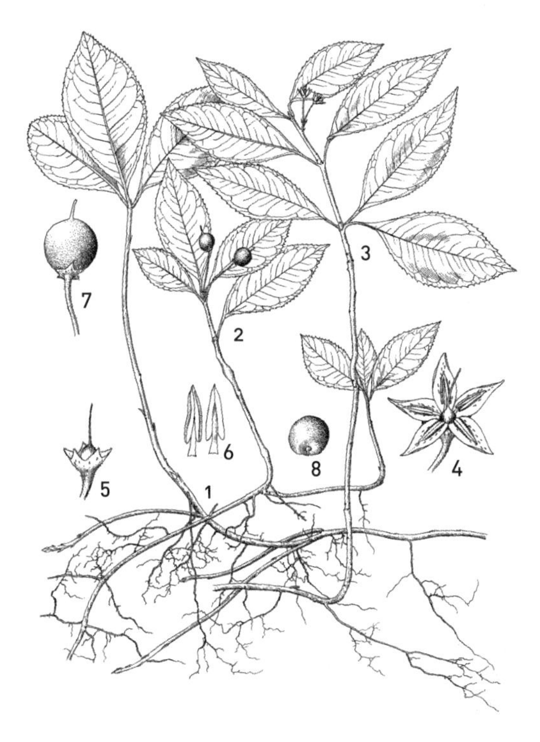

紫金牛：1. 幼苗；2. 带果植株；3. 带花植株；4. 花；5. 花去花冠和雄蕊，示花萼和雌蕊；6. 雄蕊；7. 核果；8. 种子。

Ardisia japonica(Thunb.)Blume。高自四五寸至八九寸。叶互生，长卵形，有锯齿。夏月，茎梢叶间开花，花小，有花梗，合瓣花冠，带青白色，带有赤色小点，常二花聚集而生。果实小，球形，熟则呈红色也有白色的。其实经久不落，极堪玩赏。《植物名实图考》载：一名“石青子”，在江西又名“凉伞遮金珠”，以其叶聚梢端，实在叶下，故名。

栀子花

栀子花①，一名越桃，一名林兰，释号檐蔔，小木也。有三种：单叶小花者结子多，千叶大花者不结子。色白而香烈。又有四季花者亦不生，山栀徽州产，一种矮树栀子，高不盈尺，盆玩清香动人，夏花洁白而六出，秋实丹黄有棱，可染黄色，亦可入药。昔孟昶十月宴芳林园，赏红栀子花，清香如梅，近日罕见此种。冬初取子晒干，来春畦种，覆以灰土，如种茄法。次年三月移栽，至四年，即开花结实矣。又梅雨时，随花剪扦肥地亦活。若千叶者，宜土压旁生小枝，久则根生，分栽自活。性不㈠喜粪，惟以轻肥沃之自茂。若太肥，又恐生鼠虱。一法：芒种时穴一腐板，泥涂，剪枝㈡种其上，浮置水面，候其根生后，移而种之。

校 记

㈠“性不”：花说堂版作“性不”，各版均误作“惟布”。

㈡“枝”：乾本误作“板”。

注 解

①系茜草科栀子属常绿灌木，名见《本草经》。《植物名实图考》作“山栀子”，《宁波府志》《嘉应州志》均作“黄栀子”。又有木丹、鲜支等名。学名 *Gardenia jasminoides* Ellis。

栀子：1. 花枝；2. 果枝；3. 花纵切面观，示花萼、花冠、雄蕊和雌蕊。

火石榴

火石榴[①]，以其花赤如火而得名，究不外乎榴也。树高不过一二尺，自能开花结实，以供盆玩。亦有粉红、纯白者，皆可入目。若嫌其叶多花少，尝摘去嫩头，偏于烈日中以肥水浇之，则花更茂，亦物性使然也。大抵盆种土少力薄，更不耐寒，逢冬必须收藏房檐之下，庶不冻坏。养盆榴法，无间寒暑，以肥为上，盛夏置之架上或屋上，使不近地气，则枝不大长。若蚁蚓作穴，用米泔水沉没花盆，浸约半时，取出日晒，如土干又复浸之，则无矣。倘发盖大密，必掐去其半，则花开始有精神，结实不至半大便落。又有一种细叶柔条者更佳，多产扬州。

注 解

①系石榴的一个变种，幼茎带红色。叶狭长椭圆形至披针形。单生或丛生，单瓣或重瓣，开火红色花，甚美丽。通名花石榴。学名 *Punica granatum* L.var.*nana* Persoon。重瓣的又名红千层，果实极小，味酸，没有食用价值。另有白千层，除花为白色外，其他性状相同。均供观赏用。

石榴：1. 花枝；2. 花纵切面，示花萼、雄蕊和雌蕊的关系；3. 雄蕊。

楝

楝树[①]有二种：青皮楝坚韧可为器具，其皮肉俱青色；火楝性质轻脆，其皮肉皆红。树高一二丈，叶密如槐而尖，夏开红花紫色，一蓓数朵，芳香满庭[②]，实如小铃[㈠]，生青熟黄，又名金铃子，鸟雀专喜食之，故有凤凰非楝实不食之语。江南自春至夏，有二十四番花信风，梅花为首，楝花为终。实熟鸟不食者，俗名苦楝子也。木有雌雄[③]，雄者根赤无子。

楝树：1. 花枝；2. 果枝；3. 纵剖的雄蕊管；4. 雄蕊管局部，示花药（左，内侧）和顶端裂片（右，外侧）；5. 去除花瓣及雄蕊的花。

香椿：1. 叶；2. 果序；3. 种子。

校 记

㈠“铃”：乾本误作“也”。

注 解

①楝科，属落叶乔木。学名 *Melia azedarach* Linn.。叶为二回或三回羽状复叶，小叶长卵形，有锯齿。四五月间枝梢分枝开花，复总状花序。名见《本草经》。
②花有香气，花小呈淡紫色。果实熟时黄色，球形或椭圆形。可供药用。
③系两性花雌雄同株，楝科中亦有杂性异株的。

椿 附樗

椿①，俗名香椿。树高耸而枝叶疏，无花而不结荚②者是也。其根上孙枝，春、秋二分日移植即活。其嫩叶初放时，土人摘以佐庖点茶，香美绝伦。一种似椿而叶臭，有花而结荚者，俗呼为臭椿[3]，是樗，非椿也。江东人呼为虎目。叶脱处有痕似柘也。

注 解

①楝科的落叶乔木。学名 *Toona sinensis* (A.Juss.) Roem.，又名猪椿、红椿，名见《唐本草》。

②叶大，为一回羽状复叶，嫩时呈红色。初夏枝梢开花成穗，花小白色。花后结角，秋月成熟则开裂，种子有翅随风飞散。实非无花不结荚。

③苦木科的落叶乔木，叶较大，互生，奇数一回羽状复叶，长二三尺。夏月开花，大圆锥花序，花小、色白，带绿，花瓣五片。果实为翅果。名见《唐本草》。学名 *Ailanthus altissima* Swingle。

枫

枫[1]一名欇，香木也。其树最高大，似白杨而坚，可作栋梁之材。叶小有三尖角，枝弱善摇。二月开白花，旋即着实，圆如龙眼，上有芒刺，不但不可食，且不中看，惟焚作香，其脂名白胶香。一经霜后，叶尽赤，故名丹枫，秋色之最佳者。汉时殿前皆植枫，故人号帝居为枫宸。一云：枫脂入地千年，即成琥珀[2]。又有一种小枫树，高止尺许，老干可作盆玩。

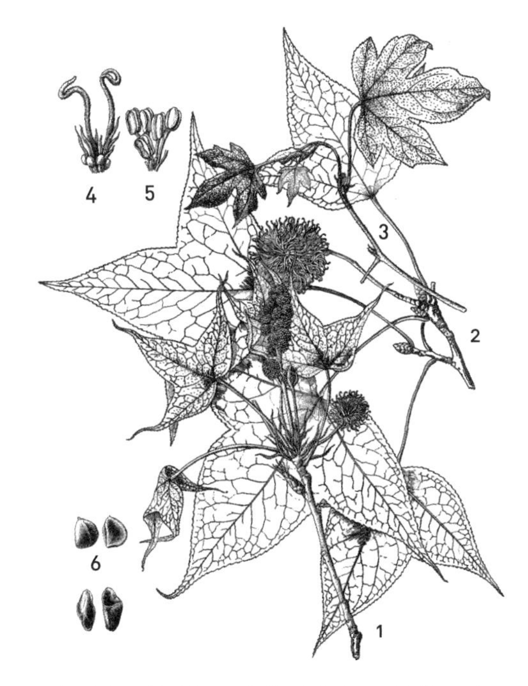

香枫树：1. 花序枝；2. 果枝；3. 幼枝；4. 雌花；5. 雄花；6. 种子。

注 解

①金缕梅科枫属的落叶乔木。名见《南方草木状》。又有香枫、欇欇、灵枫等名。其树皮所流出的树脂可以代苏合香之用。学名 *Liquidambar formosana* Hance。

②琥珀系一种矿物，成分为碳氢化合物，原为一种树脂之化石。

楮

楮[1]一名谷树。有二种：一雄，皮斑而叶无椏叉，三月开花，即成长穗，似柳花而无实。一雌，皮白，中有白汁如乳，叶有椏叉，似葡萄，开碎花，结实红似杨梅，但无核而不堪食。皮可作纸，汁可充胶。十二月内，将子淘晒过种即生，亦可佐服食。

注 解

①又名构树，桑科构属的落叶乔木，花单性，雌雄异株。雄花葇荑花序，雌花头状花序。结实成球状，似杨梅。名见《名医别录》。树皮的纤维，供制纸的原料。学名 *Broussonetia papyrifera* (Linn.) L'Her. ex Vent.。

梧桐

梧桐[1]一名青桐，一名榇。木无节而直生，理细而性紧。皮青如翠，叶缺如花，妍雅华净，新发时赏心悦目，人家轩斋多植之。四月开花嫩黄，小如枣花，坠下如醭。五六月结子，蒂长三寸许，五棱合成，老则开裂如箕，名曰橐鄂。子缀其上[一]，多者五六，少者二三，大如黄豆。云南者更大。皮干则皱而黄，其仁肥嫩而香，可生啖，亦可炒食点茶。此木能知岁时，清明后桐始华；桐不华，岁必大寒。立秋是何时，至期一叶先坠，故有“梧桐一叶落，天下尽知秋”之句。每枝生十二叶，一边六叶，从下数一叶为一月，有闰则十三叶。视叶小处，即知闰何月也。二三月畦种，如种葵法，稍长移种背阴处方盛，地喜实，不喜松；凡生岩石上，或寺旁，时闻钟磬声者，采东南大枝为琴瑟，音极清丽。别有白桐[2]、油桐、海桐、刺桐、赪桐、紫桐之异，惟梧桐世人皆尚之。又一种最小者，因取其婆娑畅茂，堪充[二]盆玩。

校 记

㈠“上”：乾本误作“土”。

㈡“充”：康本、乾本均误作“克”。

注 解

①梧桐科的落叶乔木，原产我国。木质轻而韧，可制器具。又所含黏液，可以润发，种子可作食用。名见《尔雅》。学名 *Firmiana simplex*（L.）W. Wight。

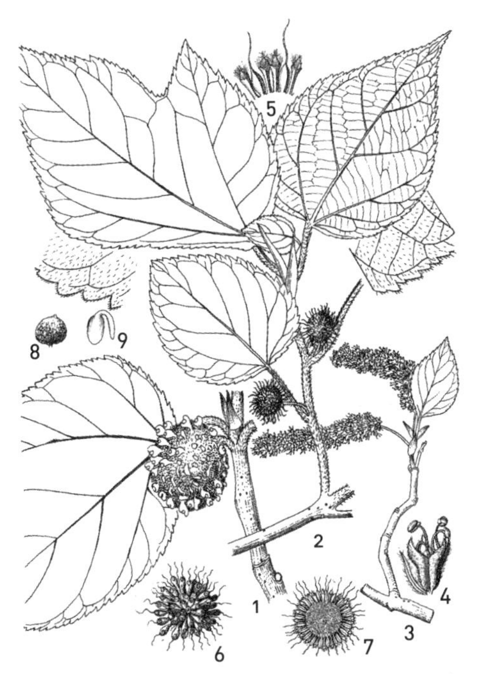

构树：1. 果枝；2. 雌花枝；3. 雄花枝；4. 雄花；5. 雌花及苞片；6. 雌花序；7. 雌花序横切面；8. 种子；9. 胚。

梧桐：1. 叶；2. 果枝；3. 花序；4. 雄花；5. 头状雄蕊群；6. 雌花。

②白桐即桐，《本草经》载："桐即白桐，其材轻虚，色白，故名白桐。"油桐即罂子桐，属大戟科，学名 *Vernicia fordii* (Hemsl.) Airy Shaw。海桐，属海桐花科，学名 *Pittosporum tobira* Ait.。刺桐系豆科，学名 *Erythrina variegata* L.。紫桐又名冈桐、白花泡桐，属玄参科，学名 *Paulownia duclouxii* Dode。

黄杨木

黄杨木[①]树小而肌极坚细，枝丛而叶繁，四季长青。每岁止长一寸，不溢分毫；至闰年反缩一寸。昔东坡有诗云："园中草木春无数，惟有黄杨[㈠]厄闰年。"因其难大，人多以之作盆玩。

校 记

㈠"杨"：乾本误作"柳"。

注 解

①属黄杨科，为常绿小灌木。名见《本草纲目》。春月枝梢缀小花，淡黄绿色，单性，雌雄同株。学名 *Buxus sinica* (Rehd. et Wils.) Cheng，通常用幼茎扦插繁殖。另有卫矛科的植物，一般也叫黄杨的，如大叶黄杨、银边黄杨、金心黄杨等，都是好的观赏树木。

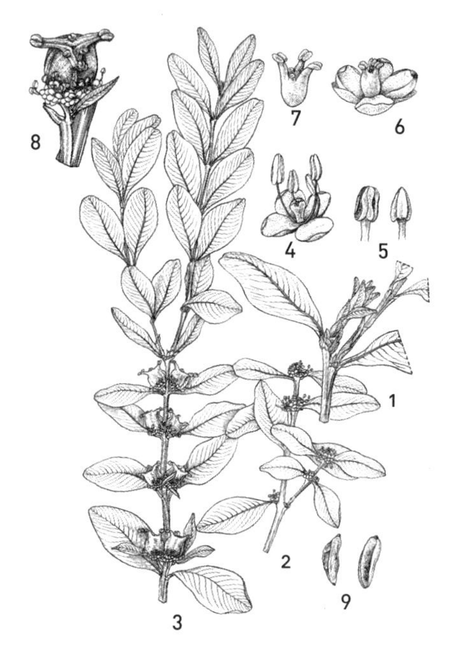

黄杨：1. 枝叶；2. 花枝；3. 果枝；4. 雄花；5. 雄蕊；6. 雌花；7. 雌蕊；8. 果枝一段，示蒴果；9. 种子。

崖椒：1. 果枝；2. 雄花；3. 开裂的蓇葖果。

椒 胡椒

椒①一名蘑藙，一名汉椒，有秦、蜀二种，今处处有之㈠，惟蜀产者香烈。木高四五尺，似茱萸而小，本有针刺。叶坚而滑，味亦辛香，蜀人取嫩芽作茶。其叶对生，尖而有刺。四五月结子枝叶间，如小豆而圆，生青熟红，皮皱㈡肉厚，内有小黑子突出，如人之瞳子，故有椒目之称。喜阴恶粪，宜壅河泥。又一种胡椒，生于西戎，北人食物中多尚之。广东一种小椒②，系蔓生，其辣味与树椒同。

校 记

㈠“之”：乾本误作“七”。

㈡“皱”：乾本误作“结”。

注 解

①为芸香科的落叶灌木或小乔木。现称崖椒，名见《图经本草》。学名 *Zanthoxylum schinifolium* S.et Z.，果实供药用和调味用。

②按系指胡椒。为胡椒科常绿蔓性灌木。叶互生，卵状心脏形，全缘。夏日开小花。果实成熟时红色，干燥后，即成胡椒。学名 *Piper nigrum* L.。又本节所说的胡椒，未描述形态，可能系指花椒。

茱萸

茱萸[①]随处皆生，木高丈余，皮青绿色。叶似椿而阔厚，色青紫。茎间有刺，三月开红紫细花。其实结于枝梢，累累成簇而无核，嫩时微黄，至熟则深紫，味辛辣如椒。井侧河边，宜种此树，叶落其中；人饮是水，永无瘟疫。悬子于屋，能辟鬼魅[②]。九月九日，折茱萸戴首，可辟恶气，除鬼魅。

吴茱萸：1.果枝；2.雄花；3.雌花；4.幼果；5.果实开裂的果序，示种子。

注 解

①即吴茱萸，为落叶小乔木。学名 *Euodia ruticarpa* Benth.，名见《本草经》。小叶与椿相似(一回羽状多叶)，阔而厚。结实在枝梢，果实可作健剂。

②吴茱萸可供药用，所云能辟鬼魅，系属迷信的传说。

六月雪

六月雪[①]，一名悉茗，一名素馨[②]。六月开细白花。树最小而枝叶扶疏，大有逸致，可作盆玩。喜清阴，畏太阳，深山丛木之下多有之。春间分种，或黄梅雨时扦插，宜浇浅茶。

注 解

①茜草科小灌木，别名满天星、节节草。学名 *Serissa japonica*(Thunb.)Thunb.。茎高二三尺，多分生小枝，相集甚密。叶小，椭圆形而尖，常对生，或丛生。春夏开花通常白色，花冠五裂，下部筒状，盛开时，状如繁星。

②可能当时与素馨花名混称。

茶

茶①一名荈（音喘）。早采为茶，晚采为茗。其叶以谷雨前采者为贵。花色月白而心黄，清香隐然，瓶之高斋，诚为雅供。且蕊在枝间者，逐一皆开，性畏水与日，不浇肥者，茶更香美，其所产之地殊多，但不宜于北㈠，今就最著名者而衡之。松罗、伏龙、天池、阳羡等类，色翠而香远。岕片产吴兴，是茶而实非茶种，皆为江浙第一。如虎丘、龙井，又为吴下第一，惜不多产。至于荆溪、武夷稍下；六安可入药，而香味不及。天目径山次之。此外所产，只可供本土之用耳。藏茶须用锡瓶，则茶之色香，虽经年如故。近日闽㈡茶以松罗杂真珠兰焙过，而香更烈者，终不若天然香味之足贵也。

校 记

㈠“北”：乾本误作“白”。

㈡“闽”：乾本误作“间”。

注 解

①属山茶科，原产我国，栽培历史悠久，品种极多。制成红茶或绿茶，为我国对外贸易主要出产之一。学名 *Thea sinensis* Linn.。茶是我国主要特产之一，长期以来，就是我国人民嗜爱的一种饮料。我国也是世界上栽茶最早的国家，现在各产茶国的茶树和栽茶、制茶技术，大都是直接或间接由我国传去的。

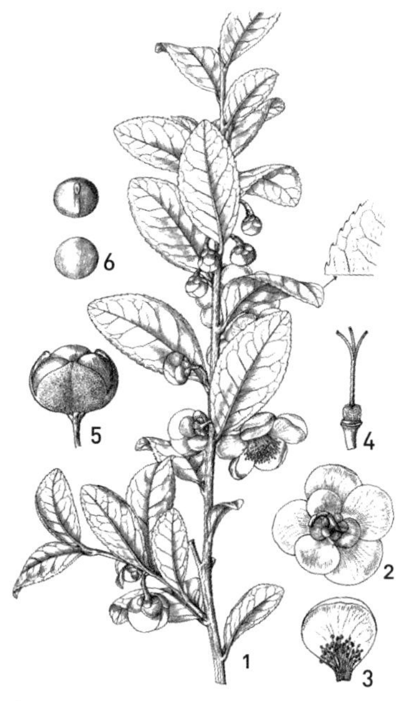

茶树：1. 花枝；2. 花；3. 花瓣和雄蕊；4. 雌蕊；5. 蒴果；6. 种子。

槐 盘槐、守宫槐

槐[1]一名櫰，一名盘槐，一名守宫槐。树高大而质松脆。叶细如豆瓣，季春之初，五日如兔目，十日如鼠耳[一]。更旬始规，二旬叶成，扶疏可观。花淡黄而形弯转，在秋初时开，故有“槐花黄，举子忙”之谚。人多庭前植之，一取其荫，一取三槐吉兆，期许子孙三公之意。花可染色，结实至明年春暮方落，落即自生小槐。櫰槐叶大而色黑，本如棠。盘槐[2]肤理叶色俱与槐同，独枝从顶生，皆下垂，盘结蒙密如凉伞。性亦难长，历百年者，高不盈丈。或植厅署前，或种高阜处，甚有古致。守宫槐[3]干弱花紫，昼聂夜炕。又俗名猪屎槐者，材不[二]堪用。种法：收子晒干，夏至前以水浸生芽，和麻子撒肥地，当年即与麻齐，刈麻留槐，别树竹竿，以绳拦定，来年复种麻护之。三年后方可移栽，老槐经秋可取火。

校 记

(一)“鼠耳”：乾本误作“见之”。

(二)“不”：乾本误作“木”。

注 解

①槐系豆科，原产于东部亚细亚的落叶乔木。叶为一回羽状复叶，互生，小叶数奇，而形小，下面带白色。初夏，梢头成穗，各花排列为大圆锥花序，秋初开花，蝶形花冠。果实为长荚。名见《本草经》。学名 *Sophora japonica* Linn.。

②盘槐即龙爪槐，系槐的变种。学名 *S. japonica* var. *pendula* Loud.。

③即紫花槐，花的翼瓣和龙骨瓣常为紫色，也是槐的一个变种。学名 *S. japonica* var. *pubescens* Bosse。

紫薇

紫薇[1]一名百日红。其花红紫之外，有白者，曰银薇；又有紫带蓝[一]色者，曰翠薇；俗呼为怕痒[二]树。其树光滑无皮，人若搔之，则枝干无风而自动，亦其性使然也。叶对生，一枝数颖，一颖数花。六月始花，其蕊开谢相接续，可至九月，约有百日之红[2]。其[三]性喜阴，宜栽于丛林之间不蔽[四]雨露处自茂。根旁小本，分种易活。

校 记

㈠“蓝”：乾本误作“监”。

㈡“痒”：乾本误作“广”。

㈢“其”：乾本误作“共”。

㈣“蔽”：乾本误作“敝”。

注 解

①紫薇为千屈菜科的落叶灌木或乔木。学名 *Lagerstroemia indica* Linn.，名见《群芳谱》。

②夏日，枝梢开花，排列成圆锥花序，萼球形六裂，花瓣皱缩，淡红色，白色或紫色，花期很长，果实为广椭圆形的蒴果。

紫薇：1. 花果枝；2. 花瓣；3. 花纵切面观，示花萼、雄蕊和雌蕊的关系；4. 雌蕊；5. 蒴果横切面；6. 种子；7. 蒴果。

白菱

白菱[①]叶似栀子，花如千瓣[㈠]菱花。一枝一花，叶托花朵，七八月间发花，其花垂条，色白如玉，绰约可人，亦接种也。

校 记

㈠“千瓣”：乾本误作“子办”。

注 解

①即茉莉茶，系山茶的一个品种，见《山茶释名》。华南植物研究所认为可能是茶花的一个白色品种。

木槿 朱槿

木槿[①]一名蕣英，一名王蒸，又名日给、爱老、重台、花[㈠]上花诸名目。惟千叶白，与紫大红，粉红者佳。叶繁密[㈡]，如桑而小。花形差小如蜀葵，朝荣夕陨，远望可观。若单叶柔条，五瓣成一花者，乃篱(三)槿也；止堪编篱，花之最下者。南海有朱(四)槿②，但不易得耳。在春初扦插，以河泥壅之即活。若欲扦篱，须一连插去，不可住手，如断续插，生后虽盛，亦必断而不接也。其嫩叶可代茶饮。

校 记

(一)“花”：乾本误作“茂”。

(二)“密”：乾本误作“蜜”。

(三)“篱”：乾本误作“离”。

(四)“朱”：乾本误作“未”。

注 解

①木槿系锦葵落叶小乔木。学名 *Hibiscus syriacus* Linn.，小亚细亚原产，高约八九尺。叶楔状卵形，往往有三浅裂，边缘有齿牙。六七月间开花，淡红色，又有淡紫色、白色或重瓣等变种。果实为蒴果。叶除可代茶外，并可用以沐发；花烹调可作汤。

②朱槿名见《南方草木状》，一名扶桑（《本草纲目》），或佛桑，亦名大红花。学名 *Hibiscus rosa-sinensis* Linn.。

木槿：1. 花枝；2. 叶背基部：示星状毛；3. 花纵切面；4. 柱头；5. 花药；6. 种子。

桂 银桂、金桂、丹桂

桂①一名梫，一名木樨，一名岩桂。叶对生，丰厚而硬，凌寒不凋。枝条繁密，木无直体。花甚香甜，小而四出，或有重台，亦不易得。其种不一，白名银桂②，黄名金桂③，能着子。红名丹桂④，不甚香。又有四季桂，月桂，闽中最多。叶如锯齿而纹粗，花繁而香浓者，俗呼球子木樨。花时凡(一)三放，为桂中第一。浇以猪秽则茂，壅以二蚕沙则肥；但不宜粪而喜河泥。若移栽，须择高阜，半日半阴处，以腊雪高壅其根，则来年不灌自茂。冬月以焊猪汤浇一次，尤妙。如木生蛀，取芝麻梗悬之树间，能杀诸虫。一云：木樨接于石榴树上，其花即成丹桂。花谢后摘去其蒂，亦如凤仙，可发二次。屈其条压土中，良久自能生根。一年后截断，八月含蕊时移种，若以冬青树接亦可。花以盐卤浸之，经年色香自在，以糖春(二)作饼，点茶香美。

校 记

(一)“凡”：乾本误作“几”。

(二)“春”：乾本误作“椿”。

注 解

①②为木樨科常绿灌木或小乔木，原产我国西南部。学名 *Osmanthus fragrans* (Thunb.) Lour.，花白色，有香气，专供观赏，花可制为香料，并可作药用。按即银桂。

③金桂系变种之一。学名 *O.fragrans* var. *thunbergii* Mak.。

④丹桂，花橙红色。学名 *O.fragrans* var. *aurantiacus* Mak.。

桂花：1. 花枝；2. 果枝；3. 花冠纵剖面观，示雄蕊。

皂荚

皂荚①一名皂角，所在有之。树最高大(一)，叶如槐而尖细，枝多刺，夏开小黄花结实。有三种：小而尖者名猪芽(二)，长而肥厚多脂者可用，长而瘦薄不黏者劣。初生时嫩芽可茹(三)，荚老可入药。二、三月宜种，如树大不结荚，当于南、北二面，去地钻孔，用木钉钉入，泥封其孔，来年即结②。

校 记

(一)“大”：乾本误作“一”。

(二)“芽”：乾本误作“花”。

(三)“茹”：乾本误作“菇”。

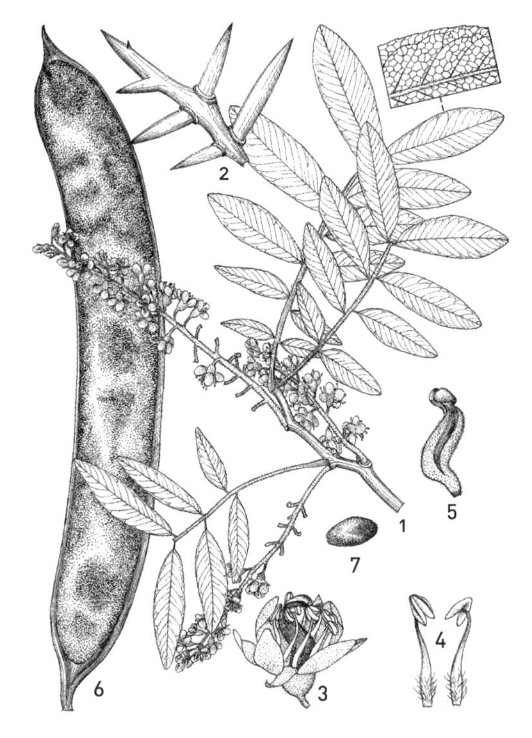

皂荚：1. 花枝；2. 刺；3. 花；4. 雄蕊；5. 雌蕊；6. 荚果；7. 种子。

注 解

①皂荚系豆科落叶乔木，叶为羽状复叶，小叶八至十四片，花为总状花序，形小，淡黄绿色。学名 *Gleditsia sinensis* Lam.。

②生长过旺盛徒长不结实，抑制生长使能开花结实。

棕榈

棕榈①一名鬣葵。木㈠高数丈，直无旁枝，叶如车轮，丛生木杪。有棕皮包于木上㈡，二旬一剥，转复上生。三月间木端发数黄苞，苞中细子成列即花穗，亦黄白色。结实大如豆而坚，生黄熟黑，每一堕地，即生小树。宜植庄㈢园之内。性喜松土，或鸟雀食子，遗粪于地，亦能生苗。秋分移栽，先掘地作坑，用狗粪铺坑底㈣，再以肥土盖之。初种月余，以河水间日一浇，后此随便可也。至㈤其棕之为用，织衣帽褥椅之类甚广。再制为绳索，缚花枝，扎屏架㈥，虽经雨雪，耐久不烂，园圃中极当多植数本者。

校 记

㈠“木”：乾本误作“本”。

㈡“上”：乾本误作“土”。

㈢“庄”：乾本误作“花”。

㈣“底”：乾本误作“地”。

㈤“至”：乾本误作“红”。

㈥“架”：乾本误作“梁”。

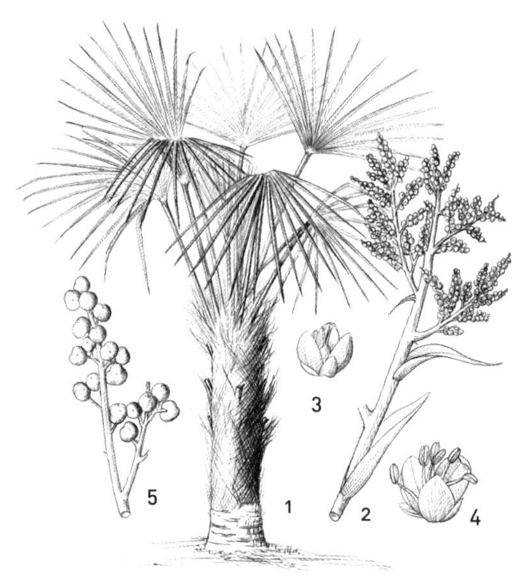

棕榈：1. 植株；2. 雄花序；3. 雌花；4. 雄花；5. 果序。

注 解

①系棕榈科的常绿乔木，产暖地。名见《嘉祐本草》。初夏茎顶自叶腋生分枝的花穗，着生多数黄色小花，有大苞，花被六片，雌雄异株，雄花有六雄蕊，雌花有一雌蕊，多栽培供观赏用。木材坚重，可制床柱、木梳、扇骨等。学名 *Trachycarpus fortunei*(Hook.f.)H.Wendl.。

凤尾蕉

凤尾蕉[①]一名番蕉。产于铁山，江西、福建皆有。叶长二三尺，每叶出细尖，瓣如凤毛之状，色深青，冬亦不凋。如少萎黄，即以铁烧红钉其木上，则依然生活。平常不浇壅，惟以生铁屑和泥壅之自茂。且能生子，分种易活。极能辟火患，人多盆种庭前，以为奇玩。

苏铁：1. 植株；2. 大孢子叶；3. 种子。

注 解

①现名苏铁。系苏铁科常绿木本。花单性，不具花被，雌雄异株；

雄蕊顶生于茎端，多数雄蕊为螺旋状着生于中轴周围，下面具多数药胞，由此以产出精虫，雌花为扁平状而顶生；雌蕊乃为羽裂之叶状体，有褐色绵毛密生，其缘边有裸出胚珠。种子角质，卵形而扁，赤色可食。俗传其高于屋檐齐时，可以避火。学名 *Cycas revoluta* Thunb.。

芙蓉

芙蓉①一名木㈠莲，又名文官、拒霜。叶似梧桐，大而有尖；花有数种，单叶者多；千叶者有大红、粉红、白；惟大红者花大，而四面有心。一种早开纯白，向午桃红，晚变深红者，名醉芙蓉。另有一种黄芙蓉②，亦异品，不可多得者。此花独耐寒，但不结实，亦不必分根。惟在十一月中，将好种肥条剪下，俱段作一尺许长，于向阳地上，掘坑横埋之，仍以土掩③，至二月初，将条于水边篱侧遍插之。插必先将木针钉一穴，填泥浆并粪令满，然后插条，上露二寸许，再遮以烂草，无不全活；且当年即能发花。清姿雅质，独殿群芳，乃秋色之最佳者。昔蜀后主城上尽种芙蓉，名曰锦城。俗传叶能烂獭毛，故池塘有芙蓉，则獭不敢来。其皮可沤麻作线④，织为网㈡衣，暑月衣之最凉，且无汗气。

校 记

㈠“木”：乾本误作“本”。

㈡“网”：乾本误作“纲”。

注 解

①系锦葵科落叶大灌木或亚乔木。学名 *Hibiscus mutabilis* Linn.。又有地芙蓉(《图经本草》)、木芙蓉、转观花(《群芳谱》)等名。

②黄芙蓉即黄槿(《松村植物名录》)。学名 *H. tiliaceus* Linn.，系锦葵科灌木或乔木，多分枝，而少有直干；树皮灰色，有纵裂，嫩叶及花序有短柔毛。花顶生，或为腋生总状花序，有小苞，花冠大，黄色，钟状，中心暗紫色，甚美观。树皮的纤维，可制绳网，为观赏树、防风防湿林的适当树种。在广东又名万年春。

③选取壮旺枝条剪下后即行贮藏，中间用砂，上面再掩土，经过一定时期，愈合组织已逐渐发生，扦插后发根较易，这种方法也叫发根促进法。

④叶及花可供药用，树皮纤维可制绳、织布。

红豆树 相思子

红豆树[①]出岭南，枝叶似槐，而材可作琵琶槽。秋间发花，一穗千蕊[一]，累累下垂；其色妍如桃、杏，结实似细皂角。来春三月，则荚枯子老，内生小豆，鲜红坚实，永久不坏。市人取嵌[二]骰子，或贮银囊，俗皆用以为吉利之物。又有一种，半[三]截红半截黑者，名相思子[②]，土人多采以为妇人首饰。

校记

(一)“蕊”：乾本误作“之”。

(二)“嵌”：乾本误作“欺”。

(三)“半”：乾本误作“一”。

注解

①即软荚红豆，为豆科乔木，高三丈至三丈六尺，别名相思豆（《本草纲目》）。学名 *Ormosia semicastrata* Hance。王维诗：“红豆生南国，春来发几枝。愿君多采撷，此物最相思。”即指此。种子单生，较大，鲜红色。

②按即光海红豆或名孔雀豆。学名 *Adenanthera pavonina* Linn.。树高五六丈，荚果有种子八至十五颗，种子可作念佛珠或装饰。

红豆树：1. 花枝；2. 果枝；3. 花瓣；4. 去花瓣的花，示雄蕊和雌蕊；5. 荚果（展开）；6. 种子。

木兰

木兰[①]一名木莲，一名杜兰，生零陵山谷及泰山上。状如楠树，高数丈，枝叶扶疏。皮似桂而香；叶似长生，有三道纵纹；花似辛夷，内白外紫，亦有红、黄、白数种。交冬则荣，亦有四季开者，实如小柿，甘美可食。

注 解

①系木兰科的落叶乔木，我国原产，名见《本草经》。学名 *Magnolia denudata* Desr.。

茶梅花

茶梅[①]非梅花也。因其开于冬月，正众芳凋谢之候，若无此花点缀一二，则子月几虚度矣。其叶似山茶而小，花如鹅眼钱而色粉红，心深黄，亦有白花者，开最耐久，望之雅素可人。

注 解

①系山茶科的常绿乔木，一名玉茗。秋冬间开花，野生种白色；栽培种有淡红色或深红色和红白交错等；又有单瓣和复瓣的分别。名见《广群芳谱》。学名 *Camellia sasanqua* Thunb.。

攀枝花

攀枝花[①]一名木棉。产于南越，树类梧桐，高四五丈。叶类桃而稍大，花似山茶，开时殷红如锦。结实大如酒杯，絮吐于口，即攀枝花。土人取其实中絮铺褥甚软美，但不可作棉线。若树上有取不尽者，犹如柳絮，即飞扬四散矣。

注 解

①系木棉科的落叶乔木，在广州附近极常见，当地人叫它“红棉”。春日先叶开花。花大而色红，极美丽。树势壮健，又名英雄树。学名 *Bombax ceiba* Linn.。

桕

桕[①]一名乌桕[㈠]，一名桕柳。出浙东、江西。树最高大，叶如杏而薄小，淡绿色，可以染皂。花黄白，子黑色，可以取蜡为烛。其子中细核，可榨[㈡]取油，止可燃灯油伞，不可食，食则令人吐泻。木必接过方结子，不接者，虽结不多。秋晚叶红可观，亦秋色之不可少者。

校 记

㈠“桕”：乾本误作“柏”。

㈡“榨”：乾本误作“笮”。

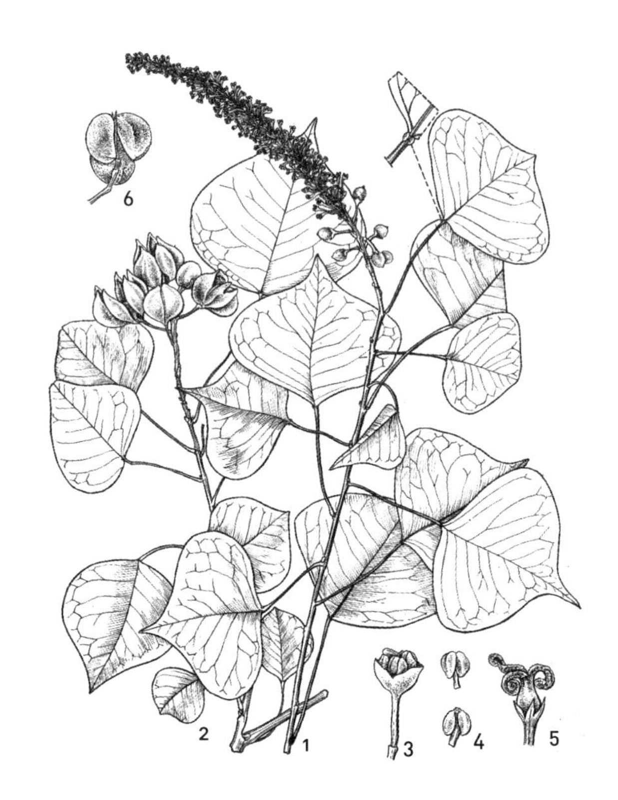

乌桕：1. 花枝；2. 果枝；3. 雄花；4. 花药；5. 雌花；6. 开裂的蒴果。

注 解

①系大戟科的落叶乔木，名见《唐本草》。初夏枝梢开花，雄花排列成细穗状花序，雌花二三朵着生于花序的基部，花粉有毒。学名 *Sapium sebiferum*(Linn.) Roxb.。

石楠

石楠[①]昔杨妃名为端正木，南北皆有之。树大而婆娑，其质甚坚。叶如枇杷，有小刺而背无毛，名曰鬼目。春尽开白花成簇，秋结细红实，冬有二叶为花苞，苞既开，中有五十余花，大小如椿花，甚细碎，每一包约弹子大而成球。一花六叶，一朵有七八球，淡白红色，叶本微淡赤色，花既开蕊满花，但见叶，不见花。花才罢，来年绿叶始落，渐生新叶。缘叶密多荫，人皆移植庭院间。清明时红叶堕地，小儿拾为冠带嬉戏，蜀中一种最大者可数十围，中梁柱之用，小者为梳最精。

石楠：1. 花枝；2. 果枝；3. 花；4. 花纵剖面观，示雄蕊、雌蕊与花萼的关系；5. 梨果；6. 种子。

注 解

①系石楠科常绿灌木。学名 *Photinia serrulata* Lindl.。干高八九尺，叶革质，长椭圆形，叶面滑泽，常集生于梢头。初夏枝梢簇生多数中型的花，淡红色，很美丽，雄蕊十枚，雌蕊一枚。供观赏用。名见《本草经》。或作蔷薇科石楠属。

铁树

铁树①叶类石楠，质理细厚，干、叶皆紫黑色。花紫白如瑞香，四瓣，较少团，一开累月不凋，嗅之乃有草气。因忆古人尝见事或难成，便云："除须铁树开花"，疑无是树，及至驯象卫殷指挥园中，见有此树。高可三四尺，询其名，则曰"铁树"。每遇丁卯年便放花，其年果花。移置堂上，治酒(一)欢饮，作诗称贺。若非到此目睹，则安知真有是木耶？及闻海南人言，此树黎州极多，有一二尺长者。叶密而花红，树俨类铁，其枝丫穿结，甚有画意，盆玩最佳。但人所罕见，故称奇耳。五台山有铁树[2]，每年六月开花。

校 记

㈠“治酒”：乾本误作“酒治”。

注 解

①属天门冬科。或名朱蕉、朱竹（《南越笔记》）。茎高六七尺，少分枝，叶聚生于茎顶，干叶紫红黑色。花近无柄，互生于分枝上而成一广阔的圆锥花序，淡红色至青白色，间有淡黄色。果实为红色浆果。多栽培供庭园观赏。学名 *Cordyline terminalis* Kunth。

②按榔榆 *Ulmus parvifolia* Jacq. 在福建也叫铁树。也有称赤珊瑚（*Euphorbia tirucalli* Linn.）为铁树的。

冬青 细叶冬青、水冬青

冬青[1]一名万年枝。树似枸骨，枝干疏劲。叶绿而亮，隆冬不枯，可以染绯。庄园径路，多排直而种，号曰冬墙。夏开小白花，而气味不佳。花含蕊必雨，花落后必晴。结子圆而青，名曰女贞。实可以酿酒。子坠地即生苗，移植易活。欲其茂盛，须用猪粪壅，再以猪溺浇，虽至凋瘁复荣。一种细叶冬青[2]，枝条细软，乘小时种旁篱边用以密编，可蔽篱眼，坚久如壁。又一种水冬青[3]，叶细而嫩，利于养蜡子，取白蜡。宋徽宗试画院诸生，以万年枝上太平雀为题，无一知

冬青：1. 花枝；2. 果枝；3. 雄花；4. 雄花解剖，示花萼和退化雌蕊；5. 雌花；6. 雌花解剖，示雌蕊和花萼；7. 核果。

者；及扣之，冬青也。洪武时，杭城各街市，比屋植冬青，亦取吉祥之意。

注 解

①即冬青树，系木樨科常绿小乔木，树高二三丈。学名 *Ligustrum lucidum* W. T. Ait.，山野自生或栽培在庭园里。

②树较前种小，高不过五六尺。学名 *L. japonicum* Thunb.，供观赏，常栽作篱笆。

③即水蜡树(《闽书》)，系木樨科落叶灌木，树高五六尺。叶长椭圆形，对生；叶柄有毛。五月间，枝梢抽穗，缀生小花，白色；花后结紫黑色椭圆形小果。叶适于饲养白蜡虫。学名 *L. Obtusifolium* Sieb. & Zucc.。

榆 刺榆

榆类种多，叶皆相似，但皮及木理有异。刺榆[①]如柘，有刺，其叶如榆。嫩时沦为蔬羹，滑于白榆[②]。白榆初春先生荚，名曰榆钱，最可观，亦可做羹。至冬实老，可酿酒，亦可作酱。荒岁其皮磨为粉可食，亦可和香末作糊。榆面如胶，用粘瓦石，极有力。

注 解

①刺榆系榆科落叶乔木或灌木，又名枢(《诗经》)。学名 *Hemiptelea davidii* Planch.。小枝带毛，淡红褐色，具刚刺。花与叶同时展放。果实呈歪锥形，背面具翅。木材致密，可供制器具。

②白榆系榆科落叶小乔木或灌木。学名 *Ulmus pumila* L.。喜生于山麓河边和低湿的平原。木材坚硬可供建筑和制造器具。叶可加工做成食品。三四月间先叶开花，果实倒卵形。

榆树果枝。

卷四　花果类考

是编乃将原列入花木类之梅、樱桃、杏、桃、李、梨、木瓜、棠梨、郁李、林檎、柰、文官果、山楂、柿、橘、橙、金柑、香橼、佛手柑、石榴、枣、杨梅、橄榄、荔枝、龙眼、椰子、银杏、胡桃、枳椇、无花果、枇杷、栗、榛、榧、天仙果、古度子、扬摇子、波罗蜜、菩提子、人面子、都念子、木竹子、韶子，藤蔓类之葡萄、猕猴桃、蘡薁、苌楚，以及花草类之芭蕉等既有好花又有佳果之植物并为一类，使更利于考查研究。

——校注者

梅

梅[①]一名柟，一名藤。叶、实、花俱似杏差小，而花独优于杏。昔范石湖[②]有梅谱，约九十余种，大抵一花二三名者多，今特取其山林常有而人所常植者二十种，详释于后。梅本出于罗浮、庾岭[㈠][③]，喜暖故也。而古梅多着于吴下，吴兴、西湖、会稽、四明等处，每多百年老干，其枝樛[④]曲万状，苍藓鳞皴，封满花身，且有苔须垂于枝间，长寸许，风至，绿丝飘动。其树枝四荫，周遭可罗坐数十人，好事者多载酒赏之。盖梅为天下尤物，无论智、愚、贤、不肖，无不慕其香韵而称其清高。故名园、古刹，取横斜疏瘦与老干枯株，以为点缀。早梅冬至前即开，晚梅春分时始放，如多植，则相继[㈡]而开最久。性洁喜晒，浇以塘水则茂，肥多生蛴；但结实微酸，而酸之功用甚广，人多取焉。食若畏酸，同韶粉[⑤]嚼，则味不酸而牙不软，或以胡桃肉解齼。

附梅花释名　共二十一种[⑥]。

诸色梅

绿萼梅（凡梅跗蒂皆绛紫，此独纯绿），重叶梅（花头甚丰，千叶，开如小白莲），玉蝶梅（花头大而微红色，甚妍可爱），冠城梅（单叶者实大，五月熟；千叶者实少），消梅（即江梅，花与冠城相似，实微甘而脆），照水梅（花开朵朵向下，而香浓，亦梅中奇品），鸳鸯梅（重叶数层，红艳轻盈，一蒂双实），黄香梅（一名缃梅，花小，而心瓣微黄，香尤烈），品字梅（一花结三实，但其实小，不堪啖），红梅（千叶，实少，来自闽湘，有福州红、潭州红名），杏梅（花色淡红，实扁而斑，其味似杏），墨梅（此系楝树所接江梅，而花成淡墨色者），丽枝梅（花繁而蒂紫，但结实不甚大），冰梅（实生，叶鏬而不花，色如冰玉，无核，含自融），鹤顶梅（花如常梅，惟实大而红），冬梅（结实甚小，十月可用，不能熟），九英梅（此花为白乐天杜子美所赏鉴），朱梅（较之千叶红梅，色更深而艳），江梅（白花檀[㈢]心紫蒂，王荆公称为花御史），台阁梅（花开后，心中复有一小蕊再放出），榔梅（出均州太和山，相传真武折梅枝插榔树上，誓曰：吾道若成，花开果结，后榔果花梅结实，至今尚在五龙宫北）。

校　记

㈠“庾岭”：善成堂本误作“便岭”。

㈡“相继”：善成堂本作“相续”，中华版作“相互”，按以花说堂版“相继”为合。

㈢“檀”：乾本误作“楠”。

注 释

①原产我国，别名杭（《尔雅》），学名 *Prunus mume* Sieb. et Zucc.。属蔷薇科，是一种优美的观赏植物，又是一种具有经济价值的果树。《诗经》：“摽月梅，其实七兮。”据此可知我国栽培已经有二千五百年以上的历史。日本的梅是由我国传去的。

②范成大，号石湖居士，字致能，吴兴人，著有《范村梅谱》，所列有十一种，连同异名共九十七种。本书说有九十余种，疑系笔误。

③梅原产西南山区，目前四川、湖北交界的山岳地带，四川大渡河上游丹巴县海拔一千九百米至二千米山谷地带，雅砻江流域会理县拔海一千九百米山间台地等，都有野梅生长，广西兴安山区上也有不少梅树野生于山谷中。庾岭、罗浮，古代也是盛产梅的山区。其花最清雅，盛开时满园香雪，古来诗人每多吟咏。

④樛，通作朻，就是木曲的意思。

⑤可能是韶子粉，韶子是无患子科的植物。

⑥梅的品种，据《西京杂记》载：“汉，上林苑有侯梅、朱梅、紫花梅、同心梅、紫蒂梅、丽枝梅、胭脂梅。”由此可知，在两千年以前已有很多品种了。近人将梅花品种分为十个品系：一、骨里红系：如朱梅、绯梅、墨梅等。二、绿萼系：结蕾时萼成软绿色，有重瓣单瓣等品种。三、台阁系：一名宝珠梅，开花时有一花珠，有红色及淡黄色品种。四、鹤顶系：系古代品种，花重瓣，果实最大。五、垂枝系：

梅树：1. 花枝；2. 果枝及叶；3. 花纵切面观，示雄蕊、雌蕊和花被的关系；4. 雄蕊；5. 雌蕊；6. 果肉纵切面观，示果核。

树枝像柳树枝一样下垂，有单瓣、重瓣，红色和白色等品种。六、江梅系：一名野梅。花单瓣，灰白色，富清香。苏州邓尉山、杭州塘栖及古来的梅花胜地，大块梅林栽培的品种大都属于本品系。七、龙梅系：枝条屈曲异常故名。八、锦叶系：叶缘有一线紫金色的条纹。九、常梅系：果实在枝上经久不落。十、杏梅系：花大，单瓣，果实像杏子。

樱桃 附千瓣樱花

樱桃①一名楔。又有荆桃、含桃（谓鸟喜含）、崖蜜、蜡樱（色皆黄）、朱英（色赤）、麦英数名。此木得正阳之气，故实先诸果而熟，礼荐宗庙，亦取其先出也。本不甚高而多荫，春初开白花，繁英如雪，其香如蜜。叶圆有尖，边如细齿，结子一枝数十颗，有朱、紫、蜡三色②。又有千㈠叶者③，其实少。但果红熟时，必须守护，否则为鸟雀白头翁所食无余㈡也。枝节间有根须垂下者，二月间㈢取栽于肥土中，常以粪浇之即活。若阳地种者，还种阳地；阴地种者，还种阴地，不可用粪。实熟时，常张苇箔以护风雨，一经雨打，则虫自内生，人莫之见，须用水浸良久，候虫出，方可食。

校 记

㈠“千”：乾本误作“牙”。

㈡“余”：各版均误作“移”。

㈢“间”：乾本误作“开”。

注 解

① 蔷薇科樱亚属。学名 *Prunus pseudocerasus* Lindl.。本种为我国通常栽培的樱桃，花先叶而开，白色，每三朵至六朵，合成无梗的花簇，或为有梗的总状花序。是很好的观赏树木。三月开花，四月实熟。枝、叶、根、花也可供药用。

② 据苏颂曰：“樱桃熟时红色

樱桃：1. 果枝；2. 花枝。

者，谓之朱樱；紫色皮里有细黄点者，谓之紫樱，味最珍贵。又有正黄色者，谓之蜡樱；小红者，谓之樱珠。味皆不及。”

③ 即樱花，别称山樱桃。学名 *Prunus serrulata* Lindl.，产长江流域，久经栽培，花有重瓣及半重瓣的，花色也有多种。变种有重瓣白樱花、山樱花、毛樱花等。除白色以外，也有红色，极为美观。

杏 附巴旦杏

杏花[①]有二种：单瓣与千[(一)]瓣。剑州山有千叶杏花，先红后白，但娇丽[(二)]而不香。树高大而根生最浅，须以大石压根，则花易盛，而结实始繁。其核可种，而仁不堪食；其可食者，系关西巴旦杏[②]（一云八丹），实小而肉薄，核内仁独甘美，点茶上品。梅杏[③]黄而带酢，沙杏甘而有沙，木杏扁而青黄，奈杏青而微黄。又一种金杏，圆[(三)]大如梨，深黄若金橘。每种将核带肉埋[(四)]于粪土中，任其长大，来年须移栽。若不移过，则实小味苦。又不可栽密[(五)]，密则难长少实。昔李冠[(六)]卿家有杏，花多不实，一媒姥见而笑曰：“来春与嫁此杏。”冬[(七)]至忽携一樽酒过云：“婚家撞门酒也。”索处子红裙系树，祝曰：“青阳司令，庶汇惟新；木德属仁，更旺于春；森森柯干，簇簇繁阴；我今嫁汝，万亿子孙。”明年结子果多，相传为韵事[④]。

杏树：1. 花枝；2. 果枝。

校 记

(一)“千”：善成堂版误作“手”。
(二)“丽”：善成堂版误作“鹿”。
(三)“圆”：乾本误作“同”。
(四)“埋”：乾本误作“理”。
(五)“密”：乾本误作“蜜”。
(六)“李冠”：乾本误作“克剋”。
(七)“冬”：乾本误作“各”。

注 解

①系蔷薇科的落叶果树，原产我国。花鲜艳，至堪观赏。果实供鲜食及加工。在华北、西北和东

北，分布极广；不论平原、高山、丘陵、沙荒以及田边路旁，到处都有栽植。普通杏学名 *Prunus armeniaca* L.。变种有山杏、斑叶杏、垂枝杏等。

②通称扁桃。学名 *P. Communis* Arcang.。供观赏用的变种有：彩叶扁桃、白花扁桃、紫花扁桃、粉红扁桃、垂枝扁桃等。

③杏的栽培品种很多。梅杏果实大，果皮果肉橙黄色，为鲜食优良品种；沙杏果皮底色橙黄，有透明的油斑，阳面暗紫红色，具红色斑点；金杏果皮金黄色，阳面鲜红，极艳丽，除鲜食外又宜加工。沙杏肉较粗，此外尚有大接杏、大偏头杏、蜜香杏、串枝红等。

④系一种迷信。

桃

桃①为五木之精，能制百鬼，乃仙(一)品也。随处有之。枝干扶疏，叶狭而长，二月开花，有红、白、粉红、深红之殊。他如单瓣大红、千瓣粉红、千瓣白之变，烂缦芳菲，其色甚媚。花最易植，木少则花盛、实甘、子繁。性早实，三年便结子。六七年即老，结子便细。十年后多枯。其皮最紧，若四年后，用刀自树本竖劙(二)其皮，至生枝处，使胶尽出，则皮不胀不死，多有数年之活。传云千岁桃，岂寻常之物，惟仙家称之。究竟桃无久寿，而种类甚多②，详载于后。种法：取佳种熟桃③，连肉埋(三)粪地中，尖头向上，覆熟肥土尺余④，至春发生，带土移栽别地则旺；若仍在粪地，则实小而苦。凡种桃浅则出，深则不生，故其根浅不耐久。近得所传云：于初结实次年，砍去其树，复生又(四)斫，又生；但觉生虱(五)即斫，令复长，则其根入地深，而盘结自固，百年犹结实如初。又桃实太繁，则多坠。于社日舂根下土，石压其枝则不落。桃子若生虫，以煮猪(六)首淡汁冷浇之，自无。如生蚜虫，以多年竹灯挂悬树梢间，则虫自落。⑤

附桃花释名 共二十四品。

诸色桃

日月桃（其种一枝有二花，或红或白），昆仑桃（一名王母桃，出洛中，表里皆赤，冬熟），巨核桃（霜下始花，大暑方熟，出常山），瑞仙桃（花最稠密其色则深红），人面桃（花粉红，千叶，少实，又名美人桃），毛桃（《尔雅》名褫桃，小而多毛，粘核，味劣不堪），绯桃（即苏桃，花如剪绒，比诸种开迟，色艳），金桃（出太原，形长色黄，以柿子接之，遂成金色），鸳鸯桃（千叶深红，开最后，结实必双），银桃（单叶，实圆，色青白，肉不粘核，六月中熟），李桃（单叶，深红花，实圆色青，肉不粘核），雪桃（即十月桃，花红，形圆，色青肉粘核，味甘酸），水蜜桃（出上海顾氏家，其味甜如蜜），油桃（出汴中，花深红，实小，有赤斑点，光如涂油），新罗桃（单叶，红花，其子可实，性独热），扁桃（出波斯国，形扁而肉涩，核如盒，味甘在仁），雷震红（雷雨过，辄见一红晕，更为难得），鹰嘴桃（花红，实在六月熟，有尖如鹰嘴状），饼子桃（单叶，红花，实状如香饼，味甘），墨桃（花色紫黑，似墨葵，亦异种难得者），白碧桃（单叶千叶二种，惟单叶结实繁），胭脂桃（单叶红花，结实，至熟时，其色如胭脂），寿星桃（树矮而花千叶，实大，可作盆玩），羊桃（出自福州，其实五瓣色青黄）。

校 记

㈠“仙”：乾本误作“伯”。

㈡“竖劚”：乾本误作“监剂”。

㈢“埋”：乾本误作“理”。

㈣“又”：乾本误作“父”。

㈤“虱”：乾本误作“风”。

㈥“猪”：乾本误作“狗”。

注 解

①属蔷薇科的落叶果树。原产我国的西北和西部，栽培历史已有三千年以上。远在公元前，《诗经·周南》就首先用简洁美丽的诗句：“桃之夭夭，灼灼其华”，描写桃树开花结果的状况。《尔雅·释木》记载：“旄，冬桃”“榹，山桃”。民间流传的神话中描述它为美丽可爱的“仙果”。学名：普通桃 *Prunus persica* Stocke、山桃 *P. Davidiana* Franch、光核桃 *P. mira* Koehne。桃在汉时，由甘肃、新疆传至波斯，后又由波斯传至欧美各国，

桃树：1. 果枝；2. 花；3. 果实；4、7. 果实纵切面；5. 果核；6. 果实；8. 果核。

日本的桃，早年亦由我国传去。

②普通桃中即有三个变种如蟠桃、油桃、寿星桃等。

③参照《齐民要术》补充了“佳种”及“尖头向上”等字，指出用实生繁殖必须选择佳种（质量优良、生长健壮、丰产），播时尖头向上，使发芽容易。

④《农政全书·树艺》载：“……厚覆之，令厚尺余，至春桃始动时，徐徐拨去粪土，皆因生芽合取核种之，万不失一。”

⑤按《群芳谱》载：“如生小虫如蚊，俗曰蚜虫，虽桐油洒之不能尽除，以多年竹灯檠挂悬树梢间，则虫自落，甚验。”

李

李树[①]大者有一二丈，性较桃则耐久，可活三十余年。老枝虽枯，子亦不细。花白小而繁，多开如雪。其实名不一[②]，有木李、青宵、御黄、均亭、夫人（皮青，肉红），皆李之上品也。紫粉、小青、白李、杏李、马肝、牛心、扁缝、鼠精、朱李、糕李（肥黏似糕），乃李之下品也。又麦李，红而甜（麦秀即可食），至结实，有离核、合核、无核之异。俗传种桃宜密，种李宜稀。其分根种接之法，皆与桃同，故不赘。但培壅宜猪粉，不可用粪。如少实，于元旦五更，将火把四面照看，谓之嫁[㈠]李[③]，当年便生。若以桃接，则生子红而甘。

校 记

㈠“嫁”：各版均作“稼”字，与十二月事宜“嫁李”的“嫁”字不同。《齐民要术》“嫁枣”，亦用“嫁”字，按应以“嫁”字为合。

注 解

①原产我国，系蔷薇科的落叶果树，并可作观赏用。我国三千年以前已有栽培。学名 *Prunus salicina* Lindl.。

②《齐民要术》载：“今世有木李，实绝而美；又有中植李，在麦谷前而熟者。”梁陶弘景《本草注》有：“姑属有南居李，解核如杏形者。”元《王桢农书》载：“北方一种御黄李，形大而肉厚核小，甘香而美；江南建宁有一种均亭李，紫而肥大，味甘如蜜；有擘李熟则自裂；有糕李肥粘如糕，皆李之嘉美者也。”《本草纲目》载：“诸李早则麦黄，御李四月熟，迟则晚李，冬季十月、十一月熟。”清《抚郡农产考略》：“实月内红、外红、麦黄、柿饼、茅包

锦诸名，柿饼李最大，茅包锦李味最佳。”本书所举品种已见于前者，有木李、御黄、均亭、麦李（即麦黄）等。杏李系属另一种，本种原产北京怀柔一带，主要品种有香扁、荷包李、雁过红、腰子红等。牛心李分布在黑龙江省，八月上中旬成熟。

③与十二月事宜整顿项下所说“嫁李用长竹竿打李树梢，则结实多”有所不同。可能也是除虫方法之一，但一定在元旦五更，仍属迷信传说。

梨

梨[①]一名果宗，一名玉乳，处处有之。其木坚实，高有二三丈，枝叶扶疏，似杏而微厚大。二月开花六出，似李花稍大，有红、白二色，香不香之别。上巳日无风，则结实必佳。其果名不一[②]，有紫花梨、细叶梨、芳梨（实小）、青梨（实大）、朐山梨、大谷梨、张公梨（夏熟）、御儿梨、韩梨、蜜梨、甘棠梨、鹅梨（皮薄，浆多而香）、秋白梨、红消梨（出萧县）、太师梨、乳梨（出宣城，皮厚而肉实）、稻梢梨、罨罗梨、棒槌梨（因其形似）、香水梨（出北地，为上品）、压沙梨、榅桲梨、凤栖梨、绵梨、水梨（最小）、赤梨、鹿梨（叶如茶而实小，出山西信州）、紫梨（花以秋日开，红色），以上诸品，或形色，或香味，种种不同。每颗生十余子，种之惟一二生梨，余皆生杜[③]。植法：用最熟大梨，全埋经年[④]，至来春生芽，次年分栽之，多着肥水，及冬叶落，附地刈杀之，以炭火烧头，二年即开花。接法：在春、秋二分时，用桑木[㈠]或棠梨或杜接过，其实必大[⑤]。《史记》云：“淮北荥阳[㈡]河济之间，家植千树梨，其人与千户侯等。”又夷陵山中，多红梨花，且有千叶者，时司马温公曾作诗赞之。昔梁绪于开花时，折花簪多，压损帽檐，至头不能举，人为美谈。

白梨：1. 花枝；2. 花（背面观）；3. 梨果。

校 记

㈠“木”：花说堂版作“本”。

㈡“荥阳”：花说堂版作“荥阳”，善成堂版、中华版均误作“柴南”。

注 解

①系蔷薇科梨属，又有快果、蜜父等名。原产我国的约有九种：即秋子梨、白梨、沙梨、麻梨、滇梨、褐梨、豆梨（鹿梨）和川梨等。梨在《礼记》上已有记载，可知周秦时代已作经济作物栽培，所以我国栽培历史已有三千多年。梨果实味甜多汁，并有芳香，如能将早、中、晚熟种配合栽培，则开花期长，满树香雪，极为美观，而且果实几乎全年都有供应了。梨除鲜食外还可加工。

②主要有秋子梨 *Pyrus ussuriensis* Maxim. 分布于东北地区，白梨 *P. Bretschneideri* Rehd. 分布在华北地区，沙梨 *P. Pyrifolia* Nakai 主要分布于长江流域以南各省及淮河流域一带，各有许多品种。《西京杂记》（公元三世纪）载：“上林苑有紫梨、芳梨、青梨、大谷梨、细叶梨、紫条梨、瀚海梨。”可知我国古代培育了不少珍贵的梨品种，近百年来又传入洋梨。

③原出《齐民要术》，这里除记述了梨树的实生法外，还说明了实生变异情况，从而得以选出新种。杜，即杜梨。

④《齐民要术》原载：“种者，梨熟时全埋之。经年，至春，地释，分栽之，多着熟粪及水。至冬，叶落，附地刈杀之，以炭火烧头。二年即结子。”即是说播种到第二年春解冻后，可分栽，要施足肥、水，等到冬季落叶，刈去上部，用炭火灼伤口，再过两年，就可结实。

⑤按《齐民要术》原文“插法：用棠、杜。棠，梨大而细理；杜，次之；桑，梨大恶。”插法即指嫁接，用棠或杜作砧，用棠砧接的，果大肉细密；杜砧接的较差，桑砧接的最劣。至于棠、杜的分别，《诗经·召南·甘棠》朱注：“甘棠，杜梨也。白者为棠，赤者为杜。”《本草纲目》棠梨释名：“……或云牝者杜，牡者棠；或云涩者杜，甘者棠，杜者涩也，甘者糖也。三说俱通，末说近是。”从以上记载看来，杜梨、棠梨、甘棠、赤棠等名称，自古就有混淆，无怪现在华北、西北地区，最常见的，也是最习用作梨砧木的一种野生梨（*Pyrus betulifolia* Bunge），有些地方叫杜梨，有些地方叫棠梨了。

木瓜 木李、木桃

木瓜[1]一名楙，一名铁脚梨。独兰亭宣城者为最。树高丈余，叶厚而光，状如海棠及柰。春深未发叶，先有花，其色深红，微带白。实大如瓜，小者如拳，皮黄，似着粉，香最幽甜而津润。有鼻者木瓜，无鼻而涩者木李[2]，比㈠木瓜小而酢涩者木桃[3]。惟木瓜香而可食，宣州人种满山谷，每实将成，好事者镂纸花粘瓜上，夜露日照，渐变红花色矣。其文如生，本州用充土贡，名为花木瓜。树可以子种，亦可接、压。在秋社前后移栽者，较春栽更盛耳。畏日、喜肥，更宜犬粪。其直枝可作杖，谓老人策㈡之利筋脉。实可浸酒，或蜜渍为果亦佳。蜜渍法：先切去皮，煮令极熟，多换水浸，使拔去酸涩之味，然后用生蜜熬成煎，将木瓜晾干，投于蜜瓶中藏之，经久不坏，而香馥犹存。昔天台山石罅，有木瓜一株，花时一巨蛇盘其上，至实落供大士后乃去，号为护圣瓜。

校 记

㈠“比”：乾本误作“此”。

㈡“策”：乾本误作“荣”。

注 解

①蔷薇科木瓜属落叶灌木或小乔木。学名 *Chaenomeles sinensis* Koehne。名见《尔雅》。叶椭圆状卵形，先端尖锐，边缘有锯齿，嫩叶背面有茸毛；托叶披针形，花单生或簇生，先于叶或与叶同时开放；花形大、五瓣，淡红色，美观。果实长椭圆形，十月成熟，供加工及药用。

②木李即榠楂（《图经本草》），或名榲桲（《开宝本草》）。学名 *Cydonia oblonga* Mill.，系蔷薇科榲桲属落叶有刺灌木或小乔木；叶全缘，花白色或淡红色，单生于

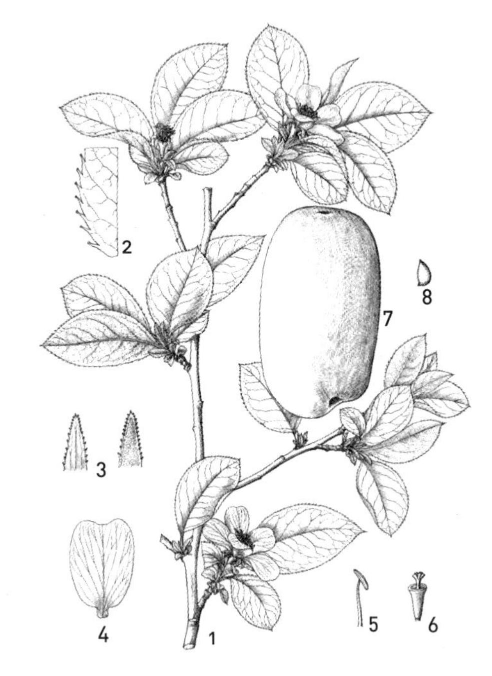

木瓜：1. 花枝；2. 叶局部，示边缘刺芒状锐锯齿及齿尖的腺体；3. 萼片顶端；4. 花瓣；5. 雄蕊；6. 雌蕊；7. 梨果；8. 种子。

有叶嫩枝的顶端，果实洋梨形，大二寸左右，有芳香，黄色，外面有茸毛，十月成熟，供食用及药用。苗作为梨类的砧木。

③木桃，名见《诗经》，系贴梗海棠的变种。学名 *C. lagenaria* Var.*cathayensis* Rehd.。高八九尺，叶小，椭圆状披针形，边缘有尖密锯齿，花黄赤色或白色。果实小，色微黄，味酸。

棠梨

棠①一名棠球，即棠梨也。树如梨而小，叶似苍术，亦有圆者，三叉者边有锯齿，色黪白。二月开小白花，实如小楝子，生青熟红，亦有黄白者，土人呼为山查果。味酸为涩，采之入药，兼可制为糖食。取花日干，瀹之亦能充㈠蔬，若以此接换梨，或林檎与西府㈡海棠，气质极其相宜。

校 记

㈠“充”：各版均误作“克”。

㈡“府”：中华版误作“湖”。

注 解

①蔷薇科棠梨属落叶乔木，名见《本草纲目》。学名 *Pyrus betulifolia* Bge.。叶菱状以至椭圆状卵形，先端尖，边缘有锐锯齿；花序以花八至十朵合成，白色；果实小，球形，褐色，有斑点，具深根性。对风土适应性强，除供观赏外，苗可作梨及苹果的砧木。

棠梨果枝。

郁李

郁李①一名棠棣，又名夫移，喜梅，俗呼为寿李。树高不过五六尺，枝叶似李而小，实若樱桃而赤，味酸甜可食。其花反而后合，有赤、白、粉红三色。单叶者子多，千叶者花如纸剪簇成，色最娇艳，而上承下覆，繁缛可观，似有亲爱之意，故以喻兄弟。周公昔赋棠棣，即此。性洁喜暖，春间宜栽高燥处，浇以清水，不用大肥，仁可入药[②]。

注 解

①蔷薇科樱桃属。名见《本草经》。又有薁李（诗疏）、雀梅（《群芳谱》）等名。另有多叶郁李，为郁李之一种，花复瓣，白色或红色，颇美观，名见《本草纲目》。学名 *Prunus japonica* Thub.。

②郁李仁，有润燥滑肠作用，并能利水消肿。

郁李：1. 枝叶；2. 花枝；3. 花纵切面观，示花被、雄蕊和雌蕊的关系；4. 核果。

林檎

林檎[①]一名来禽（因其能来众鸟于林），一名冷金丹，即柰之类也。二月开粉红花，似西府，但花六出。实[一]则圆而味甘，非[二]若柰之实长而味稍苦，果之香甜可口。五月中熟者，蜜林檎为第一。金林檎以花为重。唐高宗时，李谨得五色林檎以贡（有金红水蜜黑五色之异），帝悦，赐谨以文林郎，因名为文林郎果。但此木非接不结，多以柰树搏接之。其法与接梨同。腊月可将嫩条移栽，若树生毛虫，埋蚕蛾于树下，或浇鱼腥水可除。好事者以枝头向阳好实，于未成熟时剪纸为花，贴于其上。待红熟时，犹若花木瓜样，

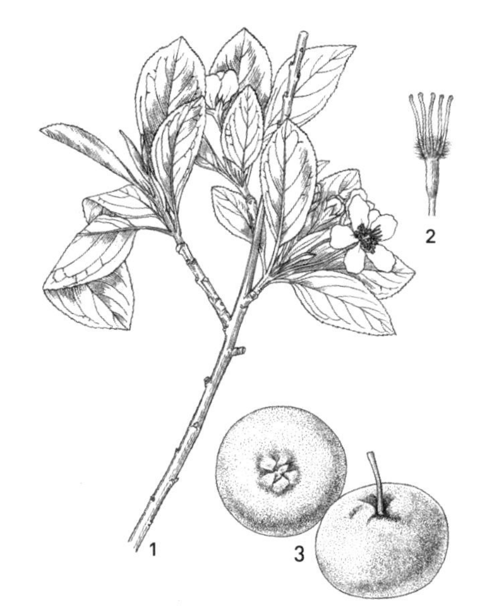

花红：1. 花枝；2. 雌蕊；3. 梨果。

入盘饤可爱。又四月收林檎一百，内取二十枚搥碎，入水同煎候冷，纳瓮中浸之，密封其口，久留愈佳。

校记

㈠“出。实”：乾本误作“山。贵”。

㈡“非”：乾本多一非字，误作“非非”。

注释

①蔷薇科梨属，名见《开宝本草》。现名“沙果”，又名花红。学名 *Malus asiatica* Nakai，我国西北原产，栽培历史很久，类型极多，各地名称互异。例如河北的槟子、柰子，山东的冬果、秋果、夏果，陕西的红果，甘肃的红檎、紫檎等都属于本种。

西府海棠

西府海棠①，一名海红。树高一二丈，其木坚而多节，枝密而条畅，叶有类㈠杜，二月开花，五出，初如胭脂点点然，及开，则渐成缬晕明霞，落则有若宿妆淡粉。蒂长寸余，淡紫色，或三萼五萼成丛，心中有紫须。其香甚清烈，至秋，实大如㈡樱桃而微酸。宜种垆壤膏沃之地。如花谢后结子，即当剪去，则来年花盛而叶迟可爱。若以棠梨接之即活。又一种黄海棠，叶微圆而色青，初放鹅黄色，盛开便浅红矣。

校 记

㈠“类”：乾本误作“红”。

㈡“大如”：乾本误作“如大”。

注 解

①系蔷薇科苹果属小乔木，树态峭立，花淡红紫色，很美丽。学名 *Malus micromalus* Mak.，又名小果海棠。原产我国，分布于西北、华北、东北。一般供观赏用。有些果形较大的品种，可供加工，如北京的蜜饯海棠果。在华北、陕北作为苹果的砧木。八棱海棠是河北怀来特产，果味甜多汁，可生食。

柰

柰[1]一名苹婆(系梵音，犹言端好也)，江南虽有，而北地最多。与林檎同类。有白、赤、青三色。白为素柰，凉州有大如兔头者。赤为丹柰，青为绿柰，皆夏熟。凉州又有一种冬柰，十月方熟，子带碧色。又上林苑有紫柰，大如升，核紫花青，其汁如漆，着衣便不可浣，名脂衣柰，此皆异种也。西方柰多，家家收切，曝干为脯，数十百斛以为蓄积，谓之苹婆粮。

注 解

①柰是我国苹果的古名，又名苹婆、苹婆果、苹果，系蔷薇科苹果属。学名 *Malus pumila* Mill.。查晋代的《广志》说："西方例多柰，家家收切曝干为脯，数十百斛以为蓄积，谓之苹婆粮。"这里可以看出柰就是苹婆。唐代《酉阳杂俎》说："白柰，出凉州野猪泽，大如兔头。"这是说明凉州（武威）白柰的果实是很大的。明代的《学圃杂疏》载："北土之苹婆果，即花红一种之变也。"又《本草纲目》说："柰，一名苹婆。……柰与林檎，一类二种也。树实皆如林檎而大，西土最多。可栽可压。有白、赤、青三色。白者为素柰；赤者为丹柰，亦曰朱柰；青者为绿柰，皆夏熟。凉州有冬柰，冬熟，子带碧色。"这里说明了柰和林檎的区别，并说明柰就是苹婆。再《群芳谱》载："柰，一名苹婆，……果，如梨而圆滑。生青，熟则半红半白，或全红。光洁可爱玩，香闻数步，味甘松，未熟者食如棉絮，过熟又沙烂不堪食，惟八九分熟者，最佳。"这里已把苹果作了详细描述。至清初的《广群芳谱》则更明确指出柰和苹婆、苹果是同一果树。它说："苹果，[注]按本草不载苹果，而释柰。云：一名苹婆。据《采兰杂志》《学圃杂疏》，苹婆又当属此果名。"

苹果：1. 花枝；2. 梨果。

古代的柰，果形有大有小，成熟期有夏熟的，也有冬熟的。颜色有白的、黄绿的，也有红的。所以古代的柰，就是现在的绵苹果，同时也包括香果、槟子等等在内。在一千四百年以前，甘肃的河西走廊已是绵苹果的中心产区。

文官果

文官果①产于北地。树高丈余，皮粗多磥砢，木理甚细。叶似榆而㈠尖长，周围锯齿纹深。春开小白花，成穗，每瓣中微凹，有细红筋贯之。蒂下有小青托，花落结实，大者如拳。一实中数隔，间以白膜。仁与马槟榔无二，裹以白软皮，大如指顶，去皮而食其仁，甚清美。如每日常浇，或雨水多，则实成者多。若遇旱年，则实秕㈡小而无成矣。

校 记

㈠“而”：乾本误多植一“而”字。

㈡“秕”：乾本误作“桃”。

注 解

①现名文冠果，系无患子科的落叶灌木或小乔木，名见《救荒本草》。又名文光果（《群芳谱》）、崖木瓜（陕西）。学名 *Xanthoceras sorbifolium* Bunge。是我国北方特产树种之一，世界各国都从我国引种，作为庭园的珍贵花木。春天里，开美丽的白色和灿烂的绿叶，可作切花用。其花清香远溢，秀丽无比；果实成熟时褐色；种子数枚，种仁香甜，味如莲子，可生吃或榨油。

山楂

山楂①，一名茅楂。树高数尺，叶似香薷；二月开白花；结实有赤、黄、白三色，肥者如小林檎，小者如指顶，九月乃熟，味似樝子而微酢。②多生于山原茅林中，猴、鼠喜食，小儿以此为戏果。

注 解

①又名山里红、红果子，系蔷薇科落叶乔木或灌木。学名 *Crataegus pinnatifida* Bunge。原产我国，栽培历史悠久，三千年前的《尔雅》一书已有记载。又《本草纲目》载：“赤爪、棠梂、山楂一物也。”《群芳谱》载：“一名羊梂，一名

山里果，一名棠梅，一名赤爪子。……”花白色，排列成伞房花序，果实圆形，深红色，有光泽，散布白色斑点。可加工制作山楂片、果酱、果汁、果酒等。②有消化肉积的作用，能治肉食不消、脘部胀痛等。

柿 椑柿

柿[①]朱果也。叶似[㈠]山茶而厚大，四月开黄白小花。结实青绿，九月微黄即摘；少藏数日，即便红熟，甜美可啖。但未熟时最涩，将木瓜三两枚，杂于生柿篮中数日，或以榠楂[②]置其中，亦能去涩。产青州者更佳。古云：“柿有七绝，一、树多寿；二、叶多荫；三、无乌巢；四、少虫蠹；五、霜叶可玩；六、嘉实可餐；（但不可与蟹同食）七、落叶肥厚，可以临书。”如冬间核种，待长移栽，不若春后用椑柿[③]接，或取好枝于软枣[④]根上接最妙。大凡柿接三次过，则核全无矣[⑤]。盖柿之种类不一，有红柿、乌柿、黄柿、牛奶、蒸饼、八棱、方蒂、圆盖、塔柿等名色[⑥]。木有文而根最固，俗谓之柿盘。别有一种椑柿，叶上有毛，实皆青黑，最不堪食，止可收作柿漆。八月间用椑柿捣碎，每柿一升，用水半升，酿四五时，榨取漆令干，添水再取，伞扇全赖此漆糊成也。

校 记

㈠“似”：乾本误作“以”。

注 解

①系柿科柿属的落叶果树。学名 *Diospyros Kaki* Thunb.。

②出自《酉阳杂俎》。

③即油柿，用作砧木，果实圆形或卵圆形。学名 *D. oleifera* Cheng。

④或名羊枣，即今君迁子，为柿的主要砧木，但也有许多食用品种，如山东、河北等地的荷包、羊奶等。

⑤出自《便民图纂》。

⑥我国柿品种有以下几个系统：

柿树：1. 花枝；2. 浆果。

一、圆柿，二、四棱柿，三、八棱柿，四、盘柿等。在我国有三千多年的栽培历史，古代传入日本，十九世纪后半期传入欧美各国。

橘 枳、柚

橘[①]一名木奴，小曰橘，大曰柚[(一)②]。多生南方暖地，木高一二丈。刺出茎间，叶冬不凋。初夏开小白花，其香甚触。六七月成实，交冬黄熟。福橘大而红，为诸橘之最；温、衢者亦佳，其类甚多。韩彦直[③]有橘谱可考，今录其要。有朱橘、蜜橘、乳橘[(二)]、芳塌橘、包橘、绵橘、沙橘、早黄、穿心、波斯、荔枝、脱花甜、冻橘、卢橘等，至如油橘，则最下之品也。春初取核撒地，待长三尺许移栽。宜于斥卤之所，忌用猪粪，夏时浇以粪水，则叶茂而实繁。性畏霜雪，至冬以河泥犬粪壅其根，以为来年之益。稻草裹其干，则不冻死，若在闽、粤则不然也。其木有二病：藓与蠹是也。干生苔藓，须速刮去之；见蛀屑飘出，必有虫穴，以钩索之，再用杉木钉窒其孔[④]。经云："橘踰淮而为枳。"则枳[⑤]即橘之变种也。故其木与花、叶皆类橘，惟所结子不同。橘有瓤可食，

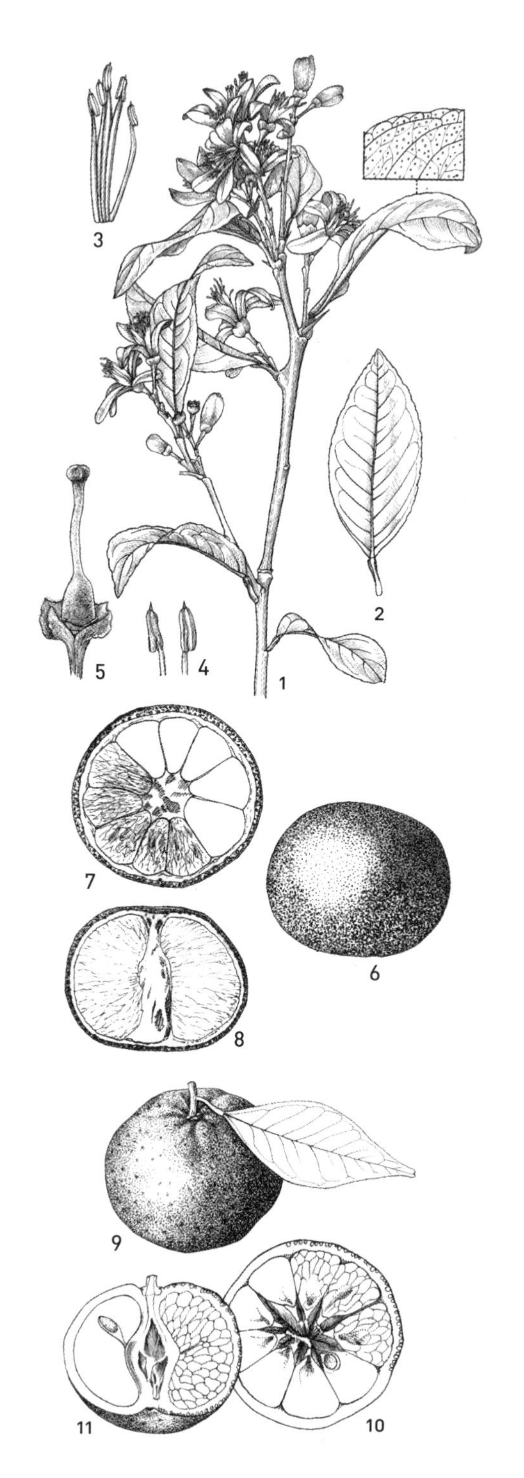

柑橘：1. 花枝；2. 叶；3. 雄蕊群；4. 花药；5. 花萼与雌蕊；6~8. 温州蜜柑：6. 外观；7. 果实横切面；8. 果实纵切面；9~11. 早红：9. 外观；10. 果实横切面；11. 果实纵切面。

枳则皮粗厚，内实而不堪食，只可入药用。其树多刺，最宜编篱。凡遇旱，以米泔水浇，则实不损落；根下埋死鼠，则结实加倍。藏橘于绿豆内，至春尽不坏，橙、柑亦然。若见糯米即烂。

校 记

㈠“小曰橘，大曰柚”：乾本误为“大曰橘，小曰柚”。

㈡“乳橘”：乾本漏此两字，将其误植在油橘之下。

注 解

①柑橘类是芸香科的果树。关于种类品种的概念，在我国极早以前就有了认识。《博物志》（公元三世纪）云：“橘柚类甚多，柑、橙、枳皆是。”橘和柑一般混称。学名 *Citrus reticulata* Blanco。果实大小不一，圆形或扁圆形，成熟时有红、橙黄等色，熟期有迟有早，品种极多。我国为世界主要产区之一。柑橘属于芸香科的柑橘亚族，其中栽培种计有枳属、金柑属及柑橘属三属。（一）枳属（枸橘、枳壳）：原产我国中部，为多刺灌木，叶为三出复叶，冬季落叶。现北迄山东，南至广东均有栽培。作药用，多供砧木，与南丰蜜橘及温州蜜柑、金橘嫁接，亲和力强。（二）金柑属：原产我国，果实供鲜食或加工，供作盆景亦佳。①金枣（罗浮、金橘、长实金柑、公孙橘），分布于浙江黄岩。②金豆（山金柑、山金橘）分布于广东饶平、江西、浙江、福建诏安、湖南浏阳等地。③圆金柑（金柑），产于广东高要、福建云霄。④长叶金柑，原产我国广东汕头地区及海南岛。详见下节。（三）柑橘属：大多数种类原产亚洲东南部，为常绿性小灌木。①枸橼（香橼）分布于广西、福建、浙江、湖南、江西、四川各省区，供药用。果实长椭圆形或卵圆形，皮极厚，瓤小，佛手亦属本类。详见下节。②檬檬（宜檬、宜母）分布于广东潮汕、海南岛及福建韶安等地，供作砧木及加工。③柠檬，近百年引种，广东、浙江、四川等省均有栽培。④酸橙（头橙、枸头橙）分布在浙江、湖南、四川、两广等省，供砧木及加工制香油。⑤甜橙，原产广东，其他各省均称甜橙为广柑或广橘，并已传播到国外，商品价值高，栽培日广（详见下节：橙）。还有脐橙、鹅蛋橙、血橙等。⑥柑橘，一般称宽皮橘类，主要栽培品种有：蕉柑、椪柑、温州蜜柑、大红柑、槾橘、南丰蜜橘、本地早、福橘等等。⑦柚（文旦、抛）树形大，果实为柑橘属中最大型的，有沙田柚、坪山柚、文旦柚、蜜柚、桑麻柚、四季抛

等。⑧葡萄柚：台湾栽培较多，四川、福建、广东等省亦有栽培，叶形、果形均大于橙，而小于柚，有人认为是柚子与甜橙的杂交种。

②柚别名抛、栾、文旦。学名 *C. grandis* Osbeck。果实极大，圆形或梨形，成熟时呈淡柠檬色，熟期较早，供应期长。

③宋韩彦直《橘录》一书，记述了二十七个柑橘品种，其中包括柑类八个、橘类十四个、橙类五个品种。

④详见《橘录》卷下去病篇。

⑤枳叶为三出复叶，冬季完全落叶，与橘不同。枳树性强，耐寒力为其他柑橘所不及，故多作为抗寒矮化砧木。“橘踰淮而为枳”，可能是用枳砧嫁接的橘，种到淮北后，上部被冻死，但枳能抗寒，故砧木部分仍生长起来，与一般的变种有所不同。

橙（蜜橙）香橙、臭橙

橙[①]一名蜜橙，一名金球[②]。树似橘而有刺，叶长有两刻缺，如两段者[③]。实似橘而微大，经霜早黄。皮皱厚而甜，香气馥郁，但瓤稍酸[㈠]，人多以糖制或蜜浸，其用甚广，诚佳果也。一种香橙[④]，似蜜橙小，而皮薄味酸，花皆类橘。叶亦有尖。一种蟹橙，即臭橙[⑤]，比蜜橙皮松味辣，无所取用。蜀有给客橙[⑥]，似橘而实非，若柚而独香，冬夏花实相继，通岁得以食之，亦名卢橘。

校 记

㈠乾本自“稍酸”两字以下七十九字与柳树条“在”字以下八十六字误植。

注 解

①按蜜橙系指甜橙 *Citrus sinensis* Osbeck，翼叶稍小，果实圆形或长圆形，皮稍厚，一般较光滑，肉味甜，商品价值高，栽培很广。主要品种有柳橙、香水橙、新会橙、雪柑、鹅蛋柑、冰糖柑等。

②金球系指香橙，根据《群芳谱》：“香橙一名枨，一名金球，一名鹄壳。”现名橙子 *Citrus × junos* Siebold ex Tanaka。果实扁圆形。两端凹入，果面粗糙；皮厚，有特殊香气。瓤囊十瓣，中心柱小而充实；肉味酸不堪生食，主要作药用；果皮可供蜜饯。抗寒、抗旱性强，常作砧木。主要品种有罗汉橙、蟹橙等。

③意指单身复叶，翼叶与本叶分成两段。

④见注②。

⑤臭橙即酸橙 *Citrus × aurantium* Linn.。其幼果亦作药用，因而有时误称为枳壳。翼叶较大，果实圆形或扁圆形，果皮粗厚，肉味苦，不堪生食，间有蜜饯制成橘饼。主要品种有朱栾、枸头橙、代代等。

⑥据《太平御览》卷九六六《魏王花木志》（六世纪前期元欣所撰）载："蜀土有给客橙，似橙而非，若柚而香，冬夏华实相继。或如弹丸或如拳，通岁食之，亦名卢橘。"依所记性状，此果树应属金柑属。再古代所说的"卢橘"，有时亦指枇杷，普通以果皮不易与瓤囊剥离的，除柚之外都叫作橙。与柑橘果皮易与瓤囊剥离的不同。

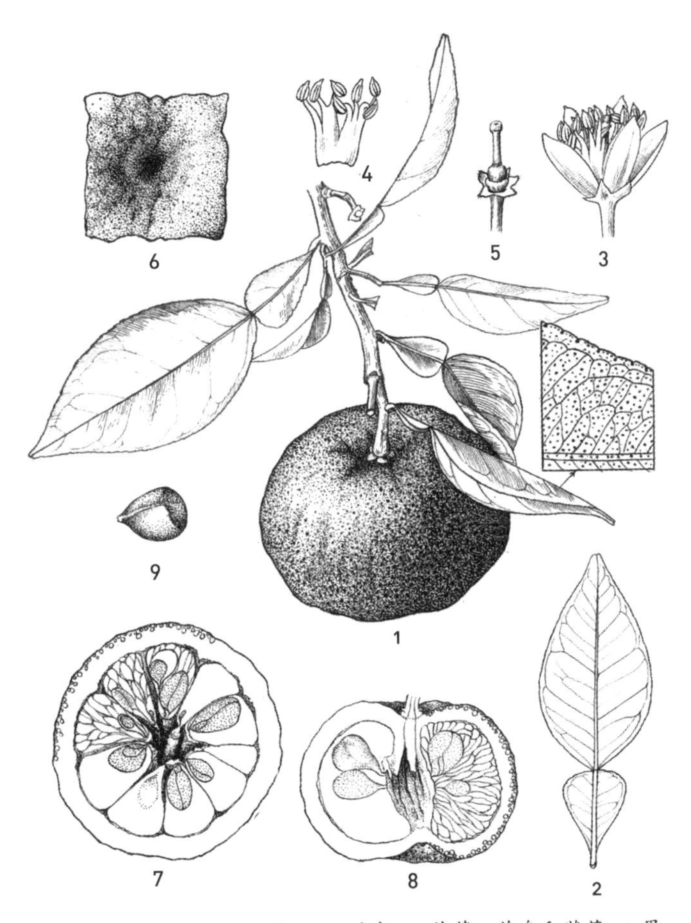

香橙：1. 果枝；2. 叶；3. 花；4. 雄蕊束；5. 花萼、花盘和雌蕊；6. 果实顶部；7. 柑果横切面；8. 柑果纵切面；9. 种子。

金柑 金豆

金柑[①]一名金橘[②]，一名瑞金奴，生江、浙、川、广间。其树不甚大，而叶细，婆娑如黄杨。夏开小白花，秋冬实熟，则金黄色；大如指头，或如弹丸，更有小如豆者，皆皮薄而坚，肌理莹细，其味酸甜，而芳香可口。一种牛奶柑[③]，形长如牛乳，但香味稍劣。又一种名金豆者[④]，树只尺许，结实如樱桃大，皮光而味甜，植于盆内，冬月可观，多产于江南太仓，与浙之宁波。又一种蜜罗柑[⑤]，其大似香橼而皮皱，味更香美，生于浙之金、衢。皆以四月前接。

注 解

①金柑系我国原产，为芸香科常绿灌木或小乔木，金柑属 *Fortunella* Swing.，有四个种：金枣、圆金柑、长叶金柑、山金兰。金弹、月月橘两个变种。一般瓤囊四至六瓣，皮甘可食。

② 金橘学名 *C. madurensis* Loureiro，瓤囊通常十五瓣，酸味强，不堪生食，与金柑有别。

③牛奶柑即金枣，别名罗浮。东晋裴渊《广州记》（四世纪或稍后）载："罗浮山有橘，夏熟，实大如李，剥皮啖则酢，合食则甘。"即指此。

④金豆或名山金豆。

⑤蜜罗柑按本文描述性状，应不属金柑属。

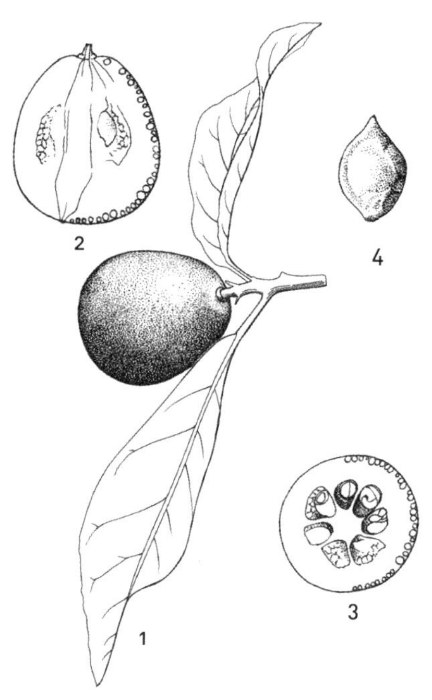

金柑：1. 果枝；2. 柑果纵切面；3. 柑果横切面；4. 种子。

香橼

香橼[①]（俗作圆[②]）一名枸橼。本似橘而叶略尖长，枝间有刺，花之色与香亦类橘[㈠]。其实正黄色，有大、小二种：皮光细而小者为香橼，皮粗而大者为朱栾[③]，香味不佳。惟香橼清芬袭人，能为案头数月清供。瓤可作汤，皮可作糖片糖丁，叶可治病。其树必待小鸟作巢后，方得开花结实，亦物类之感召也。下子亦易出。④

校 记

㈠“橘”：乾本误作“植”。

注 解

①香橼即枸橼。学名 *Citrus medica* L.，幼叶带紫色，初有棱角，以后渐圆，老枝灰绿色，叶长椭圆状卵形，边缘有锯齿，叶柄短，无翼叶或略具痕迹，与叶片间没有明显的节。果实大，长椭圆形或卵圆形，表面光滑，但亦有稍粗糙的。成熟时黄色、皮厚、瓤囊小，沙囊灰绿色，酸或微甜，略有苦味。种子多而小，胚白色。

②香圆一般易与香橼混淆。(见下图)其实香圆为大翼橙类。学名 *C. Wilson* Tanaka。

③朱栾一名小红橙，属酸橙类。

④系属迷信传说。

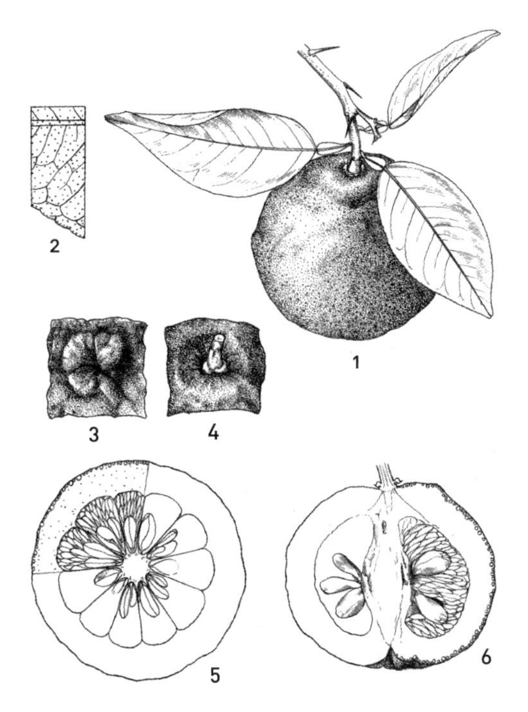

香圆：1. 果枝；2. 叶片局部，示油点；3. 果实顶部；4. 果实底部；5. 柑果横切面；6. 柑果纵切面。

佛手柑

佛手柑[①]一名飞穰。产闽、广间。树似柑而叶尖长，枝间有刺，植之近水乃生。结实形如人手指，长有五六寸者。其皮生绿、熟黄，色若橙而光泽，内肉白而无子，虽味短而香馥最久，置之室内笥中，其香不散。南人以此雕镂花鸟，作蜜煎果食甚佳。

注 解

①系香橼的变种，一般性状与香橼同。所异者为果实，果顶开裂成指状，所以叫作佛手。学名 *C. Medica* L. var.*sarcodactylis* Swing。有疏肝解郁、理气宽胸的作用。

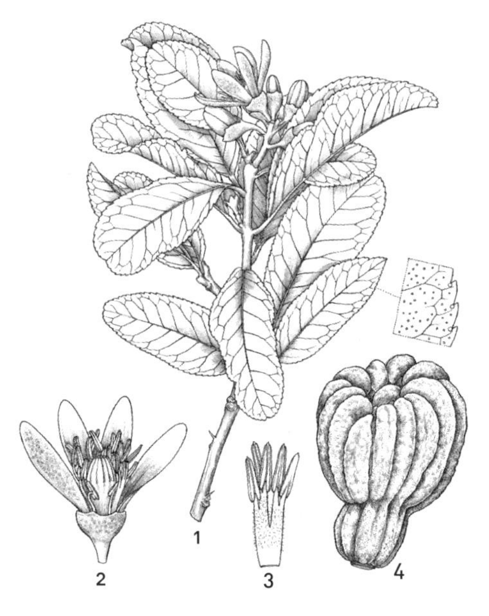

佛手：1. 花枝；2. 去除 1 片花瓣的花，示各部分关系；3. 雄蕊束；4. 柑果。

石榴

石榴[①]一名丹若，一名金罂，又一种味最甜者，名天浆。其种自安石国，张骞带归[②]，今随在有之。树高一二丈，梗红叶绿而狭长。其花单叶者结实，千叶[③]者不结实。性宜砂石，柯枝附干，自地便生作丛。孙枝甚繁，种极易息。惟山种者实大而甘，千房同膜，千子如一。花有数色，千叶大红，千叶白，或黄或粉红，又有并蒂花者。南中一种四季花者，春开夏实之后，深秋忽又大放。花与子并生枝头，硕果罅裂，而其傍红英灿烂，并花折插瓶中，岂非清供乎？又一种中心花瓣[一]，如起楼台，谓之重台榴；花头最大，而色更红艳。海榴花跗萼皆大红，心内须黄如粟密。又有红花白缘、白花红缘者，亦异品也。其实可御饥渴，酝酒浆，解醒疗病。栽以三月初，取枝如拇指大者，斫令长一尺半，八九枝共为一窠，烧下头二寸许，不烧恐漏汁难活，掘圆坑，深一尺七寸，口径尺；竖于坑畔，环布枝令匀正，置枯骨僵石于枝间（骨石乃树性所宜也），下肥土筑[二]之，一重土间一重骨石，至平坎乃止。其土令没枝头过一寸许，水浇常令润泽，若已生芽，又将骨石布其根下，则柯圆枝茂可爱，其孤根独立者，虽生亦不佳。十月终，以蒲藁裹其本而缠之，不致冻坏；至二月初解放。若以大石压其根上，则实繁[三]而不落。性喜暖，虽酷暑烈日中[四]，亦可浇以水粪。

校 记

(一)“瓣”：乾本误作“办”。

(二)“筑”：乾本误作“粪”。

(三)“繁”：乾本实下漏一“繁”字。

(四)“日中”：乾本误作“中日”。

注 解

①系石榴科石榴属植物，作为栽培的只有石榴一种，在各地有许多优良品种。学名 *Punica granatum* Linn.。

②原产波斯及其附近，即现在伊朗及阿富汗等中亚地方。在我国栽培已有二千年以上的历史，据《博物志》及《广群芳谱》载：“汉张骞出使西域，得徐林安石榴以归，故名安石榴。”

③复瓣花和白花许多变种供观赏用。一般用扦插法与分株法繁殖。

枣

枣①一名[一]木蜜。树坚直而高大，身多刺而少横枝。叶细而有尖，四五月开小淡黄花，香味甚浓。北地最广，而青、晋、绛州者更佳。今实之鲜者，通谓之白蒲枣；干者率[二]自河南、山东、北直诸处产，而青州乐氏枣为最。浙之金、衢、绍出南枣；独浦江者，甘腻似密[三]云枣，而形长大。密云虽小，而核细肉甜。羊枣实圆而紫黑色，江宁窑坊枣与胶枣，无皮核②而人多重之。又东海有枣，五年一实。枣类甚多，不能详载③。其实未熟，虽击不落，已熟，不击自[四]落。凡种择鲜枣之味美者，交春便下，候叶一生，即便移栽④。三步植一株，行欲相当，地不必耕也。每蚕入簇时，以杖击其枝间，使振去狂花，则结实繁而且大。又于白露日，根下遍堆草焚之，以辟露气，使不至于干落。至正月初一早，以斧背斑驳捶之，名曰嫁枣⑤，本年必花盛而实繁。俗云：移枣树三年不发不算死，亦有久而复生者。又东海之中有水赤枣，华而不实。

校 记

㈠“名”：乾本误作“树”。

㈡“率”：花说堂版误作“辛”。

㈢“密”：乾本及花说堂版均误作“蜜”。

㈣“自”：乾本误作“白”。

注 解

①鼠李科枣属的落叶果树。学名 *Ziziphus jujuba* Mill.。三千年前我国已经栽培。

②无核枣，属于进化过程中胚退化类型，果实退化成一薄膜，质量良好。

③早在《尔雅》中已记载有十一个品种。元柳贯著《打枣谱》（一三〇〇年），列举三十七个品种。《植物名实图考》（一八四八年）中记载枣的品种已达八十七个。

④以往多用实生法，但由于优良品种的种仁较少，扦插育苗成活率较低，一般多采用分株和嫁接两种方法。

⑤原出《齐民要术》：“正月一日日出时，反斧斑驳椎之，名嫁枣。”按嫁枣也叫开甲。山东乐陵、无棣，河北沧县、交河、玉田，河南新郑，陕西大荔等地均在小枣上应用，作为保花保果的主要措施。目的在于破坏韧皮部，阻止地上部养分向下输送，以促进开花和果实生长，因而提高坐果率，增加产量。用斧捶树干或用刀切伤木质部，破坏输导组织。应用这一措施，同时应与肥水管理密切结合，则不致影响生长。枣适应性强，因而分布很广，南自广东，北至东北，均可栽培，但以黄河流域和长江流域为最盛。

杨梅

杨梅[①]。一名杭（音求），为吴、越佳果。树若荔枝而小，叶细阴厚，至冬不凋。来年开花[②]，结实如谷树子，而有核与仁。生青熟红，如鹤顶状，亦有紫、白色者[③]。肉在核上，无皮壳而有仁可食（以柿漆拌核，曝之则自裂仁出）。大略生太湖、杭、绍诸山者，实大肉松，核小而味甘美[④]；余虽有，实小而酢，止堪盐淹蜜渍火熏而已。种法：六月间，将子于粪坑内浸过收核，待来年二月，以青石屑拌黄土，锄地种之；待长尺许，于次年三月移栽，浇以羊粪水自盛。四年后，取别树生子好枝接之，复栽山黄泥地。移时，根下须多留宿土，腊月开沟，于根旁高处，离四五尺，以灰粪壅之，不可着根。每遇雨肥水渗下，则结实必大而甜，若以桑树接杨梅则不酸。如树生癞，以甘草削钉钉之，即愈。春分前海桐可接。

注 解

①为杨梅科常绿果树。学名 *Myrica rubra* S. et Z.，名见《开宝本草》。李时珍《本草纲目》中说："其形如水杨，而味似梅，故名。"《段氏新录》名"杭子"。

②一般都能年年开花结果，管理不当，则有大小年结果现象。

③杨梅可分为白种、红种、粉红种、乌种等。杨梅的嫁接常用的有：一、皮下接，二、切接，三、嵌接，四、劈接等方法。就地接或掘接均可。

④杨梅果实初夏成熟，正是一年中果品供应缺乏的时候，且果实颜色鲜艳，风味甜酸适度，营养价值高，因此极受群众欢迎，果实除鲜食外，还可加工。在医药上有止渴生津、帮助消化的功效，对胃痛及霍乱等也有药效。

杨梅：1. 果枝；2. 花枝；3. 部分雄花序；4. 雄花及小苞片；5. 雄蕊。

橄榄 乌榄

橄榄[1]一名南威，一名味谏，俗呼青果。生岭南，闽、广诸州郡。有五种：丁香榄[2]、故榄、蛮榄、丝榄、新妇榄，树似木梡，耸直而枝高，其大有数围[一]者。春开花似樗，其香甚甜美。实长寸许，其形似梭而两头锐，核内无仁而有三窍。深秋方熟，入口虽酢，后渐清芬，胜于鸡舌香者。凡实先生者向下，后生者渐高。有树大不可梯者，将熟时，以木钉钉之，或于根旁刻一方寸坎，纳盐其中，一夕后实皆自落，木亦无损。其尖而香者，名丁香橄榄，最为珍品。圆而大者，俗名柴橄榄，初食之甚涩，迨[二]咀嚼久之，随饮以水，回味自甘。煮食可解酒毒，置汤中可以代茶。盐淹、蜜渍皆宜。又广西出方榄，有三角。邕州者色类相似，但核作两瓣[三]之异耳。

校 记

㈠“围”：乾本误作“闱”。

㈡“迨”：乾本误作“始”。

㈢“两瓣”：乾本误作“雨辨”。

注 解

①是橄榄科果树，原产我国。名见《开宝本草》及《南方草木状》。

②按橄榄主要分为两种，即白榄和乌榄。白榄多供生食，丁香榄等都是白榄的品种。乌榄果实成熟时紫黑色，皮平滑，果形较大，作为榄豉及榄仁用。学名 *Canarium Pimela* Leenh.。白榄学名 *C. album* Rauesch.。这里描述的大都属于白榄。广西的方榄，系乌榄品种之一，现在广东增城的三方品种，即属于这一品系。

荔枝

荔枝，一名丹荔，一名离枝[①]，为南方珍果。岭南、蜀中俱产，惟闽中为第一。树有高至五六丈者，其形团圞如帷盖，叶似冬青，花如橘枳[②]，又若冠之蕤绥。朵如葡萄，结实多双。核类枇杷而尖长，壳如红绉，膜如紫绡，肉如白肪，甘如醴酪。花于春末，实于夏中。其木坚久，其根多浮，须常加粪壤以培之。但性不耐寒，最难培植；才经繁霜，枝叶立萎，必待三春再发。初种五六年，交冬便须覆盖，直至四五十年，始开花结实[③]。有四百余年老干，犹能结实，亦异品也。每逢夏至将中，其实翕然俱赤，采[一]食味甘，多汁而香。大树下子可百斛，妙在人未采时，百虫不敢食，一经染指，鸟雀蝙蝠之类，俱来伤残[④]。熟时必趁日中，并手采摘。此果若离本枝，一日色变，二日香减，三日味变，四五日外，色香味皆尽矣。非惟北地不可得，即江、浙亦未之见也。然其名色，荔枝谱[二]载之甚详，兹略举蔡君谟[⑤]之大概而录之，总由爱其实，而摹[三]拟其色香味，与地土形状姓氏，而巧为名之耳。多食病热，以蜜解之。

附荔枝释名 共七十五种。

诸色荔枝

状元红（实圆而小，核细如丁香，上品也），大将军（五代时有此，因种自将军府得名），一品红（于荔枝为极品，产福州堂前），玳瑁红（色红，有黑点，类玳瑁，出城东），陈紫（出著作郎陈琦家，乃为果中第一），方红（径可二寸，色味俱美，出自兴化方臻家），蓝家红（泉州第一品，出员外蓝承家），法石白（出法石院，色白，其大次于蓝红），江绿（类陈紫，差大而香味次，出泉州江姓），周家红（初为第一，今重陈紫方红，而此为次），大丁香（壳厚色紫，味微涩，出天庆观中），龙牙（长可三四寸，弯曲如爪牙，无核，然不易得），宋公荔枝（比陈紫而小，甘美如之），十八娘（色深红而细长，闽王女年十八，好此），珍珠荔枝（圆白如珠，无核，荔之最小），火山荔枝（出南越，四月熟，味甘酸，肉薄），葡萄荔枝（每一穗，多至二三百颗），粉红荔枝（荔枝本深红，此独色浅为异），蜜荔枝（因其过于甘香，故以蜜为名），圆丁香（他种壳下大上锐，此独圆而味更美），水荔枝（浆虽多而味不及，出兴化军），大、小陈紫（一种大过陈紫，一种小过陈紫），绿叶香（皮色绿而杂以红点，斑驳可爱），虎刺荔枝（色红，上有青斑，类虎皮），牛心（此以状名，长二寸余，皮厚肉涩），钗头颗（颗最小而红艳，可施之头髻），蚶壳（是以状得名），秋元红（实时最晚，因以命名），游家紫（出泉州游氏），何家红（漳州何氏），绿核（荔核皆紫，此核独绿），蕙团（每朵数十，并蒂双垂），朱柿（色似朱，形如柿），硫黄（以其色类硫黄，出福州），学士绯（实色最红可爱），水晶国（肉似水晶），枫亭驿（出兴化，肉厚味甘），焦核（因其核最细，为荔中妙品），六月蜜（取六月熟），七夕红（因其七月实熟也），中秋绿（因其熟太迟也），皱玉（肉微有皱纹），星球红（实圆，有似乎球），绿罗袍（虽成熟，色犹带绿），天茄子（色如茄花），麝香匣（其香微有似于麝），松柏垒（其形有类于松实），金钟，金粽，紫琼，蒺藜，延寿红（以上诸名，皆取其色）；驼蹄，馒头，蛇皮，双髻，僧耆头（以上取形相似）；脆玉，粟玉，玉英，郎官红，水母（以上取肉色）；沉香，寿香，透背，中半熟（此种取其时），百步兰（以上取其香相似）；进凤子，争龙瓶，犀角子，不忆子，大腊，小腊鸡，每引子，牂牱（亦取其色得名）。

校 记

㈠“采”：乾本误作“探”。

㈡“谱”：乾本误作“诸”。

㈢“摹”：乾本误作“莫”。

注 解

①是无患子科的常绿果树，原产我国。学名 *Litchi chinensis* Sonn.。海南岛雷虎岭及廉江谢鞋山尚有原始荔枝林。

②花多为不完全花，簇生在圆锥花序上，杂性同株。主要以雌能花（不完全雄蕊雌花）结果，与柑橘、枳的花性有所不同。

③一般实生树十余年可开花结果，压条繁殖的六七年可结果。

④系属传说，其实采前也常遭受伤残。

⑤宋初有郑熊《广中荔枝谱》（十世纪六十年代）记述有番禺附近荔枝品种：玉英子、焦核、丁香、红罗、透骨、蛇皮、青荔枝、银荔枝、不意子、火山、蒺藜、玉色、牂牁、僧耆头、水母子、大将军、小将军、米荔枝、大腊、小腊、松子等二十二个品种。不幸该谱在宋末元初散佚了。郑后有蔡襄《荔枝谱》（十一世纪五十年代末）记述荔枝品种三十二个，并分述荔枝历史、产地、运销、食性、养护、加工等等。自宋代至清，先后有《荔枝谱》十余部，这些书只记述品种的特性、风味，没有提及品种的分类。从一九六〇年开始，在广东省科委领导下，充分发动群众，进行了广东省果树资源调查，并以此为基础，调查省内荔枝品种，着手撰作《广东荔枝志》。通过访问广东园艺工作者并总结各地区的丰富经验，与植物工作者共同研究讨论，制订出该志所采用的荔枝品种分类标准，把荔枝分为七大类，每类各有若干品种。（一）桂味类——有桂味、新兴番荔、圆形无核荔、长形无核荔、贵谷、小汉、八宝香、大丁香、丽仔等品种。（二）妃子笑类——有妃子笑、大红、电白白蜡、将军荔、大造、焦核荔、红皮、攀谷子等品种。（三）进奉类——有进奉、灵山香荔、鹅蛋荔、小丁香、大肉、金刚锤、高州进奉、玫瑰露、香枝、脆淮子、脆肉、黄皮蜜丁香、六月雪、惠阳四季荔、犀角子、秤铊等品种。（四）三月红类——有三月红。（五）黑叶类——有黑叶、挂绿、白糖罂、水东白蜡子、宋家香、青壳等品种。（六）糯米糍类——有糯米糍、解放红、甜眼、广州龙荔、上书怀、小金钟、甜岩、娘鞋、雪怀子、紫娘鞋等品种。（七）淮枝类——有淮枝、状元红、七月熟、风吹寮等品种。另福建有元红、兰竹等四十一个品种；广西、四川、台湾的品种尚无确实统计。

龙眼

龙眼[①]一名益智，一名比目，一名海珠蘗。树似荔枝而叶干差小，凌冬不凋。其枝蔓延，缘木而生。春末开细白花。结实圆如弹，而壳青黄。核如木梡(一)子而不坚，肉白有浆，其甘如蜜。一朵四五十颗，作穗若葡萄然。其性畏寒，白露后方可摘，荔枝过后方熟，故俗呼为荔奴。又因其色香味，皆不及荔枝，故称为奴。在食品则荔枝肉厚，浆多而香，因可人口，特珍异之。若论益人，则龙眼功用良多[②]。荔枝性热，而龙眼性最和平，宜与荔枝比肩，乌得而奴隶之耶。

校 记

㈠“梡”：乾本误作“院”字。木梡子今作无患子。

注 解

①属无患子科，原产广东、广西山谷中。学名 *Euphoria longana* Lam.。晋嵇含的《南方草木状》已有记载。在我国栽培已有二千多年。

②蛋白质含量很高，每百克果肉中含维生素C六八点七至一四四点八毫克，并含有多量糖分，约百分之一五至二〇。有补心脾、益气血的作用。龙眼品种较少，广东有石峡、乌圆、鸡公仔、秋风子、草铺种等，福建有普明庵、乌尤岭、乌壳本、红核仔、秋分本等主要品种。

椰子

椰[①]出海南，今岭南亦有之。叶如棕榈，树高六七丈余，亦无枝条。叶在木末如束蒲。实生叶间，一穗数枝，大如寒瓜。皮中子壳，可为饮器。锯开子中白瓤，厚有半寸，味似胡桃，极肥美[②]；有浆，饮之辄醉[③]。初极清芬，久之则浑浊，不堪饮矣。人皆取其壳作瓢，能解水与毒，如酒有毒，则酒滚沸而起，今人反漆其里，是失本旨矣。

注 解

①系棕榈科单子叶植物，汉时由越南引入，距今已有二千多年的栽培历史。学名 *Cocos nucifera* Linn.。

②果肉芳香味美，营养价值高，富含脂肪、蛋白质和维生素，果内的汁为高级清凉饮料。

③《南方草木状》原载："有浆，饮之得醉……"又《交州记》："椰子有浆，椰花以竹筒承其汁，作酒饮之，亦醉也。"

银杏

银杏一名鸭脚子[①]（以其叶似鸭脚也），多生南浙。木最耐久，高十丈余，大可数围。其肌理甚细，可为器具梁栋之用。又名公孙树，言公种而孙始得食也。缘其子白，俗呼为白果。其花夜开即落，人罕见之[②]。实大如枇杷，每枝约有百十颗，初青后黄，八九月熟后，打下堆积空处，待其皮自腐烂，方取其核，洗净曝干。核形两头尖扁而中圆，或炒或煮而食俱可。春初种肥地，周年后方[一]可移栽。其核有雌雄[二]，雌者两棱，雄者三棱，须雌雄同种，方肯结实。或将雌树临水种之，照影亦结。或将雌树凿一孔，以雄木填入，泥封之，亦结。大约接过易生。实熟时，以竹篾箍树本，但击篾，则果自落。虽为佳果，可以疗病，究竟不可多食[③]，食多动风。惟举子廷试煮食，能截小水。如食多，误中其毒，一时腹内痛胀，连饮冷白酒几杯，一吐即愈。

校 记

㈠"后方"：乾本误作"方后"。

㈡"雄"：花说堂本误作"椎"。

注 解

①系银杏科落叶乔木。学名 *Ginkgo biloba* Linn.。它是几亿年前古生代树木，为种子植物中的先遗。在三叠纪、侏罗纪极为茂盛，嗣后逐渐衰落，近几千年来环球各地都已绝迹，惟我国仍保持下来，有"活化石"之称。这不能不归功于我国劳动人民的培养与爱护，目前四川青城山尚有汉朝银杏一株，此外数百年至数千年的古树亦常见于产区。郭沫若先生曾撰文（见一九四二年五月廿九日重庆《新华日报》）称："银杏为东方的圣者，中国人文有生命的纪念塔……"不佞曾发表读后感，并作歌纪之："叶形片片似鸭足，亿载绵绵古生木。英姿挺拔插云天，羞与百卉随流俗。誉为现代'活化石'，侏罗纪后剩遗族。环宇诸邦荡无存，惟我神州实奇独。……郭老撰文寓意深，不佞读后相勉勖。感此嘉树世所稀，亟宜蕃衍广培育。……"这种具有历史意义、科学价值的树种，应宜发展栽培，供作盆栽，尤足资鉴赏。

②四月间花叶同放，雌雄异株，雄花有短柄，集成葇荑花序；每花具有多数雄蕊，各蕊有二药，花粉呈球形；雌花长于花梗的顶端，仅具颗出的胚珠。定植时应注意配植雄株，使开花时易于授粉结果。

③种子即白果，有小毒；除供食用外，亦供药用，有温肺、益气、定喘嗽等效。但食用不能过量，过多易引起中毒。叶能杀虫，花亦为良好蜜源，木材可作工业用具。

胡桃

胡桃①一名羌桃，一名万岁子。树高数丈，叶翠似梧桐，两两相对而长，且厚而多阴。三月开花如栗花，穗苍黄色，实似青桃。有二种：壳薄多肉易碎者，名胡桃，产荆、襄；壳坚厚，须重捶乃破者，名山核桃，产燕、齐。采用先剖去青皮，乃得核桃。核内有白肉，形如猪脑，外有黄膜，微涩，须汤泡去之，可食。然其性热，只宜少食。下种必择其佳者，壳光纹(一)浅，体重之核，平埋土中，即能发芽。若以尖缝向上，则土浸其仁壞(二)，多不能活。春斫皮中出汁，妇女承取沐头则黑发；又将核入火中烧半红，埋灰中作火种，经三四日不动，亦不烬。

胡桃：1. 花枝；2. 果枝；3. 雌花枝；4. 雌花；5. 雄花花被片、苞片及小苞片背面；6. 雄花侧面；7. 雄蕊；8. 果核；9. 果仁。

校 记

㈠“纹”：乾本误作“绞”。

㈡“壤”：乾本误作“坛”。

注 解

①系胡桃科落叶乔木。雌雄同株，叶为羽状复叶。名见《开宝本草》。学名 *Juglans regia* L.。核桃原产欧洲东南部及亚洲西部。汉时由张骞自西域带回，故名胡桃。野核桃，野生于湖北、江苏、云南、四川等处；山核桃野生于浙江昌化、孝丰等处。

枳椇

枳椇[①]一名木蜜[㈠]，一名鸡距子。树高三四丈，叶圆大如桑柘，枝柯不甚直。子着枝端，夏月开花，实长寸许。纽曲开作二三歧，形若鸡之足距。嫩时青色[㈡]，经霜乃黄，味甘如蜜[②]，嫩叶生啖亦甜。老枝细破，煎汁成蜜，倍甜。能止渴解烦，但败酒味。若以此木为柱，则屋中之酒必薄。每实开歧尽处结一二小子，内有扁核，色赤如酸枣仁，飞鸟喜巢其上。

校 记

㈠“蜜”：乾本误作“密”。

㈡“色”：乾本误作“巴”。

注 解

①系鼠李科落叶乔木，我国原产，别名枸（《诗经》）、拐枣（《救荒本草》）、万字果（《粤东笔记》）。学名 *Hovenia acerba* Lindl.。

②食用部分系肉质的花柄，内多含葡萄糖和苹果酸钾。熟时紫红色，味香甜而微酸，可生食。种子入药，为清凉性利尿剂，并能解酒毒。

无花果

无花果[①]一名优昙钵，一名映日果，一名蜜[㈠]果。树似胡桃，三月发叶似楮，子生叶间。五月内不花而实[②]，状如木馒头；生青熟紫，味如柿而无核。植之其利有七：一、味甘可口，老人小儿食之，有益无害[㈡]；二、曝干与柿饼无异，可供笾实；三、立秋至霜降，取次成熟，可为三月之需；四、种树取效最速㈢，桃、李亦须三四年后结实，此果截取大枝扦插，本年即可结实，次年便能成树；五、叶为医痔胜药；六、霜降后，如有未成熟者，可收作糖蜜㈣煎果；七、得土即活，随地广植，多贮其实，以备歉岁。种法：在春分前③，取三尺长条插土中，浇以粪水，若生叶后，惟浇清水。结果后，更不可缺水，常置瓶其侧，出以细溜㈤，日夜不绝，实大如瓯。

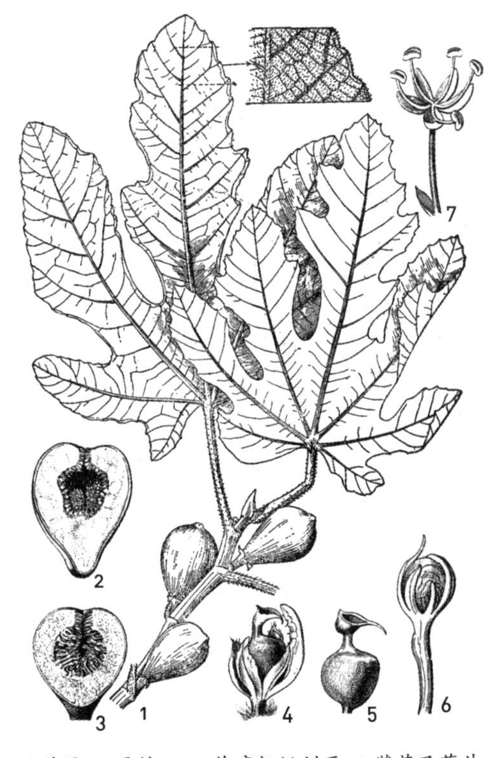

无花果：1. 果枝；2~3. 花序托纵剖面；4. 雌花及苞片；5. 雌花；6. 瘿花；7. 雄花。

校 记

㈠、㈣“蜜”：乾本误作“密”。

㈡“害”：乾本误作“益”。

㈢“速”：乾本误作“効”。

㈤“溜”：乾本误作“雷”。

注 解

①系桑科的落叶果树，原产地中海沿岸，我国输入栽培甚古。学名 *Ficus carica* L.，有百余品种。

②春夏间，叶腋生隐头状花序；花呈淡红白色，有雌雄的分别，同生于一花序中，通常上部为雄花，下部为雌花。果实为肉果，呈倒卵形。

③春季发芽前扦插最宜。

枇杷

枇杷①一名卢橘。树高一二丈，叶似琵琶，又如驴耳，背有淡黄毛。枝叶婆娑，凌冬不凋。秋发细蕊成球，冬开白花，来春结子，簇结作球，微㈠有毛如鹅黄小李。至夏成熟，满树皆金，其味甘美。收核种之即出，待长移栽。春月用本色肥枝接过②，则实大而核小。若再接一次，则无核矣。性不喜粪，但以淋过淡灰壅之，自能荣茂。果木中独备四时之气者，惟枇杷，核能去霉垢。

校 记

㈠“微”：乾本误作“徵”。

注 解

①枇杷系蔷薇科的常绿果树。学名 *Eriobotrya japonica* Lindl.。原产我国南部温暖多雨地区，栽培历史已有一千七百多年。白居易诗有“淮山侧畔楚江阴，五月枇杷正满林”之句。可知在当时枇杷已盛行栽培了，现世界各国的枇杷是先后从我国传去的。

②本色肥枝接过，即实生枇杷作砧木，从壮健优良的枇杷母株取接穗嫁接。按枇杷除用木砧外，也有采用石楠或榅桲作砧木的。

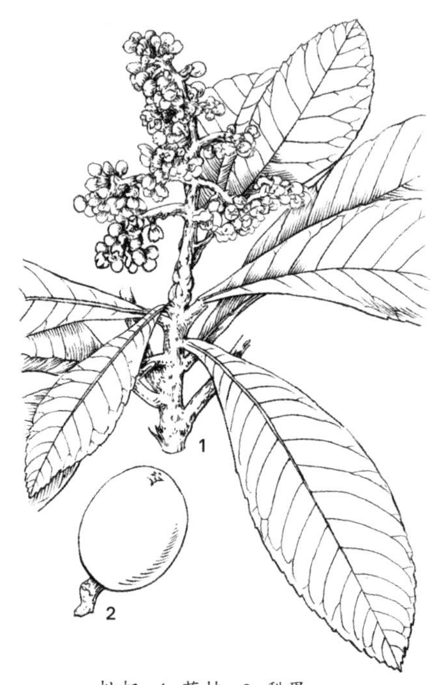

枇杷：1. 花枝；2. 梨果。

栗

栗[①]产濮阳、范阳、兖州，而宣州、杭州者更佳。树似栎，而花色青黄，与他花特异。枝间缀花[②]，长二三寸许，有似胡桃。人俟其落时收之，点火风雨不灭。结实如球，外有芒刺，内有栗房，一包三五枚，熟则罅坼[㈠]子出。如欲干收，或曝或悬迎风处，若欲生收[㈡]藏之润沙中。至春三四月，尚如新摘者。冬末春初，将子埋[㈢]湿土中，种向阳地，待生长六尺[㈣]余，方可移栽。春分时，取栎树或本树，生子[㈤]肥大者，接之亦可[③]。栗[㈥]生数年，不可掌近，凡属新栽树皆然，而栗尤甚。十月天寒，以草包之，二月方解。或云：与橄榄同食，能作梅花香味，而橄榄无渣。

校 记

㈠“坼”：中华版误作“折”。

㈡“收”：乾本误作“败”。

㈢“埋”：乾本误作“理”。
㈣“尺”：康本、乾本均误作“丈”。
㈤“子”：乾本误作“于”。
㈥“栗”：乾本误作“粟”。

注 解

①栗系山毛榉科的落叶果树。《诗经》云：“树之榛栗。”《周礼·天官》有云：“馈食之笾，其实栗。”可知我国栽培有着悠久的历史。学名 *Castanea mollissima* Blume.。在黄河流域以及云南高原都有栽培，在山区以取木材为主，而采果为副。

②系雌雄异花，结果枝叶腋间抽出细长的穗状雄花序，最上部的一至四个雄花序的基部着生小球状的雌花序。

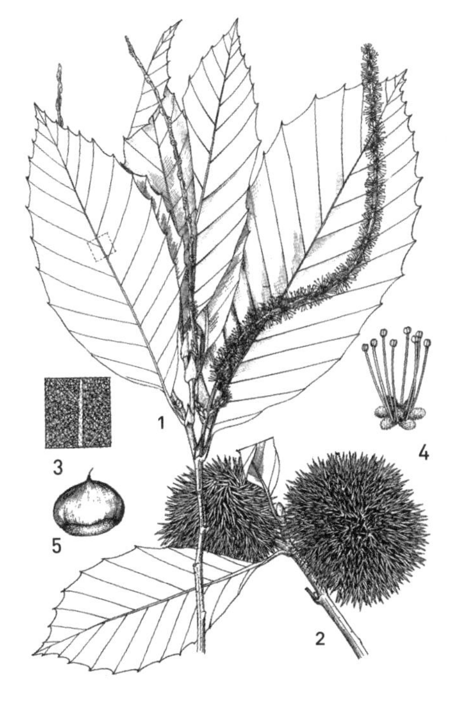

板栗：1. 花枝；2. 果枝；3. 叶背局部：示星状短茸毛；4. 雄花；5. 坚果。

③除用共砧或栎树外，可用同属的植物柞树作砧木，能够早期获得丰产，更能扩大其适应性，增加抗寒力。

榛

榛[①]生关中鄜坊山东等处，树似梓而高丈余，叶色如牛李。冬发花，春结实，外壳坚，内肉香，状如小栗。其核中悉如李，生则胡桃味，干则甜美可食。产辽东新罗者更肥美，栽种法与栗同。

注 解

①系桦木科落叶灌木或小乔木。果实叫榛子，供食用，又可榨油，木材坚硬致密，可制手杖、伞柄及其他细工。学名 *Corylus heterophylla* Fisch.ex Trautv.。

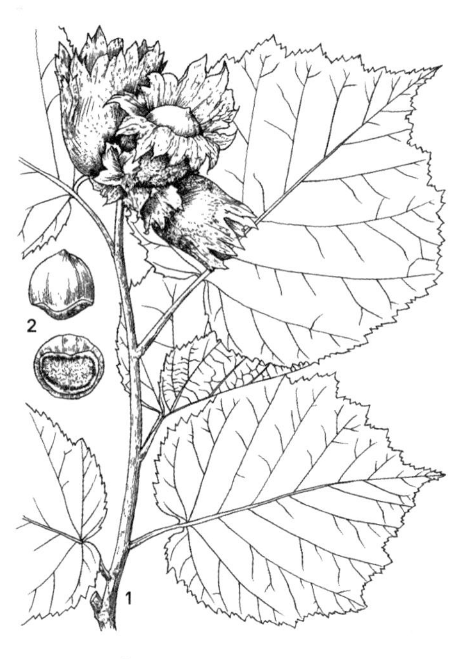

榛子：1. 果枝；2. 坚果。

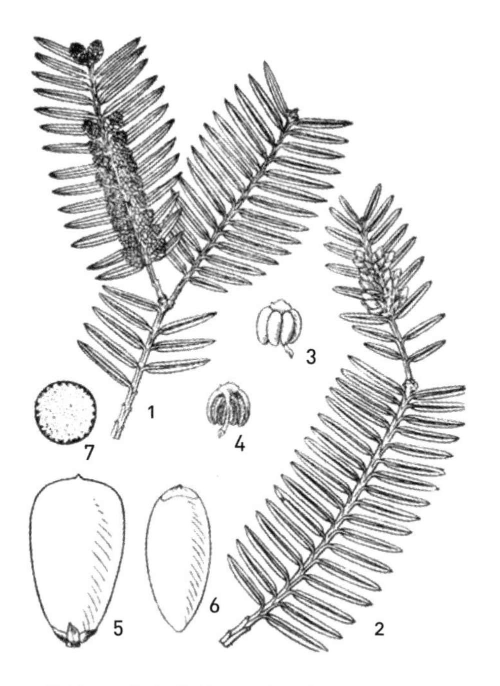

榧树：1. 雄球花枝；2. 雌球花枝；3、4. 雄蕊；5. 种子；6. 去假种皮的种子；7. 去假种皮和外种皮的种子横切面。

榧

榧①一名柀子，一名玉榧，俗呼赤果。产自永昌、杭州者，不及信州、玉山之佳。叶似杉而异形，其材文彩而坚，本大连抱，高有数仞，古称文木，堪为器用。树有牝牡②，牡者开花，而牝者结实，理有相感，不可致诘也。冬日开黄圆花，其实有皮壳，如枣而尖短，去皮壳，可以生食。若火焙过，便能久藏，食更香美。大概以细长而心实者为佳，一树可得数十斛，二月下子种。

注　解

①系松柏科（一作紫杉科）的常绿乔木。学名 *Torreya grandis* Fort. ex Lindl.。

②花单性，雄花与雌花异株。名见《群花谱》。果实并可榨油及炒食，普通叫香榧。有润肠缓泻作用，能治痔疮、大便困难等症。

天仙果

天仙果[①]出自四川，树高八九尺，叶似荔枝而小，不开花而自实[②]，累累枝间。子如樱桃，六七月中熟，其味最甜美。

注 解

①系桑科灌木或小乔木，名见《本草纲目》，别名“天师果”。学名 *Ficus erecta* Thunb.。

②系隐头状花序，花呈紫红色，单性，雌雄异株。产四川、广东、广西、福建等省。果实熟时红紫色，味稍甘，多汁，可生食。

天仙果：1. 果枝；2. 叶背局部放大，示毛被；3. 雄花；4. 雌花；5~6. 瘿花。

古度子

古度子[①]出自交广诸州。本与叶似栗，不开花而实。枝间生子，大如安石榴及楂子而色赤味酸，煮以为粽食之。若迟数日不煮，则化作飞蚁，穿皮飞去矣[②]。此盖无情化有情之一验也。

注 解

①按《交州记》：“古度树不花而实，实从皮中出，大如安石榴，色赤，可食。其实中有如蒲梨者，取之数日不煮，皆化成虫，如蚁有翼穿皮飞出。”又《顾微广州记》：“古度树叶如栗，而大于枇杷，无花，枝柯皮中出子，子似杏，而味酢；取以煮为粽；取之数日不煮，化为飞蚁。”前已介绍无花果，这里所指，当系无花果的一个变种（按无花果有四个变种）。

②当时所见可能果实已受无花果蜂的幼虫为害，化为飞蚁，就是幼虫羽化为成虫了。

葡萄

葡萄[①]俗名李桃。张骞从大宛[②]移来，近日随地俱有，然味[㈠]不如北地所产之大而甘。蔓梗柔条，叶盛枝繁，极其长大。延蔓可数十丈，必依架附木，若蟠之高树，其实累累，悬挂可观。三月开黄白小花成穗，实圆如樱桃，有紫、白、黄三色[③]，白名水晶，紫名马乳。蜀中又有纯绿者。夏中坐卧其下，叶密阴厚，纳凉最宜。富室取其实，榨汁作酒甚美。春分剪其枝，插肥地即活。结子后即宜剪去繁叶，使受雨露之滋，则实易肥大而甜。每日灌以冷茶，间两日浇水，或用米泔水和黑豆皮，或以煮肉淡汁浇之，不宜用粪[④]。若以此藤穿枣木而生者，味更甘美。入麝香于其皮内，则葡萄熟时，尽带香味可口。十月终落叶后，去根一步许掘一大坑，收卷其枝条悉埋之。细枝茎嫩恐伤，杂衬以黍穰更佳。如无黍穰，竟以土盖亦无碍。因其性不耐寒，不埋恐冻死耳。待二月中，还出舒于架上。若历岁久而干老者，只须穰草覆之，南方则不必坑矣。凡扦插在正月下旬，取肥枝长四五尺者[㈡]，卷为小圈令紧[⑤]，先治地极肥松种之；止留二节在外，俟春气发动，众萌尽吐，而土中之节，不能条达，则英华尽萃于出土之二节，不二年而成棚矣。又波斯国葡萄[㈢]，有大如鸡卵者。土鲁国葡萄，有小如胡椒者，名琐琐葡萄，无核而味更甜美。物主不齐，地土使然也。

校 记

㈠“味”：乾本误作“深”。

㈡“四五尺者”：乾本误作“四五五尺”。

㈢“葡萄”：乾本误作“蒲相”。

注 解

①葡萄，系希腊语 Botrus 的译音，属葡萄科多年生藤本攀援植物。原产黑海和地中海沿岸各地。欧洲葡萄学名 *Vitis vinifera* Linn.。自传入我国后，

葡萄：1. 花枝；2. 果序；3. 花；4. 去花冠的花，示花萼、雌蕊和雄蕊；5. 雌蕊。

逐渐分布在各地，经过长久的风土驯化和人工选择，已成为我国华北系品种群。

②《史记·大宛传》和《齐民要术》上都有记载。

③近年我国各研究单位收集葡萄栽培品种约在五百个以上，多数为欧洲葡萄。但在生产上栽培品种不多，主要有龙眼、无核白、玫瑰香、牛奶（别名马奶）等品种。

④葡萄园内施用厩肥等有机肥料，对提高葡萄产量有显著的效果。这里可能指幼苗不宜用未腐熟的粪肥。

⑤古时用长条扦插，需要材料较多；近年已采用单芽扦插，并创造了一芽多苗，以及扦插、压条相结合的新方法了。

猕猴桃

猕猴桃[①]一名阳桃，生山谷中。藤着树而生，枝条柔弱，高二三尺。叶圆有毛，花小而淡红，实形似鸡卵，十月烂熟，色绿而甘，猕猴喜食之。皮堪作纸，今陕西永兴军南山甚多。

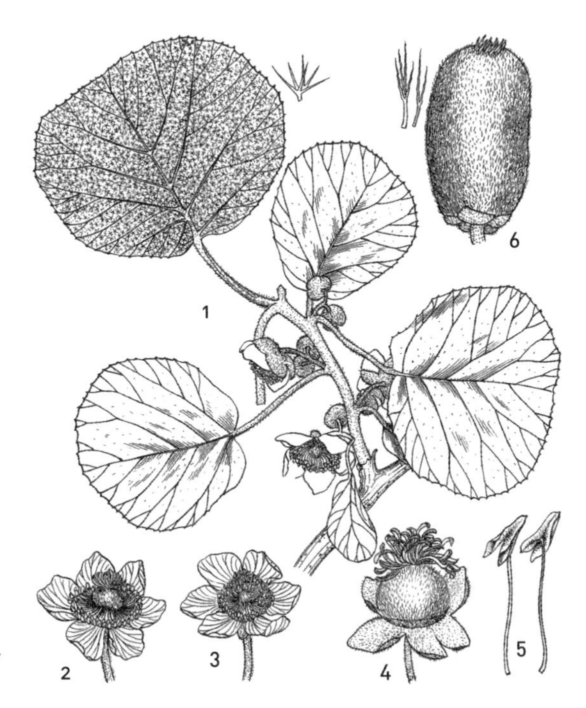

中华猕猴桃：1. 花枝；2. 两性花；3. 雄花；4. 雌花局部：示雌蕊；5. 雄蕊；6. 浆果。

注 解

①系猕猴桃科藤本植物，《诗经·桧风》中有："隰有长楚"章。郭注云："今羊桃也，或名鬼桃，叶似桃……"其后《尔雅》及《开宝本草》，亦有记述。本种学名为 *Actinidia chinensis* Planch.。唐代岑参诗："……中庭井栏上，一架猕猴桃……"说明在一千二百多

年前，已有人工栽培，设法逐渐驯化了，以后的古书中亦有关于猕猴桃的性状及加工食用、药用的记载。

猕猴桃原产我国，各省均有分布，资源丰富，果实含有多种营养物质，特别含维生素 C 相当高，果实清香，甜酸适度，别具风味，可制果酱、果酒、果干、果脯等，目前已成为航空、航海、高原、矿工等特种作业人员和老弱病人的特需营养品，而且具有预防冠心病及动脉硬化的作用。

苌楚

苌楚[①]一名业楚，一名羊桃。叶如桃而光，尖长而狭。花紫赤色，其枝茎最弱，过一尺即引蔓于草上。多生平泽中，子细如枣核，亦似桃而味苦，不堪食。

注 解

①这种味苦不堪食的苌楚，可能是猕猴桃的另一野生种，或由于生长环境恶劣，质量逐渐变坏而致味苦不堪食。

蘡薁

蘡薁[①]（音婴郁）多生林墅间，四散延蔓，其叶并花实，皆与葡萄无异。但实小而圆，色不甚紫，而味亦佳。毛诗云：“六月食薁”，即此也。

注 解

①系葡萄科细长藤本，小枝幼时有角棱及锈色绒毛，别名野葡萄。名见《植物名实图考》。另有变种小叶蘡薁，叶较小，三至五深裂。学名 *Vitis thunbergii* S. et Z.。

扬摇子（杨桃）

扬摇子[①]产自闽、粤。其子生树皮内[㈠]，身体有脊，而形甚异，味甘无核，长五寸而色青。

校 记

㈠“树皮内”：疑系“树干上”之误。

注 解

①与杨桃子音相近似。按所描述形态、产地，亦系指杨桃而言。杨桃又名五敛子，原产广东、福建，为酢浆草科的果树。常结实在老干上，果实有棱（身体有脊），长五寸许，青色，熟后青黄色，种子小，亦有无种子的。学名 *Averrhoa carambola* L.。

华南植物研究所亦认为“可能即杨桃果实生树身上者”。

波罗蜜（树波萝）

波罗蜜[①]产自海南。树如荔枝差大，皮厚叶圆，有横纹，小枝附树本而生，一枝含数实。花落实出，其大如斗。皮亦似荔枝，有刺类佛首螺髻之状。肉若蜂房，近子处可食，与熟瓜无异，而丰韵过之。子如肥皂核大，亦可炒食，味似豆。春生秋熟，粤人珍之，其甘如蜜。

注 解

①系桑科常绿大乔木，别名婆那娑（《广群芳谱》）、阿萨亸（《酉阳杂俎》），花单性，雌雄同株，雄花圆筒状，雌花埋没于球形花托内，果实为花托肥大而成的假果。有短梗，悬垂于干部或大枝上。原产印度、马来群岛。广东佛山、湛江两专区及海南岛栽培较多。云南亦有分布。另有树波罗、大树波罗等名。学名 *Artocarpus heterophyllus* Lam.。

菩提子（蒲桃）

菩提子[①]一名无患子[②]，产自南海，今武当山亦有之。花如冠蕤，叶似冬青，而稍尖长。实似枇杷、稍长大，味甘，色青而香。核坚黑，可炒食，亦可作念珠，俗名鬼见愁，以其能辟邪恶也。前朝皇太后，曾种二株于内宫。

注 解

①按所记花和果实的形态鉴定系蒲桃。学名 *Eugenia jambos* L.，为桃金娘科的常绿乔木，原产马来群岛，广东栽培颇多，云南亦有分布。花为顶生伞房花序，萼四裂，花冠径一寸二分，花瓣四片，雄蕊多数，花丝黄白色，长一寸五分，花柱与花同长，所谓“花如冠蕤”即指此。果实似枇杷稍长大；色青黄，味甜而有芳香。中有空洞，内有种子一至二颗，因语音近似，常与“菩提子”“葡

萄”混为一淡。这种果树系明末传入，本书首先著录，由于对实物接触得少，因此记述亦未免差错。另一种叫洋蒲桃，亦是桃金娘科的水果，树形与前种相似，果实为钟状或洋梨状，红色，光亮，如蜡质，鲜艳夺目，有香味，惟渣滓稍多，本种输入较迟。

再查菩提树科的菩提子，高至十余尺，叶互生，为不等边心脏形或广三角形，有锯齿，上面平滑，下面密生带白色之毛；有似叶之总苞，披针形，花序即自总苞之中部生出，花梗分枝甚多，花瓣淡黄白色，花后结圆形小果，可作念珠。此植物可作观赏用，与桑科无花果属的菩提树（*Ficus religiosa* L.）不同。桑科的菩提在印度原产地，树高达八九丈，树干的生长不平等，有极大的凸起部和凹陷部；枝上垂生气根与椿树相似，叶卵形，先端甚长，花和果实似天仙果。果实下方有三片萼状的总苞；常两个并生，柄短，大似樱桃，熟时现黑色，在印度被认为神圣的树木，种于寺院内，采叶用水浸渍，存留叶脉，用以画佛像，与本书所说花如冠蕤不同，显系彼此混淆了。

②无患子果实比龙眼为小，外果皮肉质，含有油，可作肥皂用，不能食。种子黑色，也可作为念珠。可能由于作者没有见过实物，因此误将各种混为一谈。无患子学名 *Sapindus mukorossi* Gaertn.。

人面子

人面子[①]出自粤中。树似梅李[②]，春花秋熟。子如桃实而少味，须蜜渍可食。其核两边如人面，耳目口鼻，无不具足，人皆取以为玩。

注 解

①系漆树科常绿大乔木。学名 *Dracontomelon dao* Merr. & Rolfe。叶为奇数羽状复叶，花青白色，圆锥花序，核果圆形，原产广东。名见《南方草木状》。《华南经济果树录》亦有记载，果实味微酸，供加工用及调味。用酱油浸渍，可佐膳，或用以蒸鱼，味极美。

②《南方草木状》原载“树如含桃”。

都念子

都念[①]生岭南。树高丈余，株柯长而细，叶如苦李。花紫赤如蜀葵，心金色，南中妇女多用染色。子如小软柿，外紫内赤，真无核。头上有四叶如柿蒂，食必捻其蒂，故又名倒捻子。味甚甘美。

注 解

①现名山竹子，为藤黄科常绿小乔木。别名莽吉柿、倒捻子。学名 *Garcinia mangostana* Linn. 叶厚革质，长椭圆形而尖，花有雄花、完全花二种，花瓣四瓣，暗红色，果实紫褐色，汁多味美，是热带著名的鲜果。又树形美观，可供观赏用。

木竹子

木竹子[①]出自广西。皮色形状全似大枇杷，而肉味甘美过之，但实熟在秋冬。

注 解

①按范成大《桂海果志》载："木竹子，皮色形状全似大枇杷，肉甘美，秋冬间实。"又《广西壮族自治区果树品种志》载："木竹子广西桂东、桂南、桂西各县均有生长，系藤黄科常绿乔木。花橙黄色，花期五月间，冬季果熟时黄色。"又名山桔子、多花山竹子（《华南经济果树录》）。学名为 *Garcinia multiflora* Champ. ex Benth.。按与蔷薇科的木帚子 *Cotoneaster salicifolia* 迥异。

韶子

韶子[①]生岭南。叶如栗，赤色。子亦如栗，苞有棘刺。破其苞，内有肉如猪肪，着核不离，味甘而酢，核如荔枝。又有山韶子[②]，夏熟，色正红，肉如荔枝。一种藤韶子，至秋方熟，其大如凫卵。

注 解

①按裴渊《广州记》云："韶叶如栗，赤色，子大如栗，有棘刺，破其皮，内有肉，如猪肪……"此果现名红毛丹，别名毛荔枝、山荔枝（海南），系无患子科大乔木。学名 *Nephelium lappaceum* Linn.。叶互生，羽状复叶，小叶二至十二。花密生，成圆锥花序，被柔毛，萼钟状，四至六浅裂；缺花瓣。小蕊五至八枚，凸出，花丝被柔毛。果实椭圆形，有红、橙黄或黑色，上有钩状软刺；假种皮为半透明状多汁之肉质，与种子粘着；种子椭圆形，扁平，白色。产广

东、海南岛，为热带栽培果树之一。

②按范成大《桂海果志》载："广南有山韶子，夏熟，色红，肉如荔枝。又有藤韶子，秋熟，大如凫卵柿也。"山韶子学名 *N. mutabile* Bl.，与韶子极相似，但其果味甚甜，堪与荔枝媲美。软刺短而钝，假种皮较易与种子分离。

又榴莲（*Durio zibethinus* Murr.）系木棉科（亦作锦葵科）的乔木，《中国树木分类学》及《中国果树栽培学》均误作为韶子。惟榴莲系南洋热带特产，国内尚少栽培。此植物树甚高大，常至七八丈。叶长约五寸，宽一寸八分，倒卵状长椭圆形，全缘，革质。花为侧生三分枝聚伞花序；果实卵形或圆形，长约七八寸，重达四斤左右，表面多刺，木质颇厚，常不能自行开裂。种子甚大，周围附生一种坚硬乳皮色之肉质，可供食用。惟果实具一种如陈奶酪与洋葱混合的臭气，并有松节油的风味。种子可炒食，未熟的果肉亦可供作蔬菜。与红毛丹有所不同。

芭蕉 红蕉、牙蕉、羊角蕉、牛乳蕉

芭蕉[①]一名芭苴，一名绿天，系草本。高有二三丈[㈠]许，大有一围[②]，叶长及丈，阔一二尺，舒一叶即焦一叶而不落。花著茎末，大如酒杯。形色红如莲花者名红[㈡]蕉[③]，白如蜡色者名水蕉。其花大类象牙，故名牙蕉[④]。自中夏开至中秋方尽，子各为房，实随花长。每花一阖，各有六子，先后相次。惟产闽、粤者花多实，名甘露。味极甜美，子不俱生，花不俱落。子有三种，生时苦涩，熟则皆甜。味如葡萄，可疗饥渴。羊角蕉[⑤]子大如拇指，长六七寸。锐头黄皮，味亦甘美。牛乳蕉[⑥]子类牛乳味微减。一种，子如莲子，形正方者，味最

芭蕉：1. 植株；2. 花序；3. 雄花；4. 雌花；5. 雌蕊；6. 花丝上部与花药。

薄，只可蜜浸为点茶之用。种法：将至霜降叶萎黄后，即用稻草裹干，来春芽发时，分取根边小株，用油簪脚横刺二眼，令泄其气，终不长大，可作盆玩。性最喜暖，不必肥。其茎皮解散如丝，绩以为布，即今蕉葛[7]。

校 记

㈠“丈”：乾本、中华版均误作“尺”。

㈡“红”：花说堂版误作“经”。

注 解

①芭蕉系芭蕉科多年生草本。学名 *Musa basjoo* Sieb. et Zucc.，原产我国南部，根据《三辅黄图》及《南方草本状》记载，可知在我国栽培有两千多年的历史。各地多种植作为观赏用。

②芭蕉一般作为蕉类的总称，其中以甘蕉较大型，假干高度常达二丈左右，叶长亦有八九尺。

③红蕉系香蕉（学名 *M. sapientum* L.）的一个品种，干高，叶形较窄长，果形弯，初期暗红色，最后变为黄红色；皮厚，果肉微黄色，味淡。

④即龙牙蕉（学名 *M. nana* L.），果身近圆形，而微起棱，略弯，果皮甚薄，易剥，皮色鲜黄，美丽，肉质柔软而甜滑，另有一种香味。

⑤羊角蕉系大蕉（学名 *M. paradisiaca* L.）的一个品种，果形微扁，五棱明显，果皮杏黄色，皮厚，肉质较粗。

⑥牛乳蕉即牛奶蕉，也是大蕉的一种。果形直，果柄粗，皮带白粉，皮厚，肉柔滑，乳白色，味甘，无香气。

⑦另有一种供纤维用的麻蕉，果实细小，多数有种子，具涩味，不堪食用。学名 *M. textilis* Née。鲜食用的甘蕉，在我国最常见的有香蕉、大蕉、龙牙蕉、糯米蕉（牛乳蕉）等。其中经济价值最高、栽培最广的是香蕉，因此广大地区都习用香蕉为食用蕉的通称。

通草花 通脱木

通草[1]一名活莌[2]，产于江南。木高丈许，叶如蓖麻。作藤蔓大如指，其茎大者径三寸，每节有二三枝。枝头出五叶。六七月间开紫花或白花。茎中有瓤[3]，轻白可爱，女工取以染色饰物最佳。结实如小木瓜[4]，核白瓤黑，食之甘美。或以蜜煎作果。其花上有粉，能治诸虫瘘恶毒。

注 解

①系木通科木质藤本。学名 *Akebia quinata* Decaisne。又名万年藤。花单性，同一花轴上着生多数雄花和少数雌花，呈淡紫色。花后结浆果，味甘可食；种子可榨油，嫩叶亦可食。名见《本草经》。

②即通脱木，系五加科小乔木。学名 *Tetrapanax papyrifer*（Hook.）K. Koch。也叫通草，异物同名。茎直立小分枝，质脆如草本，含有白色的髓。叶掌状分裂，有长柄，集生于茎顶；花排列成圆锥花序，花瓣四片；茎髓切薄可制纸花和各种装饰品。名见《用药法象》。别名离南、倚商。

③系指通脱木。

④通草一称木通，原产我国，今江苏、河南、湖南、湖北、四川、广东等省均有分布，惟尚少人工栽培。果实味美可食。此外尚有三叶木通，果略小，种子均可榨油，嫩叶亦可食，茎蔓供药用。

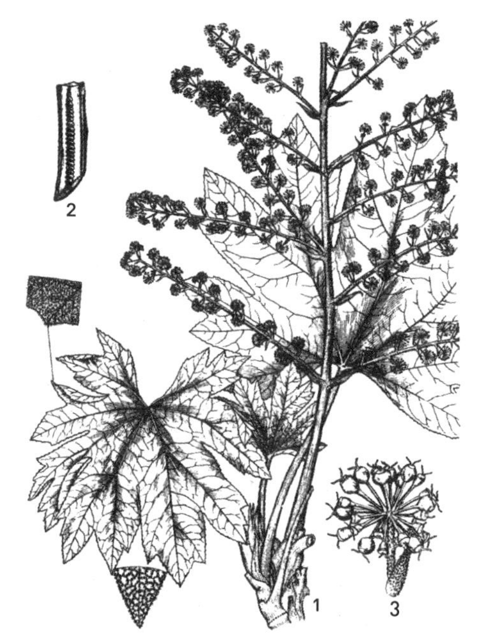

通脱木：1. 植株顶部及花序；2. 茎纵切面，示髓；3. 小伞形花序。

卷五　藤蔓类考

天壤间，似木非木，似草非草者，竹与芝是也。兹特冠竹、芝于藤蔓之首者，因其秀雅灵奇，而尊之也。至若遐方异品，亦间附于后，志怪也。

竹 棕竹

竹①乃植物也，随在有之。但质与草木异，其形色大小不同。竹根曰菊，旁引曰鞭。鞭上挺生者名笋，笋外包者名箨。过旬则箨解名竿，竿之节名箹。初发梢叶名篁，梢叶开尽名箨，竿上之肤名筠。古人取义独详。按竹之妙，虚心密节，性体坚刚，值霜雪而不凋，历四时而常茂，颇无夭艳，雅俗共赏。故戴凯之有竹纪六十一品，今复详载㈠于后。其性喜向东南，移种须向西北角，方能满林。语云："种竹无时，遇雨㈡便移；多留宿土，记取南枝。"又五㈢月十三日为㈣竹醉日②，是日种者易活。移时必须连根鞭埋下，覆土后勿以脚踏，只用槌击数下，壅以马粪砻糠，次年便可出笋。竹初出时，看根下第一节，生单枝者是雄竹，宜去；生双枝者是雌竹，善生笋。最忌火日移栽。每至冬月，当以田泥或河泥壅根。若瘗以死猫，能引他人之竹过墙；如不欲其过墙，须掘一沟便止。长至四五年者，即宜伐去，庶不碍新笋。如笋生花，结实似稗，谓之竹米，不久满林皆枯。治法：在初花时，择一二大竿截去，止留下三尺，打通其节，以粪填实之，则花自止，竹亦不败矣③。

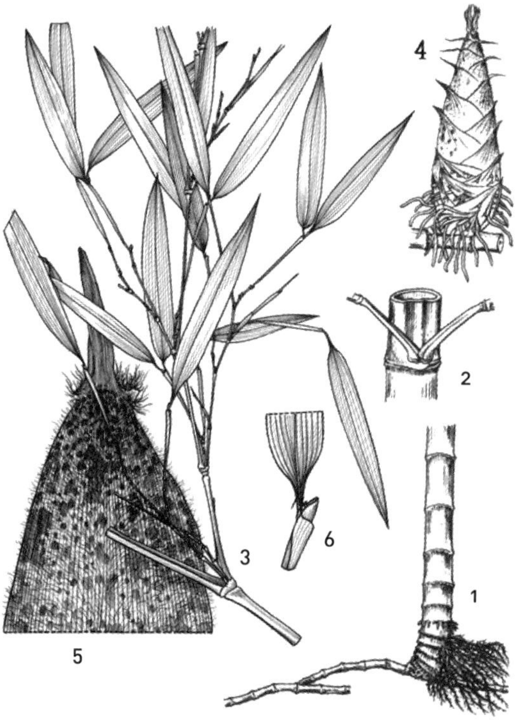

毛竹:1. 根；2. 节；3. 叶枝；4. 笋；5. 箨；6. 箨舌。

种竹有四字诀："疏、密、浅、深"，则尽之矣。疏者，谓三四尺方种一棵[五]，欲其土虚易于行鞭也。密者，大其根盘，每棵须三四竿一堆，使其根密，自相维持也。浅者，入土不甚深也。深者，种时虽浅，每用河泥厚壅之，则深也。又移须多带宿土，勿踏以足，则易活。一云：八月初八，及每月二十，若遇雨，皆可移。又竹满六十年一易根，必结实枯死，其实落地复生，六年遂成町矣。江南余千有竹，实大若鸡卵，叶包裹，味甘。

附竹释名　共三十九种[④]。

诸异竹

十二时竹（产蕲州，绕节凸生子、丑、寅、卯等十二字。安福周俊叔家得此种，亦造物之奇也），箟簩竹（出新州，一枝百叶，皮利可为砺甲，用久微滑，以酸浆渍过宿，复快利如初，多作弩箭），人面竹（出郑山，竹径几寸，近本逮二尺，节促四面参差，竹皮有如鱼鳞，面凸颇似人之面），棕竹[⑤]（有三种：上曰筋头，梗短叶垂，可以书几；次曰短柄，可列庭阶；再次朴竹，节稀叶梗，但可削作扇骨，细微之用。其干似竹非竹，黑色有皮，心实；肉内有白鬃纹），桃丝竹（叶如棕，身如竹，密节而实心，厚理瘦骨，天然柱杖，出巴渝间。产豫者细纹，一节四尺），四季竹（四季生笋，干节长而圆，取为乐器，声中管籥，若生山石者，音更清亮可人），湘妃竹（产于古辣，其干光润，上有黄黑斑点纹。旋转而细，如珠泪痕状，竹之最贵重者），金镶碧嵌竹（产自成都，近日浙杭亦有，与常竹无异；但干上每节两青两黄相间），孝顺竹（干细而长，作大丛，夏则笋从中发，源让母竹；冬则笋从外护，母竹内包，故称慈孝），方竹（产于澄州、桃源、杭州，今江南俱有。体方有如削成，而劲挺堪为柱杖，亦异品也），凤尾竹（紫干，高不过二三尺，叶细小而猗那，类凤毛。盆种可作清玩），猫竹（一作毛竹。浙、闽最多，干大而厚，叶细而小，异于他竹。人取编牌作舟，或造屋皆可），蕲竹（出楚郡蕲州，土人取其色之莹润者为簟，节疏者为箫笛），双竹（生浙之武林西山，其妙在篠篁嫩篠，对抽并胤，色最可爱），龙公竹（产自罗浮山，其径大七尺许，节长丈二，叶若芭蕉），紫竹（出南海普陀山，其干细而色深紫，段之可为箫管，今浙中皆有），弓竹（产于东方，本长百寻，其曲如藤状，必得大木，乃倚而上，质有文理），柯亭竹（产在云梦之南，其干俟期年之后，伐为乐器，音最清亮），桂竹（出自南康府，干高四五丈，围约一尺许，叶似甘竹而皮赤色），思摩竹（奇在笋自节生，竹成竿之后，其节中复又生笋，出海外），月竹（产于江南嘉定，每月抽笋，其形轻短而丛生，有如箭杆），梅绿竹（其干似湘妃而细，皮无旋纹，色亦暗，而大不如，人多取为扇骨），斑竹（产于吴越诸山，其斑纹虽不及古辣湘妃，然作器具，所用最广），墨竹

（其状如古藤，长有一丈八九尺，而色理之黑如铁），大夫竹（以其修长，干直凌云，围有三尺，故得是名。出鄜延），龙须竹（生辰州及浙之山谷间，高不盈尺，而枝干细仅如针，可作盆玩；但遇冬不可见霜雪），临贺竹（其干之大，至有十抱，较之龙公竹更奇。出临贺），慈竹（其干内实而节疏，性弱而形紧，其细筋可代藤用），龟文竹（产于宝陀岩，昔年仅一本，以之制扇甚奇，今不可得矣），相思竹（出自广东，似双竹而差大，皆两两相对而生），疏节竹（其干最高，每一节差一寸许，出自黎母山阳），丹青竹（出自熊耳山，其叶有三色，黄、青、丹相间而生），通节竹（产于溱州，其干直上无节，而中心空洞无隔，亦异种也），凝波竹（其枝叶皆似常竹，但有红花，开似安石榴，亦奇种也），沛竹（昔传是竹长百丈，出自南荒之域，附此以志异耳），扁竹（其干极扁，出自匡庐山），船竹（出员丘，其大如澡盆），邛竹（汉武帝遣人开牂牁致邛竹杖），径尺竹（产湖湘，可为甑用），观音竹（出占城国）。

校 记

㈠“栽”：乾本误作“戴”。

㈡“雨”：乾本误作“两”。

㈢“五”：乾本误作“三”。

㈣“为”：乾本误作“马”。

㈤“棵”：各版均作“颗”，按《种树书》原作“棵”，依原本改。

注 解

①竹系禾本科多年生植物。繁殖栽培极易，而为用亦至广。

②此则出自《齐民要术》。

③原出《农政全书》。又法：“将园地分段掘起宿根，间一段起一段，使其根舒展，次年还复盛矣。其一公者遍地皆然，此必水涝之年，或水灾之后也。此则无法可治，但不可因其枯瘁，遽起竹根，只有留以待之，一二年后自然复发。”

④据《竹经》说：“竹之品类六十有一。”这里所列品类大致与《农政全书》所载相同。

⑤棕竹系棕榈科常绿灌木，原产我国，学名 *Rhapis humilis* Bl.。按我国竹类植物计二十二属，一百八十多种。常见的如刚竹属 *Phyllostachys* Sieb. & Zucc.，有龟纹竹、龙鳞竹、毛竹、湘妃竹、人面竹等；簕竹属 *Bambusa* Schreb . 有凤尾竹、撑篙竹等；慈竹属 *Sinocalamus* Mooclurer，有麻竹、绿竹、慈竹、粉箪竹等；苦竹属 *Pleioblastus* Nakai，有苦竹、菲白竹等；赤竹属 *Sasa* Makino et Shibata，有

箭竹、山白竹、赤竹等；方竹属 *Chimonobambusa* Makino，有方竹、四川方竹等。

灵芝

灵芝[①]一名三秀，王者德仁则生，非市食之菌，乃瑞草也。种类不同，惟黄、紫二色者，山中常有。其形如鹿角，或如伞盖，皆坚实芳香，叩之有声。服食家多采归以箩盛置饭甑上，蒸熟晒干，藏久不坏，备作道粮。又芝草一年三花，食之令人长生。然芝虽禀山川灵异而生，亦可种植。道家植芝法，每以糯米饭捣烂，加雄黄鹿头血，包曝干冬笋，候冬至日，埋于土中自出。或灌药入老树腐烂处，来年雷雨后，即可得各色灵芝矣。雅人取置盆松之下，兰蕙之中，甚有逸致，且能耐久不坏。

附灵芝释名　共计四十一品。

五色芝（五品）

赤芝（一名丹芝，色如珊瑚，其艳丽异常。生于衡山，食之轻身延年），黄芝（一名金芝，色如紫金，光明洞彻，多产于嵩山之上。食之不老），黑芝（一名玄芝，色如泽漆，其光润可爱，生于常山），青芝（一名龙芝，色若翡翠之羽，多产于泰山），白芝（一名素芝，色如截肪，生华山，唐时延英殿御座上生玉芝一茎，有三花）。

木芝（十一品）

千岁芝（生于枯木，下根如坐人，刻之有血，取血涂二足，可行水隐形，延年却疾者），木威喜芝（松脂满地，化为茯苓，岁久上生小木，状似莲花，夜视有光，烧之不焦，服之得血），飞节芝（生千年老松上，皮中有脂，其状如飞舞，服之可以长生），木渠芝（寄生大木上，状似莲花而一丛有九茎，味则甘而带辛），黄蘖芝（生于千年黄蘖根下，另有细根如丝缕，服之可得地仙），参成芝（赤色有光，扣其枝叶，如金刀之音），建木芝（生都广，皮如缨，实如鸾），五德芝（其形如车马，食之者寿可得千岁），樊桃芝（木如龙，花如丹萝，实如飞鸟）九光芝，（形如盘槎，生临水之高山顶），九茎芝（一干九茎，其色红黄可爱，汉元封中，生于甘泉殿斋房）。

草芝（十三品）

龙仙芝（形似升龙相负，食之可以长生），白云芝（生名山白石之阴，有白云时覆其上），青云芝（青盖三重，其理则赤，食之主寿），独摇芝（根大如斗，茎粗如指，能无风自动），牛角芝（生虎寿山，形似葱而特出，类角），紫珠芝（茎黄叶赤，实如李而紫色，生蓝田），火芝（叶赤而茎青，昔为赤松子之所服），九曲芝（九曲，每曲三叶，实生叶间，其茎如针），白符芝（似梅，大雪开花，至季夏始实），夜光芝（生华阳洞山，有五色光浮其上），凤脑芝（其苗如匏，而结实若桃），云母芝（生山阴，时有云护，秋采食，令人身轻），金芝（汉元康中，金芝九茎连叶，生于函德殿铜池。又唐上元二年，含辉院产金芝）。

石芝（七品）

玉暗芝（生于有玉之山，状似鸟兽，色无常彩，多似山水苍玉，亦有如鲜明之水晶者），七明芝（生临水石崖间，叶有七孔，实坚如石，夜见其光，若食至七枚，则七孔洞然矣），石蜜芝（生少室石户中，乃不易得者），桂芝（生石穴中，似桂树，乃石也，色光明，味辛），石脑芝（出自石中而色黄），金兰芝（冬生于山阴金石之间，食之多寿），月精芝（秋生山阳石上，茎青上赤，味辛）。

肉芝（五品）

人掌芝（兰陵萧静之，掘地得一物，类人掌，烹食之后，遇一道人，见其神气不凡。语曰：子得食肉芝，自此寿可等乎龟鹤矣），蝙蝠芝（明成化间长洲产肉芝，其形类蝙蝠，人皆以为异，而特志之），千岁龟、千岁蟾蜍、燕胎芝（因其形似，皆肉芝也）。

芝原仙品，其形色变幻，莫可端倪，故有灵芝之称，惟有缘者得遇之耳。据采芝图所载名目有数百种，兹止录其十分之三，以备山林高隐之士，为服食参考之一助也。

注　解

①灵芝系多孔蕈科（一作灵芝科）多年生隐花植物，古以为不死之药。(《文选》）班固《西都赋》：“于是灵草冬荣，神木丛生。”善注：“神木灵草，谓不死药也。”又张衡《西京赋》：“神木灵草，朱实离离。”综注：“灵草，芝英，朱赤色。”按灵草即芝，古以为仙草，故称灵芝或灵草。多生于枯朽的树木的根际，学名 *Fomes japonicus* Fr.。

凌霄花

凌霄[①]一名紫葳，又名陵苕、鬼目。蔓生，必附于木之南枝而上，高可数丈。蔓间有须如蝎虎足着树最坚牢，久则本大如杯。春初生枝，一枝数叶，尖长有齿，深青色。开花每枝十余朵，大若牵牛状。花头开五瓣，上有数点黄色。夏中乃盈，深秋更赤。八月结荚如豆角，长三寸许，子轻薄如榆仁，用以蟠绣石，自是可观。但花香劣，闻太久则伤脑[②]，妇人闻之能堕胎，不可不慎。昔洛阳富韩公家植一本，初无所依附而能特立，岁久遂成大树，亭亭可爱，亦草木之出乎其类者也。

凌霄：1. 花枝；2. 雄蕊及部分花冠；3. 花萼和雌蕊。

注 解

①凌霄花系紫葳科落叶攀援藤本。羽状复叶，对生，小叶卵形。七月间开花，萼五裂；花冠略呈唇形，五裂，黄赤色；二强雄蕊。学名 *Campsis chinensis* Voss。

②系有毒植物，供观赏用。

真珠兰

真珠兰[①]一名鱼子兰。枝叶有似茉莉，但软弱须用细竹干扶之，花即长条细蕊[②]，蕊大便是花开，其色淡紫，而蓓蕾如珠。性宜阴湿，又最畏寒，霜降后须同建兰、茉莉一样入窖收藏。若在闽、粤，则又当别论矣。三月初方可出[㈠]窖，当以鱼腥水五日一浇；虽喜肥，却忌浇粪。花与建兰同时，其香相似，而浓郁尤过之。好清玩者每取其蕊，以焙茶叶甚妙。但其性毒，止可取其香气，故不入药。

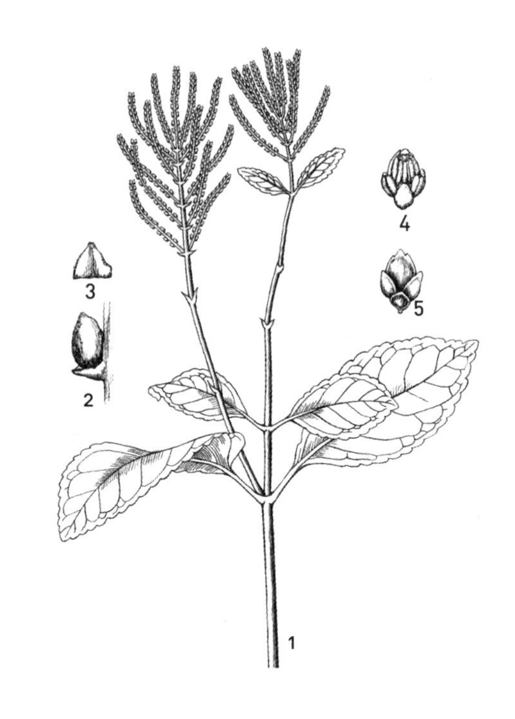

校 记

㈠“出”：康本、乾本均误作“入”，按应改为“出”。

注 解

①今名金粟兰，或简称珠兰，系金粟兰科的矮生灌木。学名*Chloranthus spicatus* Mak.，又名茶兰。

②枝顶对生，穗状，花数枝，花小而呈黄绿色。香气浓郁。春季用分株法繁殖。

金粟兰：1. 花枝；2. 果实及苞片；3. 苞片；4. 花腹面观；5. 花背面观。

茉莉

茉莉①一名抹利。东坡名曰暗麝，释名鬘华，原出波斯国，今多生于南方暖地。北土名奈，木本者出闽、广，干粗茎劲，高仅三四尺；藤本者出江南，弱茎丛生，有长至丈者。叶似茶而微大，花有单瓣、重瓣之异。一种宝珠茉莉，花似小荷而品最贵，初蕊时如珠，每至暮始放，则香满一室，清丽可人，摘去嫩枝，使之再发，则枝繁花密。以米泔水浇，则花开不绝。或浸皮屑，不经硝者可用㈠，或黄豆汁并粪水皆可。性喜暖，虽烈日不惧，但五六月间，每日一浇，宜于午后。至冬即当加土壅根，霜降后须藏暖处，清明后方可出。尤怕春之东南风，故藏宜以渐而密，出亦宜以渐而敞。如土藏太干，日暖时略浇冷茶，直待芽发后，方可浇肥。梅雨时从节间摘断，将折处劈开，嵌㈡大麦一粒，以乱发缠之，扦插肥阴地内即活②。若根下生蚁，灌以乌头冷汤即无。如换盆过，须易新土更妙。六月六日，宜用鱼腥水一浇，或鹿粪或雉屎壅最盛。又闻闽、广有一种红黄二色茉莉，余实未之见，想亦不易得之物也。

校 记

㈠“可用”：乾本误作“不可”。

㈡“嵌”：乾本误作“欺”。

注 解

①系木樨科（亦作素馨科）小灌木。学名 *Jasminum sambac*（L.）Aiton，名见《南方草木状》。《本草纲目》载：“末利原出波斯移植于南海，今滇、广人栽莳之，其性畏寒，不宜中土。”按原产热带印度，北方冬季要在温室栽培。

②扦插或压条繁殖均可，繁殖极易。

万年藤

万年藤[①]一名天棘。生于金陵牛首山，及浙之东天目，系晋魏至今者，其本大如桶，叶如绿丝，古致不同，诚神物也。春间根旁嫩苗，可以分植。

注 解

①学名待考。《植物名实图考》载：“万年藤产建昌山中，蔓生硬茎，就茎两叶对生，圆如马蹄而微尖，横直细纹，梢叶有缺颇似白英，赭根长尺许，圆节……”与本节所记叶如垂丝的有所不同。

紫藤

紫藤[①]喜附乔木而茂，凡藤皮着树，从心重重有皮[㈠]，其叶如绿丝，四月间发花，色深紫，重条绰约可爱。长安人家多种饰庭院，以助乔木之所不及，春间取根上小枝分种自活[②]。

校 记

㈠“皮”：乾本误作“卢”。

注 解

①别名黄环（《植物名实图考》）、招豆藤（《本草拾遗》），系豆科蔓性植物，学名 *Wisteria sinensis* (Sims) DC.。叶为奇数羽状复叶，小叶七至十三枝；花蝶形，紫色，稍有芳香；花穗及种子可为食用及药用。但食时必须煮熟，否则微有毒。花供观赏。

②除用分株繁殖外，亦可用压条或插条繁殖。

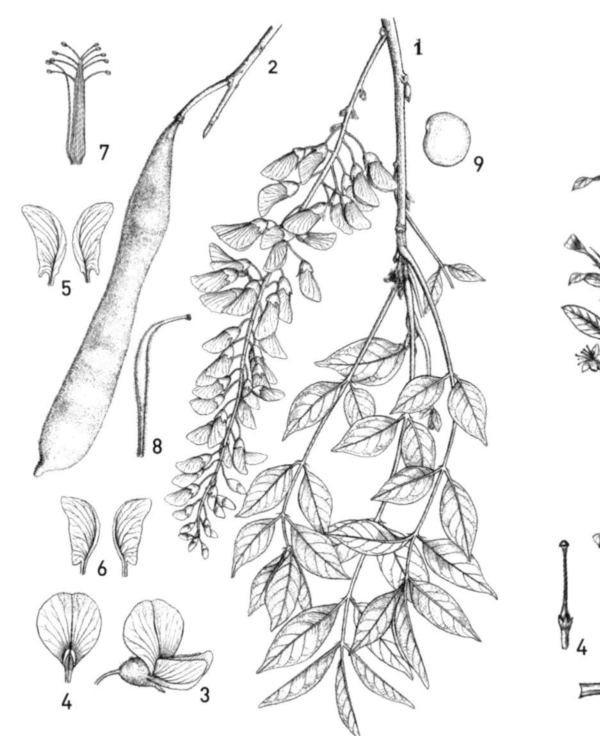

紫藤：1. 花枝；2. 果枝；3. 花；4. 旗瓣；5. 翼瓣；6. 龙骨瓣；7. 雄蕊群；8. 雌蕊；9. 种子。

枸杞：1. 花枝；2. 花冠纵剖面观，示雄蕊；3. 雄蕊；4. 花萼和雌蕊。

枸杞

枸杞①一名枸檵，一名羊乳，南北山中及丘陵墙阪间皆有之。以其棘如枸之刺，叶如杞之条，故兼二木而名之。生于西地者高而肥，生于南方者矮而瘠。岁久本老，虬曲多致，结子红点若缀，颇堪盆玩。春生苗叶微苦，淖过可食。秋生小红紫花，结实虽小而味甘。浇水㈠必清晨，则子不落，壅以牛粪则肥。多取陕㈡西甘州者，因其子少而肉厚，入药最良②。其茎大而坚直者，可作杖，故俗呼仙人杖。

校 记

㈠“水”：乾本误作“末”。

㈡“陕”：乾本误作“侠”。

注 解

①系茄科的落叶灌木，名见《本草经》。学名 *Lycium chinense* Mill.。原产我国，

栽培历史悠久，除供观赏及药用外，其叶用作蔬菜，供应期十月至翌年五月，其嫩叶柔滑，通常与肉类或蛋类泡汤，味鲜美，具清热之效，颇为群众所喜爱。②枸杞子含有枸杞碱，为强壮剂，根皮名“地骨皮”，为解热止咳剂。

天蓼

天蓼[1]一名木蓼，非草也。产于天目、四明二山，本与栀子相类。其叶冬月不凋，花开黄、白色，结实如枣，但未审蓼之性何来，子可为烛。

注 解

①现名木天蓼。《东北草本植物图志》名葛枣猕猴桃，系猕猴桃科（亦作厚皮香科）的落叶攀登植物。花白色，外形略似梅花，嫩叶及果均可食。名见《唐本草》。学名 *Actinidia polygama*（Sieb. et Zucc.）Maxim.，花期六月。果熟期九、十月。果实干燥后煎服，可治疝气，并可作为治猫病的药。又因一部分叶为银白色，美观可爱，花亦有芳香，可作为庭园观赏树木。

棣棠花

棣棠花[1]藤木丛生，叶如荼蘼，多尖而小，边如锯齿。三月开花金黄色，圆若小球，一叶一蕊，但繁而不香。其枝比蔷薇更弱，必延蔓屏树间，与蔷薇同架，可助一色。春分剪嫩枝，扦于肥地即活。其本妙在不生虫蛴。

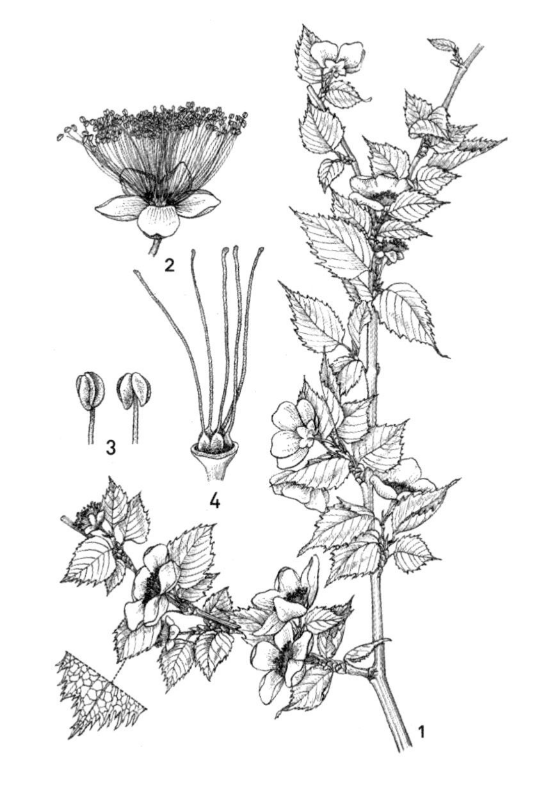

棣棠花：1. 花枝；2. 去花瓣的花；3. 雄蕊；4. 雌蕊。

注 解

①蔷薇科棣棠花属落叶灌木。学名 *Kerria japonica*（L.）DC.，别名黄度梅（江苏高淳）、地藏王花（浙江安吉）、麻叶棣棠（广东肇庆），在我国栽培的有重瓣棣棠花（花重瓣）、金边棣棠花（叶的边缘为黄色）、玉边棣棠花（叶具有白色边缘）等变种。重瓣的不结实，雄蕊甚多，雌蕊五枚。瘦果棕黑色。此植物供观赏用，名见《群芳谱》。

蔷薇

蔷薇[①]一名买笑，又名刺红、玉鸡苗。藤本青茎多刺，宜结屏种。花有五色，逢春接夏而开，叶尖小而繁，经冬不大落，一枝开五六朵。深红蔷薇，大花粗叶，最先开。荷花蔷薇，千[一]叶浅红，似莲刺梅堆。千[二]叶大红，花如刺绣所成，开最后。又有淡黄、鹅黄、金黄之异，为蔷薇中之上[三]品，但易盛而难久。白者类玫瑰而无香。若宝相亦有大红、粉红二色，其朵甚大，而千[四]瓣塞心，可为佳品。又有紫者、黑者，出白马寺，正月初，剪肥嫩枝长尺余者，插于阴肥之处即活。但不可多肥，太肥则脑生蛴虫。如有虫，以煎银铺中炉灰撒之，则虫自死。夏间长嫩枝时，有黑翅黄腹小飞虫，名镌花娘子[②]，以臀入枝丫生子，三五日后出细青虫，而嘴黑者，食叶伤枝殆尽；大而又变前虫，专在玫瑰、蔷薇、月季、十姊妹等树上生活，见则速宜捉去，以免食叶之患。又蔷薇露，产爪哇国，以一滴置盆汤内，满盆皆香，沐面盥手，可以竟日受用。

校 记

㈠㈡㈣“千”：乾本均误作“干”。

㈢“上”：乾本误作“土”。

注 解

①蔷薇科灌木，栽培为观赏者有以下几个变种：一、粉团蔷薇，花粉红色，单瓣，数花或多花簇生为扁平伞房花序；二、七姊妹，叶较大，花深红色，重瓣，常六七朵合成为扁伞房花序；三、荷花蔷薇，花重瓣，淡桃红色，状似荷花。名均见《群芳谱》。另有黄蔷薇，不特颜色鲜艳，且花期特早，为园艺界所珍爱。学名 *Rosa cathayensis* L. H. Bailey.

②即蔷薇锯蜂。幼虫鲜绿色，背上有黑色突起。幼虫专食嫩叶，为害严重。用人工捕捉，及用砒酸钙液、鱼藤剂或烟精剂喷射均有效。

玫瑰

玫瑰[①]一名徘徊花，处处有之，惟江南独盛。其木多刺，花类蔷薇而色紫，香腻馥郁，愈干愈烈。每抽新条，则老本易枯，须速将根旁嫩条，移植别所，则老本仍茂，故俗呼为离娘草。嵩山深处，有碧色者，燕中有黄色者，花差小于紫玫瑰。每年正月尽二月初，分根种易活。若十月后移，恐地脉冷，多不能生。凡种难于久远者，皆缘人溺浇杀之也。惟喜秽污浇壅，但本太肥则易悴，不可不察。此花之用最广：因其香美，或作扇坠香囊；或以糖霜同乌[㈠]梅捣烂，名为玫瑰酱，收于瓷瓶内曝过，经年色香不变，任用可也。

校记

㈠“乌”：乾本误作“鸟”。

注解

①系蔷薇科的直立灌木，名见《群芳谱》。变种有红玫瑰、紫玫瑰、白玫瑰、重瓣白玫瑰等。学名 *Rosa rugosa* Thunb.。

月季

月季[①]一名斗雪红，一名胜春，俗名月月红。藤本丛生，枝干多刺而不甚长。四季开红花，有深、浅、白之异，与蔷薇相类，而香尤过之。须植不见日处，见日则白者变而红矣。分栽、扦插俱可，但多虫螃，须以鱼腥水浇，人多以盆植为清玩。

注解

①系蔷薇科直立灌木，原产我国。变种有紫月季花（有刺或近于无刺，小叶稍薄，带紫色，花通常生于细长花梗上，深红色或深桃红色）、小月季花（矮灌木，花小为玫瑰红色，单瓣或重瓣）、绿月季花（花大而为绿色，花瓣有时变为小叶状）。另有香水月季等。学名 *Rosa chinensis* Jacq.。

玫瑰：1. 花枝；2. 幼果；3. 去花瓣的花，示花萼和雄蕊；4. 雌蕊。

月季：1. 花枝；2. 蔷薇果。

木香花

木香[①]一名锦棚儿，藤蔓附木。叶比蔷薇更细小而繁，四月初开花，每颖二蕊，极其香甜可爱者，是紫心小白花；若黄花则不香，即青心大白花者，香味亦不及。至若高架万条，望如香雪，亦不下于蔷薇。剪条扦种亦可，但不易活。惟攀条入土，壅泥压护[②]；待其根长，自本生枝外，剪断移栽即活。腊中粪之，二年大盛。

注 解

①系蔷薇科藤本植物。学名 *Rosa banksiae* Ait.，又名木香藤（江苏崇明）、黄木香（江苏南通）。原产我国西南部，为著名观赏植物。变种有白木香（花单瓣白色）、重瓣白木香（花重瓣有芳香）、黄木香（花单瓣、色黄无香气）、重瓣黄木香等。

②用压条繁殖易生。

野蔷薇

野蔷薇[①]，一名雪客。叶细而花小，其本多刺，蔓生篱落间。花有纯白、粉红二色，皆单瓣，不甚可观，但最香甜，似玫瑰，多取蒸作露，采含蕊拌茶亦佳。患疟者烹饮即愈。若花谢时摘去其蒂，犹如凤仙花，开之无已。此种甚贱，编篱最宜。

注 解

①系蔷薇科落叶灌木，又名刺花(《本草纲目》)、营实墙蘼(《植物名实图考》)，花多数簇生，为圆锥状伞房花序。学名 *Rosa multiflora* Thunb.。

十姊妹

十姊妹[①]又名七姊妹。花似蔷薇而小，千叶盘口，一蓓十花或七花，故有此二名。色有红、白、紫、淡紫四样。正月移栽，或八九月扦插，未有不活者。

注 解

①系蔷薇的一个变种。学名 *Rosa multiflora* var. *platyphylla* Thory，名见《群芳谱》。我国原产。久经栽培，形成丛状花序，开很多小型花。此种包括丛状和蔓性两种，花有白色、石竹色及紫色，果实鲜红色。

缫丝花

缫丝花[①]一名刺蘼。叶圆细而青，花俨如玫瑰，色浅紫而无香，枝萼皆有刺针。每逢煮茧缫丝时，花始开放，故有此名。二月中根可分栽。

注 解

①系蔷薇科分枝灌木。学名 *Rosa roxburghii* Tratt.。变种有单瓣缫丝花、重瓣缫丝花、毛叶缫丝花等。小叶椭圆形至卵状长椭圆形，叶背有短茸毛，果实扁球形。

荼蘼花

荼蘼花[①]一名佛见笑[②]，又有[一]独步春、百宜枝、雪梅墩数名。蔓生多刺，绿叶青条，须承之以架则繁。花有三种：大朵千[二]瓣，色白而香，每一颖着三叶如品字。青跗红萼，及[三]大放，则纯白。有蜜色者，不及黄蔷薇，枝梗多刺而香。又有红者，俗呼番荼蘼，亦不香。诗云："开到荼蘼花事了"，为当春尽时开也。种则攀条入土，壅之以肥泥，候其枝长，剪断移栽自活。

校 记

㈠“有”：各版误作“名”。

㈡“千”：乾本误作“干”。

㈢“及”：乾本误作“反”。

注 解

①或作酴醾，系蔷薇科攀援灌木。学名 *Rubus rosifolius* Var. *coronarius* Sims。小叶通常五枚，卵状椭圆形至倒卵形，先端尖，边缘有粗锐锯齿，背面有毛，或近于无毛。为密集的伞房花序，果实近于圆形。

②佛见笑，《植物名实图考》作为荼蘼的别种。大朵千瓣，青跗红萼，及大放则纯白。黄荼蘼香气略减。

千岁藟

千岁藟[①]生太山深谷间，藤蔓如葡萄，实似桃而多缘木上。汁白而味甘，子赤可食[②]，但酢而不甚美，在土人亦不弃也。

注 解

①系葡萄科细长藤本，别名葛藟（《诗经》）、藟芜（《名医别录》）。学名 *Vitis flexuosa* Thunb.。

②果实汁味甘平无毒，主补五脏，益气，续筋骨，长肌肉，去诸痹。

柳穿鱼

柳穿鱼[①]，一名二至花。葩甚细而色微绀，谓之柳穿鱼者，以其枝柔叶细似柳，而花似鱼也。其花发于夏至，敛于冬至，故名二至花，又名如意花。性喜阴燥，而恶肥粪，宜用豆饼浸水浇；或熟豆壅根亦可。吴门花市，多结成楼、台、鸟、兽形以售。

注 解

①系玄参科多年生草本，夏月茎头开花，花冠为假面状，黄色，下唇有距。日

本亦名金鱼草。学名 *Linaria japonica* Miq.。

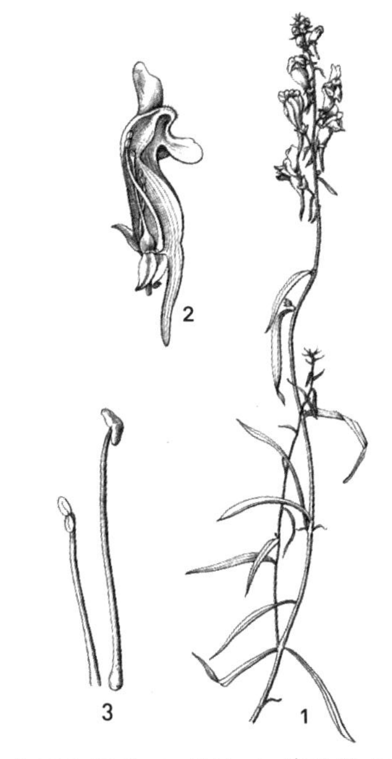

中国柳穿鱼：1. 花枝；2. 花纵剖面观，示花萼、花冠、雄蕊和雌蕊；3. 雄蕊。

珍珠花

珍珠花[①]一名玉屑。叶如金雀而枝干长大。三四月开细白花，皆缀于枝上，繁密如孛娄状。俗名孛娄花非。春初发萌时，可以分栽。

注 解

①系蔷薇科灌木，一名雪柳（山东）。高四五尺，具有细长开张之枝；小枝有角、棱，幼时有短茸毛。花纯白色，三五朵生于细梗上，合为无梗伞形花序，婀娜可爱。学名 *Spiraea thunbergii* Sieb. ex Blume.。

玉蕊花

玉蕊花[①]向为唐人所重，故唐昌观有之，集贤院有之。今自招隐寺得一本，蔓若荼蘼，冬凋春荣，叶似柘，茎微紫。花苞初甚细[②]，经月渐大，暮春方八出，须如冰丝，上缀金粟。花心复有碧筒，状类胆瓶。其中别抽一英，出众须上，散为十余蕊，犹刻玉然。世多未之见，亦犹琼花之难得也。

鸡蛋果：1. 花枝；2. 花蕾；3. 果实；4. 果实横剖面。

注 解

①现名鸡蛋果 *Passiflora edulis* Sims，又叫紫果西番莲，为西番莲科常绿缠绕植物，在冷地冬季叶片亦凋落。

另有甜西番莲 *P. ligularis* A.Juss.，及黄西番莲 *P. laurifolia* Linn.。

②花单生，花瓣披针状，约与萼片等长，夏月正午开花，外瓣白色，内部有细须多瓣，有浓紫色及淡紫色，雄蕊之药可转动，形状稍似时辰表，故又名时计果、转心莲。名见《植物名实图考》。

锦带花

锦带花[①]一名鬓边娇。三月间开，蓓蕾可爱，形如小铃，色内白而外粉红，长枝密花如曳锦带，但艳而不香，无子；亦有深红者。一树常开三色，有类海棠。植于屏篱之间，颇堪点缀。种法[②]：于秋分后，剪五寸长枝，插松土中，每日浇清粪水，良久自活。

注 解

①系忍冬科直立灌木，又名海仙（《植物名实图考》），花梗有花一至四朵，花冠漏斗形钟状，如小铃。学名 *Weigela florida* A. DC.。

②扦插繁殖，春季秋季均可。

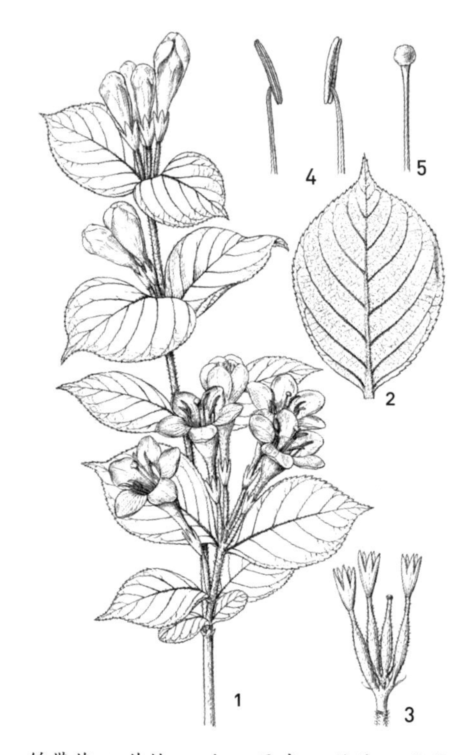

锦带花：1. 花枝；2. 叶；3. 果序；4. 雄蕊；5. 雌蕊。

鸳鸯藤

鸳鸯藤[①]一名忍冬，随处有之。延蔓多附树，茎微色紫，有薄皮膜之，其嫩茎色青，有毛。叶生对节，似薜荔。三四月间开花不绝，长寸许，一蒂两花二瓣，一大一小。长蕊初开，则蕊瓣俱白，经二三日则变黄，新旧相参，黄白相映，如飞鸟对翔[②]。又名金银藤[一]，气甚清芬，而茎、叶、花皆可入药用。因其藤左缠，俗名左缠藤。

校 记

(一)“藤”：乾本误作“草”。

注 解

①系忍冬科半常绿缠绕灌木，名见《名医别录》。学名 *Lonicera japonica* Thunb.。

②花之总梗通常单一，花冠表面有短茸毛及腺毛，白色而带有紫斑，有香气，花冠筒与瓣裂同长；花柱及雄蕊较瓣裂为长。果实黑色。

忍冬：1. 花枝；2. 果枝；3. 花；4. 浆果。

锦荔枝

锦荔枝[①]一名红姑娘，一名癞葡萄。四月下子，抽苗延蔓，附木而生。叶似天萝，有微刺。七八月开黄花，五瓣如碗形。结实似荔枝而大，初青色，后金红。内瓤裹子如血块，味甜可食，悬挂可观。若种盆玩，须结缚成盖，子似西瓜子而边缺，可入药用。

注 解

①系葫芦科一年生蔓性植物。通名小苦瓜，或叫凉瓜。广东各地供作夏季蔬菜，欧美各国概作为观赏植物。学名 *Momordica charantia* Linn.。作为蔬菜栽培有四百年以上的历史，除内销外，还有大宗出口。依形状分大顶、大蜡烛、长身苦瓜等等。在庭园栽培，结实累累，黄花朵朵足供观赏，叶可入药，果实含丰富的维生素P和维生素C，也有少量维生素B，营养成分较多，故亦用作蔬菜。

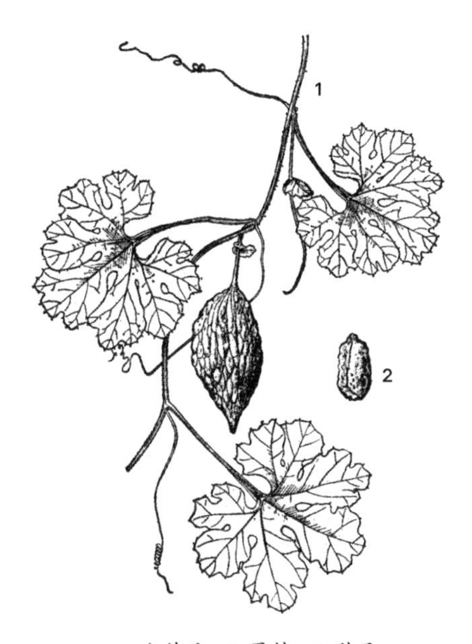

小苦瓜：1. 果枝；2. 种子。

铁线莲

铁线莲[①]一名番莲，或云即威灵仙，以其本细似铁线也。苗出后，即当用竹架扶持之，使盘旋其上。叶类木香，每枝三叶对节生，一朵千瓣，先有包叶六瓣，似莲先开。内花以渐而舒，有似鹅毛菊。性喜燥，宜鹅鸭毛水浇。其瓣最紧而多，每开不能到心即谢，亦一闷事，春间压土移栽。

注 解

①系毛茛科草质藤本。学名 *Clematis florida* Thunb.。叶为二回三出复叶；小叶卵形或卵状披针形，全缘，或有少数缺刻。叶柄长，能卷络于他物。初夏开花，有六萼片，白色形大，雄蕊多数，呈暗紫色。

史君子

史君子，一名留求子[①]。藤生手指大，如葛苗绕树而上。叶青似五加叶，三月开花五出，一簇一二十葩，初淡红，久则深红，色轻盈若海棠。作架植之，蔓延似锦。实长寸许，五瓣相合有棱，初时半黄，熟则紫黑。其中仁白，上有薄黑皮，如榧子仁而嫩。其味如栗，治五疳，杀虫，小儿宜食。

注 解

①系使君子科落叶性藤本灌木。学名 *Quisqualis indica* L.。花有芳香，为顶生下垂的穗状花序。据相传潘州郭使君治疗小儿专用此药；因此，后来的医家便用这名纪念他。种子含脂肪油百分之十五，主要成分为棕榈酸及甘油酸，并含有苹果酸、柠檬酸、琥珀酸等，其驱除有效成分为使君子钾，食用过多会引起肠胃黏膜炎，故需注意用量。

虎耳草

虎耳[①]一名石荷叶，俗名金丝草[②]。其叶类荷钱，而有红白丝缭绕其上，三四月间开小白花。春初栽于花砌石罅，背阴高处，常以河水浇之，则有红丝延蔓遍地，丝末生苗，最易繁茂；但见日失水，便无生理矣。以粪坑边瓦砾，敲碎堆壅其侧，则易长。小儿耳病，取汁滴入，即愈。

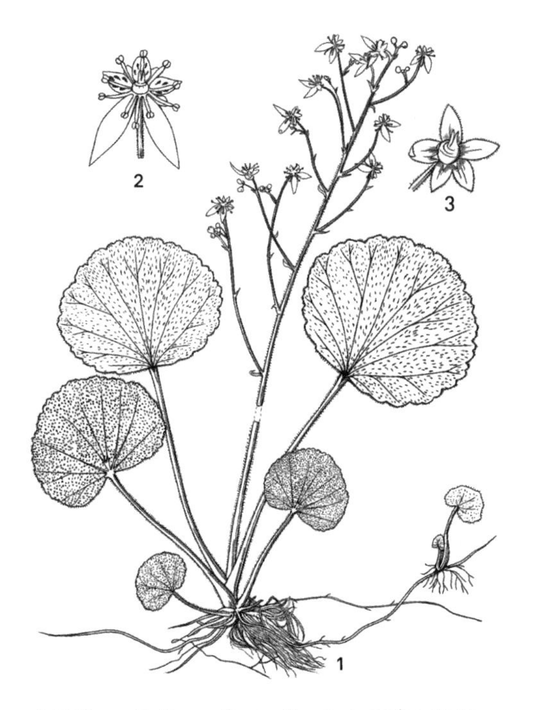

虎耳草：1. 植株；2. 花；3. 花：仅示花萼和雌蕊。

注 解

①系虎耳草科多年生常绿草本。学名 *Saxifraga stolonifera* Curt.。叶小，圆形，密生茸毛。叶面有白色斑点。生匍匐枝，细长如丝状，呈红紫色，蔓延地面，随处发生新苗。

②或名金钱吊芙蓉，有药效，全年可采，鲜用或晒干备用。性能：味苦辛，性寒有小毒，祛湿消痰，凉血止血，消热解毒。

翠云草

翠云草①，无直梗，宜倒悬及平铺在地。因其叶青绿苍翠，重重碎蹙，俨若翠钿云翘故名。但有色而无花香，非芸也。其根遇土即生，见日则萎。性最喜阴湿，栽于背阴石罅，或虎刺、芭蕉、秋海棠下，极有雅趣。种法：用旧草鞋浸粪坑一日夜，取起晒干，再浸再晒，凡数次，将石压平，安放翠云草之侧，待其蔓自上，生根移栽别地②，无有不活者。

翠云草：1、2. 主茎（先端）；3. 小枝一段（背面）；4. 小枝一段（腹面）。

鸭跖草：1、2. 植株下、上部；3. 花；4. 萼片。

注 解

①系卷柏科多年生常绿草本。学名 *Selaginella uncinata*（Desv.）Spring，又名蓝地柏。茎纤细，匍匐地面，分枝蔓生，叶为鳞片状，小叶多数密生成一平面，颇美丽。

②原生于暖地，在北方冬季应移入温室内。

淡竹叶

淡竹叶[①]一名小青，一名鸭跖草。多生南浙，随在有之。三月生苗，高数寸，蔓延于地。紫茎竹叶，其花[②]俨似蛾形，只二瓣，下有绿萼承之，色最青翠可爱。土人用绵，收其青汁，货作画灯，夜色更青。画家用以破绿等用。秋末抽茎，结小长穗，如麦冬而更坚硬，性喜阴。

注 解

①系鸭跖草科一年生草本。学名 *Commelina communis* L.，名见《嘉祐补注本草》。

又有 鸡舌草、碧竹子、竹叶菜、碧蝉花、蓝姑草等名。

②夏日茎梢开花，花下有大形的叶状苞；花盖二片，呈蓝色，供观赏用。花盖片的青色液汁，可供绘画的颜料。并可供药用，性能：味甘淡，性寒。清热利尿，生津止渴。

射干

射干(一)①一名扁竹，一名秋蝴蝶，生南阳，今所在有之。仲春引蔓布地，苗似瞿麦，叶似姜而狭长，叶中抽茎，似萱茎而硬。六月开花，黄红色，亦有紫碧者。瓣上有细纹，秋结实作房，一房四隔，一隔数子，咬之不破。根可入药，分根、下子种俱可。

射干：1. 植株；2. 花序；3. 雌蕊；4. 雄蕊；5. 果实。

校 记

(一)“干”：乾本误作“千”。

注 解

①系鸢尾科多年生草本，名见《本草经》。夏日抽生花茎，梢上分成许多小枝，缀生美丽的花朵。学名 *Belamcanda chinensis* (Linn.) Redouté，射干有逐瘀血、通经闭和清火解毒、降气清痰等作用。

牵牛花

牵牛①一名草金铃，一名天茄儿②，有黑、白二种。三月生苗，即成藤蔓。或绕篱墙，或附木上，长二三丈许，叶有三尖如枫叶。七月生花，不作瓣，白者紫花，黑者碧色花，结实外有白皮，裹作球。球内有子四五粒，状若茄子差小，色青，长寸许，采嫩实盐焯或蜜浸，可供茶食。近又有异种，一本上开二色者，俗因名之曰黑白江南花。

注 解

①系旋花科一年生蔓草。学名 *Ipomoea hederacea* Jacq.，原产亚洲。名见《名医别录》。花冠漏斗形而大，深蓝色，朝开午前就萎。果实为球形的蒴果，有三室，每室有种子两个，黑色。种子可作泻剂。

②亦系旋花科一年生蔓草。花似牵牛而较大，乳白色，日没时开放，翌朝萎谢；茎和花梗呈暗紫色。果实大形，种子色白粒大，花供观赏，果实嫩时可作蔬菜。与牵牛花不同。学名 *Calonyction bona-nox* Boj.。

牵牛：1. 花枝；2. 花冠纵剖（去上部花冠），示雄蕊；3. 花萼和雌蕊；4. 子房横切面观；5. 果序；6. 种子；7. 种子横切面。

马兜铃

马兜铃[①]一名青木香。春生苗作蔓，附木而上。叶如山蓣而厚大，背白。六月开黄紫花，似枸杞。结实如大枣，作四五瓣。叶脱后，其实尚垂，状如马项之铃。

注 解

①系马兜铃科多年生缠绕草本，名见《开宝本草》。花生在叶腋间，萼为不整齐的筒状，略作喇叭形，紫绿色。子房下位，形似小瓜。地下部可供药用。学名 *Aristolochia debilis* S. et Z.。

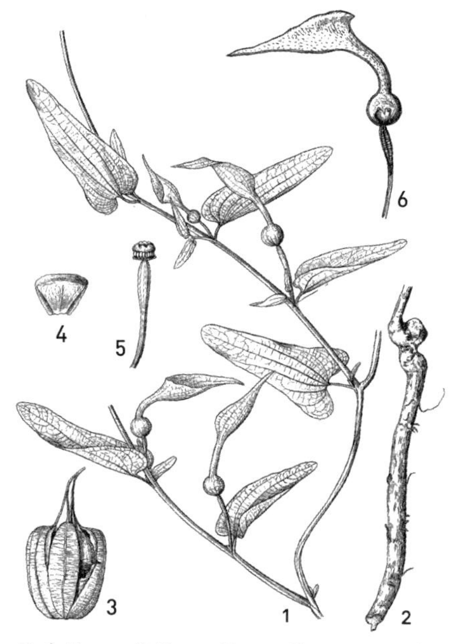

马兜铃：1. 花枝；2. 根；3. 蒴果：示开裂方式；4. 种子；5. 子房和合蕊柱；6. 花剖面。

鼓子花

鼓子花①一名旋葍，又名打碗花。蔓延川泽间，叶似薯蓣，小而狭长。花开如拳不放②，顶幔如缸鼓式，色粉红。有千叶者，人多植以为屏篱之玩。根无毛节，蒸煮味甘可啖。花不结子，取根寸截置土，灌溉即活生苗。昔有一绝对云："风吹不响㈠铃儿草，雨打无声鼓子花。"

校 记

㈠"响"：乾本误作"向"。

注 解

①系旋花科多年生蔓草，名见《本草经》，又有天剑草、续筋根、美草等名。学名 *Convolvulus sepium* L.。

②花生叶腋间，合瓣，花冠呈漏斗状，与牵牛花相似。地下部可供食用。

五味花

五味花①产高丽②者第一，今南、北俱有。叶似杏而尖圆，花若小莲而黄白，蔓赤而长，非架不能引上，或附木亦可。结实如梧桐子大，丛缀枝间，生青熟红，不异樱桃。分根种，当年即旺。若子种者，次年始盛。出江北者，入药最良。

注 解

①系五味子科常绿藤本，名见《本草纲目》。花杯状带白色或淡黄色。果实小球状，丛生，深红色。此系指南五味子。学名 *Kadsura japonica* Dun.，种子供药用。

②产高丽（朝鲜）者系北五味子。学名 *Schisandra chinensis* Baill.，为木兰科落叶木质缠绕植物。果实和茎部供药用。

南五味子：1. 花枝；2. 果枝；3. 小浆果；4. 种子；5. 雄花；6. 雄蕊群；7. 雄蕊群纵剖面；8. 雄蕊。

薜荔

薜荔[①]一名巴山虎。无根可以缘木而生藤蔓，叶厚实而圆劲如木，四时不凋。在石曰石绫，在地曰地锦，在木曰长春。藤好敷岩石与墙上。紫花发后结实[②]，上锐而下平，微似小莲蓬；外青而内有瓤，满腹皆细子。霜降后，瓤红而甘，鸟雀喜啄，儿童亦常采食之，谓之木馒头；但多食发瘴。夏月，毒蛇喜聚其丛中，如或纳凉其下，不可不慎。

注 解

①系桑科攀援灌木，名见《本草拾遗》。又有木莲（江苏吴兴）、文头果（广东）、木瓜藤（江西）、壁石虎（四川）等名。

②果实倒卵形，有短柄，径大寸许，内有种子密生，种子富有黏液，夏日装入布袋内揉洗，煮熟可制凉粉。本植物学名 *Ficus pumila* Linn.。

薜荔：1. 匍匐枝；2. 果枝；3. 雄花；4. 雌花；5. 瘿花；6. 隐花果纵切面。

散沫花：1. 花枝；2. 部分果序；3. 花；4. 雄蕊；5. 雌蕊纵切面。

水木樨

水木樨①一名指甲㈠。枝软叶细，五六月开细黄花，颇类木樨。中多须药，香亦微似。其本丛生，仲春分种。

校 记

㈠“指甲”：各版误作“指田”，按应作“指甲”。见《植物名实图考》。

注 解

①即散沫花，系千屈菜科落叶灌木。学名 *Lawsonia inermis* L.，《南方草木状》载：“指甲花树高五六尺，枝条柔弱，叶如嫩榆，与耶悉茗、末利花皆雪白，而香不相上下……而此花极繁细，才如半米粒许，彼人多折置襟袖间，盖资其芬馥尔。一名散沫花。”按此植物叶对生，卵形，先端尖。花为顶生或腋生圆锥花序，有强烈芳香，花瓣四片，有皱，浅黄色或白色，花可作香料，叶可作红色染料。《花镜研究》认为是豆科的草木樨，夏纬英先生已认为不合。

壶芦

壶芦①一名瓠瓜（俗作葫芦非②）。正、二月下种，生苗引蔓而上，叶似冬瓜而稍团，有柔毛。五六月开白花，结实，初白，霜降后老而色黄。一种圆而大者曰匏③，亦名瓢；因其可以浮水，如泡如漂也，亦可作藏酒之器。一种下大上小，腰细口细者曰壶芦④，可盛丹药。大可为瓮盎，小可为冠樽，小儿用以浮水，乐人用以作笙。肤瓤养豕，犀瓣浇烛。实初结时，剖藤跗插巴豆，二三日后柔弱可纽，随去豆即活。以笔蘸芥辣界瓢上，其界处永不长。欲去内瓤，开瓠顶纳巴豆水餾之，瓤出即空。

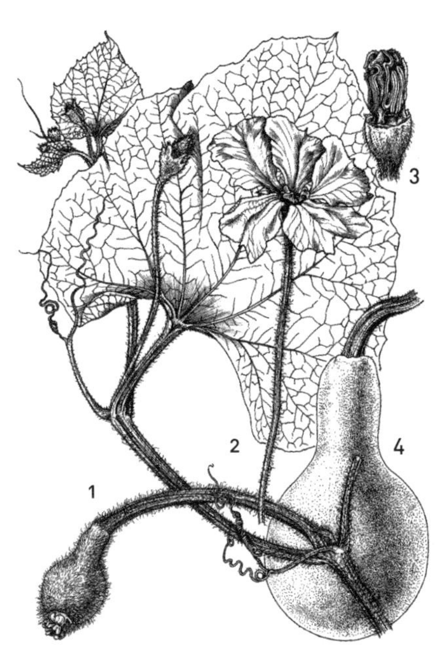

葫芦：1. 雌花枝；2. 雄花；3. 花局部：示雄蕊；4. 瓠果。

注 解

①系葫芦科一年生蔓性植物，原名壶

芦。我国栽培极古。诗云：“瓠有苦叶。”(《豳风》)

②原据李时珍解释：“壶，酒器也，此物各像其形，又可为饮酒之器，因以名之，俗作葫芦者非矣。葫乃蒜名，芦乃苇属也。”学名 *Lagenaria leucantha* Rusby。

③即悬瓠或名鹤瓠，嫩时供食用，老熟晒干作用器。

④即药壶卢，或名细腰壶卢。现在习惯上均写作葫芦。

紫茉莉

紫茉莉①一名状元红。本不甚高，但婆娑而蔓衍易生。叶似蔓菁，秋深开花，似茉莉而色红紫。清晨放花，午后即敛，其艳不久，而香亦不及茉㈠莉，故不为世重。结实颇繁，春间下子即生。

紫茉莉：1. 花枝；2. 果实及总苞；3. 雄蕊；4. 局部花筒展开：示雄蕊；5. 雌蕊。

校 记

㈠“茉”：乾本误作“耒”。

注 解

①系紫茉莉科一年生草本，叶对生，有柄，呈卵形或心脏形。花簇生在梢上，有花瓣状的合片萼，呈高盆形，边缘五裂；紫红色，也有黄色、白色等；下部有绿色的萼状苞。果实小，圆形，熟时黑色，一名“胭脂花”，可以点唇。名见《草花谱》。学名 *Mirabilis jalapa* Linn.。

藊豆㈠

藊豆①一名蛾眉豆，一名篱豆。其蔓最长，须搭高棚引上㈡，夏月可以乘凉，不可使沿树上，树若绕蔓即枯㈢。叶大如杯，一枝三叶，其花②状似小蛾，有翅尾之形。荚生花下，累累成枝。花有紫、白二色。实亦有紫、白二种。清明下种，以灰覆之。不宜土盖，太肥生螃③。

校 记

㈠“藊豆”：各版均作“白藊豆”，中华版作“藊豆”，按应作“藊豆”。

㈡“上”：乾本误作“土”字。

㈢“枯”：乾本误作“朽”。

注 解

①系豆科蔓性作物，间有矮性种。种子及嫩荚供食。名见《名医别录》。黑者又名鹊豆。学名 *Dolichos lablab* Linn.。

②夏日从叶间抽出长花梗开花，短总状花序，蝶形花冠，白色或带紫色；果实为荚，呈蛾眉状。

③种植宜砂质壤土，肥沃之地徒长枝叶，反碍结实，且易为虫所害。

龙胆草

龙胆草[①]一名陵游，产齐、鲁及南浙。叶如龙葵，味苦如胆。直上生，苗高尺余。秋开花，如牵牛，青碧色。

注 解

①系龙胆科多年生草本，名见《本草经》。叶对生，无叶柄，经霜不凋。花丛生茎顶，或生于上部的叶腋间，合瓣花冠，筒状，青色。学名 *Gentiana scabra* Bunge。

落花生

落花生一名香芋[①]，引藤蔓而生。叶椏开小白花，花落于地，根即生实。连丝牵引土中，累累不断，冬尽掘取煮食，香甜可口。南浙多产之。

注 解

①《农政全书》载：“香芋形如土豆，味甘美；土芋一名土豆，一名黄独，蔓生，叶如豆，根圆如鸡卵，肉白皮黄……”又《植物名实图考》载：“阳芋绿茎青叶，叶大小、疏密、长圆，形状不一，根多白须，压其茎则根实繁如番薯，茎长则柔弱如蔓，盖即黄独也。”吴其浚当时将马铃薯与黄独混为一淡。从这些文献记载，证明落花生即是茄科的马铃薯（*Solanum tuberosum* L.），花

马铃薯：1. 块茎；2. 花枝；3. 花纵切面观，示花冠、雄蕊和雌蕊；4. 雌蕊；5. 雄蕊。

大戟：1. 植株；2. 叶；3. 苞叶和杯状花序；4. 总苞叶；5. 杯状花序纵切面观；6. 雄花；7. 雌花。

白色或青紫色，而不是豆科开黄色花的落花生（*Arachis hypogaea* L.）。不过当时传入不久，观察不周，可能只看见开花不见结果，便误以为“花落于地，根即生实”，因此古代有些地方也叫它为落花生。

大戟

大戟[①]俗名下马仙。春生红芽，长作丛，高一二尺。叶似初生杨柳小团，又似芍药。

夏开黄紫花，团圆似杏花，又类芫荑。根似苦参，多戟人咽喉。

注 解

①系大戟科多年生草本，名见《本草经》。夏日茎梢分枝着花，黄绿紫色，果实扁球形，有疣状突起。菜和茎都含有白色乳汁，有毒。学名 *Euphorbia pekinensis* Rupr.。

葛

葛[①]一名鹿藿，产南方。春初生苗，引藤蔓长一二丈。叶类楸青，而小。七月开花[②]，红紫色。结荚累累，似豌豆形，但不结实。根[③]形大如手臂，紫黑色。端午采根曝干，以入土深者为佳，其藤皮可作絺络，惟广中出者为最。根可作粉，能解酒病。

注 解

①系豆科多年生缠绕藤本，叶大，小叶三片，茎和叶都密生褐色毛茸。学名 *Pueraria thunbergiana* Benth.。

②秋日自叶腋间抽生花轴，着生紫色蝶形花，排列成总状花序，花后结扁形荚果，表面生毛。

③根叫作葛根，可作发汗解热药，并可制淀粉。

紫花地丁

紫花地丁[①]一名独行虎，随在有之。叶青而肥，根直如钉，仲夏开紫色花，结细角。平地生者起茎，可以不扶，沟壑边生者起蔓，必待竿扶。又一种白花者，不入药用。

注 解

①系堇菜科多年生草本，夏日叶丛间抽出数花梗，每梗开一花，侧向，浓紫色，颇美丽。学名 *Viola philippica* Cav.。

茜草

茜[①]（一作蒨[㈠]）又名茅蒐、茹藘。多生乔山上，染绛之草，叶青背绿，头尖下阔，似枣。其茎方，叶涩，四五叶对生节间，蔓延于木上。至秋开花，结实如小椒。中有细子，根[②]亦紫赤色，今所在有之。说文云：人血所在，故俗名地血。齐人谓之茜草。货殖传曰：千亩卮茜，其人皆与千户侯等。则诚嘉草也。

校 记

㈠“蒨”：乾本误作“清”。

紫花地丁：1. 植株；2. 花侧面观；3. 花正面观；4. 花局部：示雄蕊围绕着雌蕊；5. 雌蕊；6. 雄蕊；7. 蒴果。

茜草：1. 花枝；2. 叶局部放大，示毛被；3. 花。

注　解

①系茜草科多年生蔓草，茎方形有逆刺，叶四片轮生，二片是叶，二片是托叶，有长柄，心脏或长卵形。

②根呈粗髯状，色黄赤或紫赤，往时作为红色染料，有一定的经济价值。学名 *Rubia cordifolia* L. var. *munjista* Miq.。

独摇草

独摇草①一名独活。多生于岭南，及蜀、汉川谷中。春生苗叶，夏开小黄花。一茎直上②，有风不动，无风自摇。其头如弹子，尾若鸟尾，而两片关合间，每见人辄㈠自动摇，俗传佩之者，能令夫妇相爱。虽非异卉，亦自有一种风致可取，根入药用。

校　记

㈠“辄”：各版均误作“辙”。

注 解

①系伞形科的多年生草本，山野自生。茎和叶都有毛茸。叶数回分裂，成为大型的羽状复叶，叶柄基部阔，抱生于茎上。学名 *Heracleum hemsleyanum* Diels.。

②茎上端簇生多数小花，排列成复伞形花序，花冠五片白色，药淡黄色，果实带紫赤色。名见《神农本草经》。陶弘景曰："一茎直上，不为风摇，故曰独活。"又有胡王使者、长生草等名。

虎杖

虎杖[①]生下湿地，随在有之。春尽发苗，茎如红蓼，叶圆如杏。夏末开花[②]，四出如菊，色红如桃，次第开落，至九月中方已。陕西山麓水湄甚广，人于暑月取根和甘草同煎为饮，色如琥珀，甘美可爱。瓶置井中，令冷如水，呼为冷饮子，可以代茗，极能解暑。其汁染米粉作糕，更佳。

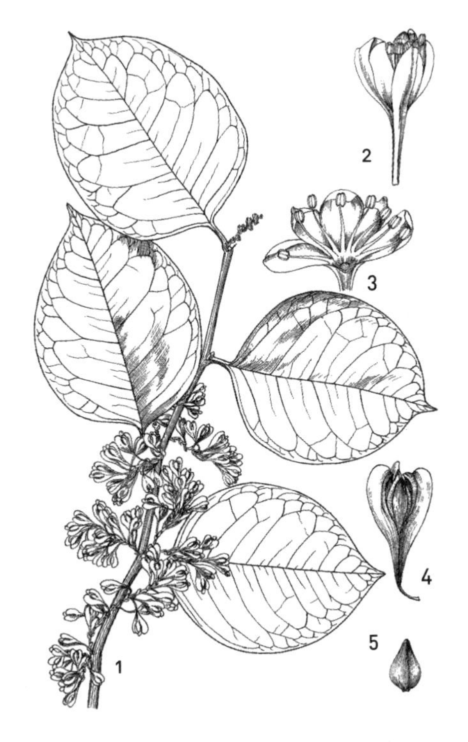

虎杖：1. 果枝；2. 花；3. 花展开：示雄蕊和花被；4. 果实和宿存花被；5. 瘦果。

注 解

①系蓼科多年生草本。学名 *Reynoutria japonica* Houtt.，又有苦杖、斑杖、酸杖等名。李时珍曰："杖言其茎，虎言其斑也。"名见《名医别录》。

②茎头开花，花序自叶腋生，着以许多白色小花，如穗状。花有萼片五，无花冠，嫩茎嫩叶均可食。

落葵

落葵[①]一名承露。春初下种，仲夏始蔓延篱落间。其叶似杏而肥厚，至秋开细紫花，结实累累，大如五味子，熟则紫黑色。土人取揉其汁，红如胭脂，妇女以之渍粉傅面，最佳；或用点唇亦可，故又名染绛子。但暂用则色不变，若染布帛等物，不能常久。

注 解

①系落葵科的蔓生植物，又有燕脂菜、胡燕脂、藤菜、蘩露等名。叶肥厚软滑，可作蔬菜。学名 *Basella alba* Linn.。

落葵：1. 花枝；2. 花；3. 花解剖：示雄蕊；4. 雄蕊；5. 雌蕊；6. 果实。

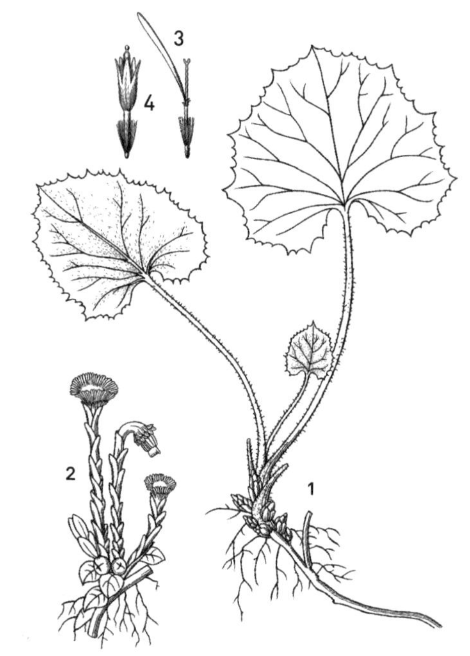

款冬：1. 幼苗；2. 植株抽出花葶的部分；3. 舌状花；4. 管状花。

款冬花

款冬花①一名款冻，出常山及关中。丛生水傍，叶似葵而大，开花黄，瓣青，紫萼，出自根下，偏于十一二月霜雪中发花独茂。又有红花者，叶如荷而斗直，俗呼为蜂斗叶，亦花中之异品也。

注 解

①系菊科多年生草本，茎高二尺许，叶大，圆肾脏形；叶柄长；花茎有叶，长卵形，互生，顶上着生数个头状花序。花皆为筒状花冠，带白色。各见《尔雅》注。以其在冬寒时生花蕾，故名款冬。学名 *Tussilago farfara* L.

仙人掌

仙人掌[①]出自闽、粤，非草非木，亦非果蔬，无枝无叶，又并无花。土中突发一片，与手掌无异。其肤色青绿，光润可观。掌上生米色细点，每年只生一叶于顶。今岁长在左，来岁则长在右，层累而上。植之家中，可镇火灾。如欲传种，取其一片，切作三四块，以肥土植之，自生全掌矣。近今南浙，亦间或有之，录此以见草木之异云尔。

注 解

①系仙人掌科肉质多年生植物，原产墨西哥。学名 Opuntia dillenii（Ker Gawl.）Haw.，名见《岭南杂记》。茎长椭圆形而扁平，多数连接，绿色，有刺。本科皆属肉质植物，种类颇多，有仙人球（仙人拳）、绒仙人球、仙人鞭、仙人棒（刺毛有长短，颜色有红、黄、紫、青等），另有霸王花或叫尉佗花（南海尉赵佗简称），剑花。一般以其生活力强且耐热、耐旱、耐阴，作为砧木接上仙人球等，姿态奇特，又易开花，因此各都市楼房窗口、茶几等喜欢以它点缀盆栽，颇饶风致。又霸王花每年五至十月间开大形乳白色花，晒干后煲汤饮味，极清甜，有止气痛、治咳嗽、理痰等作用，广州、南海、佛山市郊等处，有大量人工栽培。还有以仙人球为砧木，剪取蟹叶类、棒状类作接穗的。接穗切成六至九公分长的小段，插在预定割好的砧木纵割口内接后，即用小竹签或仙人掌的刺插牢，放置在阴处约一星期才移到光线充足的地方，浇水勿倒接口处，这种繁殖法很简便，且易成活。定植时以不致倒伏，不过深为度,不宜多浇水，以土壤略具湿润即可，冬季严寒，夏季酷热，以放置室内为佳。

玉簇

玉簇花[①]产于闽中，花发于秋、冬之交。性最畏寒，遇冰则花叶俱萎。植之者必十月中，藏向阳室内。如土干，将残茶略润。至二月中，方可取出。

注 解

①日本名叫玉珊瑚，系茄科常绿灌木，原产南美巴西，性最畏寒，遇霜雪辄枯死。秋月茎上抽生短总状花，与叶对生；花冠小，深五裂，白色。果实为球形的小浆果，熟时黄红色。供观赏用。学名 *Solanum pseudocapsicum* Linn.。

钩藤

钩[一]藤①产自梁州，今秦、楚、江南、江西皆有。叶细长而青。其茎间有刺②，俨若钩，对节而生。其色紫赤，卷曲而坚利，长一二丈，大如指，中空。用致酒瓮封口，插入取酒，以气吸之，涓涓不绝。

校 记

㈠“钩”：花说堂版误作“钓”。

注 解

①系茜草科常绿藤本，叶卵形，对生，先端尖，花顶生，开于夏秋间，形小，黄褐色，球形花序。名见《本草纲目》。

②它的卷须，生长叶腋间，用以攀援于他物之上，晒干后可作收敛药。有清热和平熄干风的作用。学名 *Uncaria rhynchophylla* Miq.。

清风藤

清风藤①一名青藤，出浙东台州天台山。其苗多蔓延乔木之上，四时常青[一]，风吹飘扬有致，亦不可多得者。

校 记

㈠“青”：乾本误作“清”。

注 解

①系清风藤科缠绕藤本，嫩黄绿色；叶革质，卵形，先端尖，深绿色，有光泽；叶柄在秋季不与叶同凋落而为针状。三月开黄色花，花瓣五片，果实球形，熟时深碧色。供观赏，茎可供药用。名见《图经本草》，别名“寻风藤”。学名 *Sabia japonica* Maxim.。

清风藤：1. 花枝；2. 果枝；3. 花；4. 花瓣；5. 花局部：示雌蕊、雄蕊和花盘。

长生草

长生草[①]一名豹足，一名万年松，究竟即卷柏[㈠]也。产自常山之阴，今出近道。其宿根紫黑色而多须，春时生苗，似柏叶而细碎，拳挛如鸡爪[㈡]，色备青、黄绿，高三四寸，无花实。多生石土，虽极枯槁，得水则苍翠如故，或悬于梁，不用滋培，弥岁长青。或藏之巾笥中，复取砂水植之，不数日即活，可为盆玩。

校 记

㈠“柏”：康本、乾本均误作“伯”。

㈡“爪”：乾本误作“瓜”。

注 解

①系卷柏科（亦作石松科）多年生隐花植物，名见《本草经》。此植物逢干燥则枝卷于内面，遇湿气则开展，供观赏用。盆养者变种甚多。学名 *Selaginella tamariscina* Spring。

藤萝

藤萝[①]一名女萝，在木上者，一名兔丝，在草上者。但其枝蔓软弱，必须附物而长。其花黄赤如金，结实细而繁，冬则萎落。

注 解

①系地衣类松萝科，产于深山之普通草本，常自树梢悬垂，全体丝状，作淡黄绿色，分歧为多数枝条。与此种形态相似的种类颇多，名见《本草纲目》。学名 *Usnea plicata* Hoffn var. *annulata* Muell.。

零余子

零余子[①]一名山药，生苗蔓延篱落之间。夏开细白花，结实在叶下，长圆不一，皮黄肉白。大者如雀子，小者如蚕豆，煮食胜于芋子。霜后收子，亦最易落。坠地即能生根，其根[②]肥白而长，蔬中上品。宜壅牛粪。

注 解

①按零余子系植物学名词，为肉芽的一种，生于叶腋，薯蓣类有之。《本草纲

目》载："零余子，山药（薯蓣）藤上所结子也，长圆不一，皮黄肉白，煮熟去皮食之，胜于山药，美于芋子，霜后收之；坠落在地者，亦易生根。"今名参薯。②种植前需要多行耕锄破碎土粒，宜用牛粪与其他厩肥培壅。学名 *Dioscorea alata* Linn.。

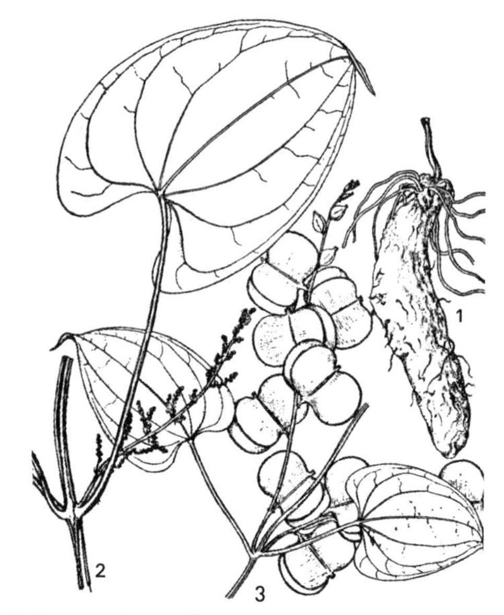

参薯：1. 块茎；2. 带雄花的枝；3. 带果序的枝。

土参

土参①一名神草，一名土精，一名血参，产于南浙。四月开花，细小如粟；蕊如丝，白色。秋后结实，生青熟红。性最喜燥。春间分种。

注 解

①系五加科多年生草本，地下有根茎，叶为掌状复叶，一柄上有三五片小叶。花细小，白色，五瓣，伞形花序，攒簇于梢头，花后结实大如小豆，秋月成熟，呈赤色，很艳丽。根可作药用。学名 *Panax repens* Maxim.。

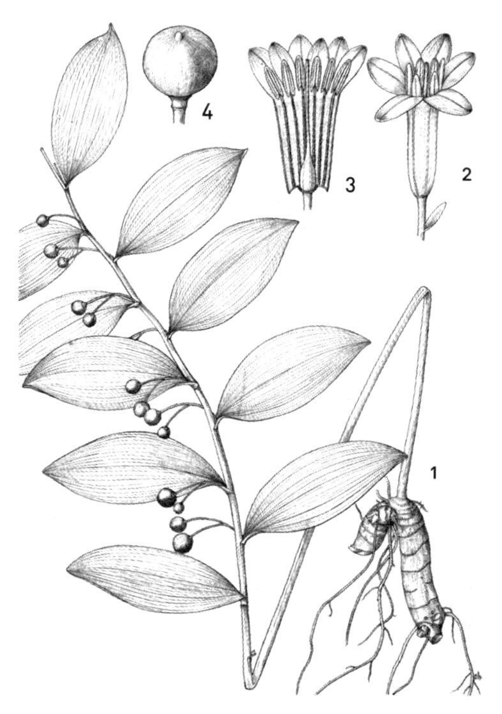

玉竹：1. 植株；2. 花与苞片；3. 花纵剖，示雌雄蕊；4. 浆果。

萎蕤

萎蕤①处处山中皆有。其根横生，茎干强直，似竹箭干而有节。叶狭而长，表白里青，亦类黄精而多须，大如指，长一二尺。三月中开青花，结圆实。亦可分根种，极易繁衍者。

注 解

①即玉竹，系百合科多年生草本，多生于山地或原野。花生于叶腋间抽出的花梗上，向下垂，花盖结合呈筒状，绿白色，花后结圆形小果，熟时暗紫色，供观赏；根供食用或药用。学名 *Polygonatum odoratum* (Mill.)Druce.。

兰子

兰子[①]出自合浦及交趾。藤蔓缘树木而生，正、二月开花，四五月实熟如梨，赤如鸡冠之色。核如鱼鳞，其味甚甘美。

注 解

①系木通科常绿蔓性灌木，现名野木瓜，名见《救荒本草》。花白色，略带淡红紫色，雌雄异株。果实为浆果，卵圆形，内含有黑色种子，肉味甜，供食用。学名 *Stauntonia chinensis* DC.。

酒杯藤

酒杯藤[①]出自西域，昔张骞得其种而归。藤大如臂，其花坚硬，可以酌酒。文章映澈，实大如指，味香如豆蔻，食之能消酒。

注 解

①根据《古今注》下引《张骞出关志》云：“酒杯藤出西域，藤大如臂，叶似葛，花实如梧桐。其花坚硬，可以酌酒。自有文章，映澈可爱。实大如指，味如豆蔻，香美消酒……国人宝之，不传中士，张骞大宛得之。”

华南植物研究所认为该植物形态性状描述过简，很难确定科属。

侯骚子

侯骚子[①]蔓延而生，子如鸡卵，既甘且冷，王太仆曾献之。能消酒除湿，轻身延年。

注 解

①按子如鸡卵蔓生的植物，可能是鸡蛋果，系西番莲科木质蔓生植物。学名 *Passiflora edulis* Sims。又名时计果、紫色西番莲、西番莲果。果实大如鸡卵，深

紫色，肉黄色，形比大西番莲为小，花美丽。

华南植物研究所认为该植物形态性状描述过简，很难确定科属学名。

千岁子

千岁子出粤西交趾。蔓延而生，子在根下。有须绿色，一苞多至二百余颗，“状似李”[①]，而皮壳青黄，壳中有肉如栗，味亦如之。干则壳肉相离，撼之而有声，极能解酒消暑。

注 解

①引自《南方草木状》，本节记载内容，亦与原文基本相同，不过作者加上“状如李……极能解酒消暑”几个字，将原文“肉似豆蔻”一句删去。按描述形态极似豆科的落花生（*Arachis hypogaea* L.）。又落花生别名长生果，与千岁子的含义亦相同。

华南植物研究所亦认为可能是落花生。

娑罗花[(一)]

娑罗花[①]产雅州瓦屋山，今江淮古寺内，及浙之昌化山中皆有之。其本高数丈，叶大似楠，夏月多荫，而冬不凋，初夏开花，颇香。实大如核桃，栗壳色，可治心痛病。又闻瓦屋山者，五色灿然，若移他处，则暗而多槁，故不可多得。

落花生：1. 植株上部；2. 植株下部及荚果；3. 去花瓣的花，示苞片、花萼、雄蕊和雌蕊；4. 花瓣：旗瓣（上）、翼瓣（中）和龙骨瓣（下）。

校 记

(一)“花”：花说堂、善成堂、乾本均作“花”，中华版误作“树”。

注 解

①系山茶科（或作厚皮香科）乔木。学名 *Stewartia pseudocamellia*

Maxim.。高二丈许，树皮赤褐色，叶互生，椭圆形有锯齿。夏月，叶腋开花，花白色与山茶花相似，此植物供观赏用。又龙脑香科有沙罗树，学名为 *Shorea robusta* Roxb．系大乔木，高百余尺，叶长卵形，花淡黄色，圆锥花序，原产印度，木材供建筑用，非观赏植物。

薏苡

薏苡[①]一名芭实，随在有之。若留有宿根，二三月自生。叶如初生芭蕉，五六月抽茎，开细黄花。结实青白色，上尖下圆，其壳薄仁黏者，即薏苡也。一种壳厚坚硬者，俗名菩篓珠。小儿多穿作念佛数珠为戏。

注 解

①禾本科一年生草本，花极像川谷，名见《本草经》。又有草珠儿、回回米、薏珠子等名。学名 *Coix lacryma-jobi* Linn.。

薏苡：1. 植株；2. 花序；3. 总苞及花柱；4. 第 2 颖；5. 第 1 外稃；6. 第 2 外稃；7. 第 2 内稃；8. 第 2 退化雌小穗；9. 雌蕊。

马槟榔

马槟榔[①]产自滇南金齿沅江。延蔓而生，结实大如葡萄，色紫而味甘，内有核，颇似大枫子；但壳稍薄，其形圆长斜扁不等，核内有仁，亦甜。

注 解

①系山柑科山柑属的灌木，常为蔓性状。华南植物研究所鉴定学名为 *Capparis masaikai* Levl.。

蔓椒

蔓椒[①]出上党山野，处处亦有之。生林箐间，枝软覆地延蔓，花作小朵，色紫白，子叶皆似椒，形小而味微辛。因旧茎而生，土人取以煮肉食，香美不减花椒，但不多耳。

注 解

①别名川椒、秦椒，系芸香科灌木或小灌木。花为无梗伞房花序，或为短圆锥花序。果实带红色，九十月间成熟，熟时裂开，现出黑色种子，供药用。学名 *Zanthoxylum schinifolium* S. et Z.。

文章草

文章草[①]一名五加，生汉中及冤句，今近道皆有。春生苗作丛，赤茎青叶，又似藤蔓，高四五尺，上有黑刺，一枝五叶。三四月开白花，香气如橄榄。结实如豆。北方者长丈余，类木。

注 解

①系五加科落叶灌木，叶为掌状复叶，小叶五至七片，互生，初夏开黄白色花，排列成伞形花序，雌雄异株。果实球形，黑色。嫩叶供食用，根的皮色黄黑，称为五加皮，供药用。学名 *Acanthopanax gracilistylus* W. W. Sm.。

萝藦

萝藦[①]一名斫合子，人家多种之。三月生苗，蔓延篱垣间，极易繁衍。其根白软，其叶长，而后大前尖，根与茎叶摘之皆有白汁。六七月开小长花如铃状，紫白色。结实长二三寸，大如马兜铃，一头尖，其壳青软，中有白绒及浆。霜后枯裂，则子飞。其子轻薄，亦如兜铃子，土人取其绒作坐褥，以代棉，亦轻暖。

注 解

①别名芄兰、白环藤，系夹竹桃科多年生蔓草。果实为蒴果。嫩叶可供食用。茎皮可采纤维。种子密生长绒可作棉用。名见《唐本草》。学名 *Metaplexis japonica* (Thunb.) Makino.。

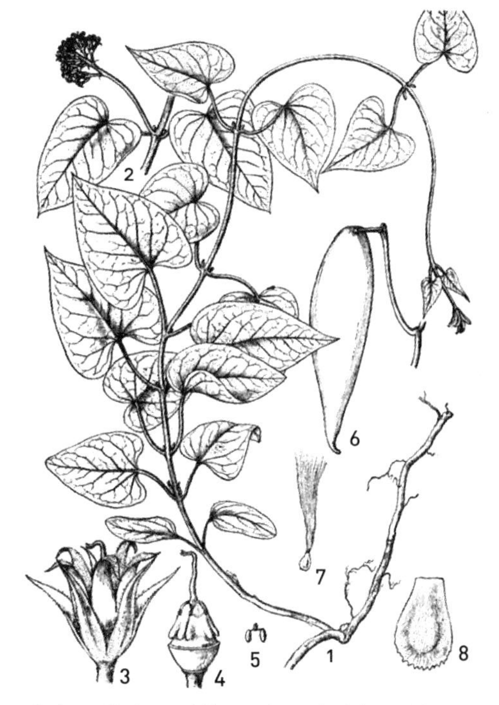

萝藦：1. 枝叶；2. 花枝；3. 花；4. 合蕊柱；5. 花粉器；6. 蓇葖果；7. 种子；8. 种子放大（去毛）。

雪下红

雪下红[①]一名珊瑚树。叶似山茶，小而色嫩。藤本蔓延，茎生白毛。夏末开小白花结子，秋青冬熟，若珊瑚珠，累累下垂。其色红亮，照耀如日，至于积雪盈颗，似更有致。但防白头鸟衔食，则不能久留。

注 解

①系报春花科紫金牛属的灌木，叶卵形，花排列作伞房状，花冠整齐，白色。果实为浆果。名见《救荒本草》。学名 *Ardisia villosa* Roxb.。

胡椒

胡椒[①]一名昧履支，南番诸国及交南、海南皆有之。其苗蔓生，必附树或作棚引之[一]。叶如山药，有细条与叶齐，条条结子，两两互相对。其叶晨开暮合，合则裹其子于叶中。正月开黄白花，结椒累累，生青熟红，五月采收。曝干乃皱，食品中用之，最能杀腥。

校 记

㈠“引之”：乾本误作“可之”。

注 解

①系胡椒科的藤本。花两性，但在花穗基部有单性的。果小不具有柄，球形，干燥后变为黑色，叫作“黑胡椒”，除去黑皮的叫“白胡椒”。原产东印度，我国南部亦有栽培。果实研末供香辛料及药用。名见《唐本草》。学名 *Piper nigrum* Linn.

浣草

浣草①一名天门冬，处处有之。春生藤蔓，大如钗股，高至丈余。叶如茴香，极尖，细而疏滑，有逆刺，亦有无刺者。夏开小白花，亦有黄紫色者。入伏后无花，暗结黑子，在其枝根旁②，根长一二寸，一科㈠一二十枚。以大者为胜。药苗须沃地种栽，子种者但晚成耳。

校 记

㈠“科”：各版本均作“科”，中华版误为“颗”。

注 解

①别名天棘、满冬、地门冬，系天门冬科多年生蔓草。夏日开花，往往二三花丛生，花小有柄，淡黄白色，花盖六裂；果实红色，大如小豆。名见《本草经》。学名 *Asparagus cochinchinensis* Merr.。

②块根攒簇而生，颇肥大，可供药用，作强壮剂。

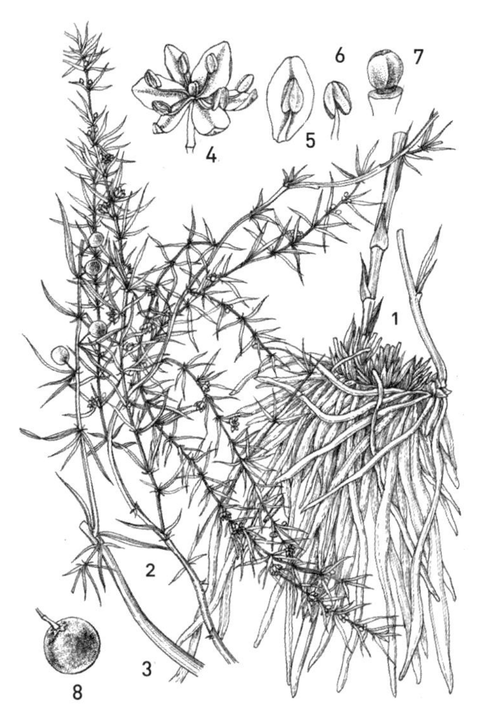

天门冬：1. 植株下部及根；2. 植株上部；3. 果枝；4. 花；5. 花被片与雄蕊；6. 雄蕊；7. 雌蕊；8. 浆果。

栝楼

栝楼[①]一名瓜蒌，一名泽姑，所在有之。三四月生苗，引藤而上。叶如甜瓜而窄，作叉有细毛。秋开花似壶芦，花浅黄色。结实在花下，大如拳，形有正圆，有尖长者，生青熟赤黄，累累垂于茎间，亦稍可观。

注 解

①系葫芦科多年生宿根攀援植物，自生原野间。名见《本草经》。根可制淀粉，叫作天花粉，供药用。学名 *Trichosanthes kirilowii* Maxim.。

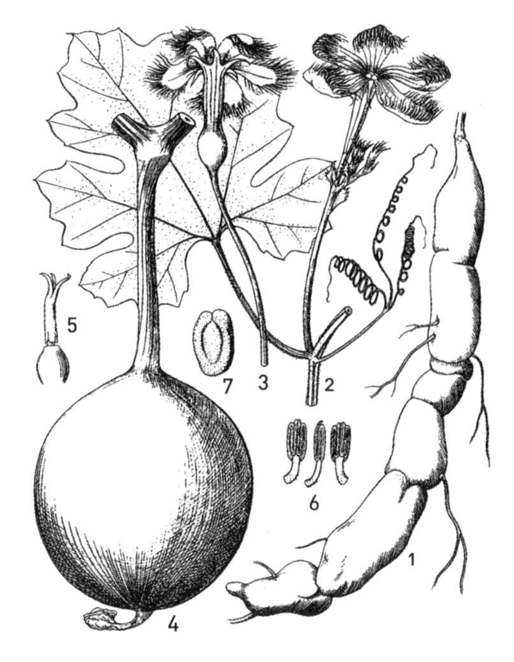

栝楼：1. 块根；2. 雄花枝；3. 雌花；4. 果实；5. 雌蕊；6. 雄蕊；7. 种子。

五爪龙

五爪龙[①]一名五叶莓，蔓生篱落间。其藤柔而有棱，一枝一须，凡五叶，长而光，有疏齿，面青背淡，七八月结苞成簇，青白色。花如粟，黄色四出。实大如龙葵，生青熟紫，内有细子。

注 解

①别名乌蔹莓，系葡萄科蔓生藤本。夏秋开花，花轴出自叶腋，聚伞花序，叉状或二三分歧，可供药用。名见《唐本草》。学名 *Cayratia japonica* (Thunb.) Gagnep.。

乌蔹莓果枝。

西国草

西国草[①]一名茥，一名覆盆子，随处有之，秦地尤多。三月开白花。四五月实熟，状如荔枝，大如樱桃，软红可爱，味颇甘美。失时则就枝生蛆。土人在六七分熟即采取矣。

注 解

①别名插田泡、乌藨子、大麦莓、插日藨，系蔷薇科悬钩子属常绿蔓性小灌木。名见《名医别录》。果实可供食用。学名 *Rubus coreanus* Miq.。

插田泡：1. 花枝；2. 果枝；3. 小瘦果。

榼藤

榼藤[①]一名象豆，生广南山中。作藤着树，有如通草藤。其实三年方熟，结角如弓袋，紫黑色而光，大一二寸，圆而扁，仁若鸡卵。土人多剔去其肉作瓢，垂于腰间，若贮丹药，经年不坏。

注 解

①系豆科蔓生草本。名见《开宝本草》。叶互生，二回羽状复叶，顶端有卷须；果实为大形荚果，长二三尺；种子形大，极坚硬，呈暗褐色。又有榼子、合子等名。学名 *Entada phaseoloides* (L.) Merr.。

蓬虆

蓬虆[①]一名寒莓。生来藤蔓繁衍，茎有倒刺，逐节生叶，叶大如掌，类小葵，青，背白，厚，有毛，六七月开小白花。就蒂结实，数十成簇，生则青黄，熟则紫黯，微有黑毛，如葚而扁。冬叶不凋，俗名割田藨。

注 解

①系蔷薇科直立灌木，高八九尺，具有吸枝；茎有沟，并生有刺；叶掌状，三至五裂，边缘为不整齐粗锯齿；花白色，数花或多花丛生；果实红色。叶经秋多变为红色或黄色，颇美观。名见《植物名实图考》。学名 *Rubus crataegifolius* Bge.。

蓬蘽：1. 花果枝；2. 雌蕊。

千里光：1. 植株上部；2. 茎放大，示被柔毛；3. 舌状花；4. 管状花；5. 冠毛；6. 聚药雄蕊；7. 瘦果。

千里及

千里及[①]生宣湖与天台山中。春生苗，蔓延于篱落间。叶似菊，细长而厚，背有毛，枝干圆而青，秋开黄花，不结实。

注 解

①别名千里光、九里明，系菊科千里光属。名见《图经本草》。茎木质攀援状，高达三四尺；头状花序，排成疏散扩展的伞房花序；基部有极小的苞片数枚，舌状，花黄色。常生于旷野间，可供药用。学名 *Senecio scandens* Buch.-Ham.ex D.Don。

卷六　花草类考

乔木非百年不能苍古，草花不两月便可敷荣。是编所载，非取香浓，即取色丽，各有所长，可佐园林之不逮，大概色香俱无者不录。

芍药

芍药[1]古名将离（因人将离别，则赠之也），一名余容，又名婪尾春，惟广陵者为天下最。近日四方竞尚，俱有美种佳花矣。春生红芽作丛，茎上三枝五叶，似[一]牡丹而狭长。初夏开花，有红、紫、黄、白数色，但巧立名目约百种，今特细释其十分之八，以附于后。其本有二[二]种[2]：草芍药、木芍药。木者花大而色深，俗呼为牡丹，非也。安期生服炼法云：“金芍药色白多脉，木芍药多紫瘦多脉。”园林中苟植得宜，则花之盛，更迟于牡丹。大抵花初发时，人多爱惜，勤于浇灌之外，多扶以竹篠，使不倾侧；遮以苇箔，令其耐久。及花萎之后，遂多弃而不论；孰知其来年之盛衰，全在乎此时。须亟剪去其子[3]，屈盘其枝条，使不离散，则生气不上行，而皆归于根，明春苗发必肥，花色更丽。至若分栽在八九月间[三]，开土悉出其根，涤以甘泉，细摘其老梗朽败之处，揉调猪粪和泥，易其故土而另植之。从此灌溉不失其时，来年之花，未有不大茂者也。其本无论好丑，必三年一分，不分恐旧根侵蚀其新芽，苗遂不肥。独芍药不宜春分[4]移者，盖因谚云：“春分分芍药，到老不开花。”如欲携根窠致远，须取本土贮之竹器内，虽数千里可负而至矣。大略单瓣者，其根[5]可入[四]药，在赏鉴家多不取焉。

芍药：1. 花枝；2. 蓇葖果；3. 雄蕊；4. 叶局部：示其边缘骨质细齿。

附芍药释名　共计八十八种[6]。

黄色（计十八品）

御袍黄（色初深后淡，叶疏而端肥碧），袁黄冠子（宛如髻子，间以金线，出自袁姓），黄都胜（叶肥绿，花正黄，千瓣，有楼子），道妆成（大瓣中有深黄，小瓣上又展出大瓣），金带围（上下叶红，中则间以数十黄瓣），缕金囊（大瓣中，于细瓣下抽金线，细细杂条），峡石黄（如金线冠子，其色深似鲍黄），妬鹅黄（大小瓣间杂中出以金线，高条叶柔），鲍家黄（与大旋心同，而叶差不旋），黄楼子（盛者叶五七层，间以金线，其香尤甚），御爱黄(色淡黄，花似牡丹而大），二色黄(一蒂生二花，两相背而开，但难得），怨春妆(淡黄色，千叶，平头），青苗黄（千叶，楼子，淡黄色，内系青心），黄金鼎（色深黄，而瓣最紧），醮金香(千叶，楼子，老黄色而多香味），杨家黄(似杨花冠子，而色深黄），尹家黄(同上，因人之姓得名)。

深红色（计二十五品）

冠群芳（大旋心冠子，深红堆叶，顶分四五旋，其英密簇，广及半尺，高可六寸，艳色绝伦），尽天工（大叶中小叶密直，心柳青色），赛群芳（小旋心冠子，渐渐添红而花紧密），醉娇红（小旋心中抽出大叶，下有金线），簇红丝（大叶中有七簇红丝，细细而出者），黾池红（花似软条，开皆并萼或三头），拟绣鞯（两边垂下，如所乘鞍子状，喜大肥），积娇红（千叶，如紫楼子，色初淡而后红），杨花冠子（心白，色黄红，至叶端则又深红），红缬子(浅红缬中又有深红点），试浓妆(绯叶五七重，平头条赤绿，叶硬背紫），赤城标(千叶，大红花，有高楼子），湖缬子（红色，深浅相间杂而开，喜肥），莲花红(平头瓣尖似莲花），会三英（一萼中有三花并出，最喜肥），红都胜（多叶冠子，最喜肥），点妆红（色红而小，与白缬子同，绿叶微瘦长），缀蕊红（蕊初深红，及开后渐淡），髻子红（花头圆满而高起，有如髻子），绯子红（花绛色，平头而大），骈枝红（一蒂上有两花并出），宫锦红（红黄白色相间者），柳浦红（千叶，冠子，因产之地得名），朱砂红（色正红，花不甚大），海棠红（重叶黄心，出蜀中）。

粉红色（计十七品）

醉西施（大瓣旋心，枝条软细，须以杖扶），淡妆匀（似红缬子而粉红无点，缬花之中品），怨春红(色最淡，而叶堆起似金线冠子），妬娇红(起楼，但中心细叶不堆，上无大瓣），合欢芳（双头并蒂，二花相背而齐开），素妆残（初开粉红，以渐退白，心青，淡雅有致），取次妆（耳头而多叶，其色最淡），效殷红（矮小而多叶，若土肥，则易变），倚栏娇（条软而色媚），红宝相（似宝相蔷薇），瑞莲红（头微垂下似莲花），霓裳红（多叶大花），龟地红（平头多叶），芳山红（以地得名者），沔池红（花类软条，须扶），红旋心（花紧密而心红），观音面（似宝相而娇艳）。

紫色（计十四品）

宝妆成（色微紫，有十二大叶，中密生曲叶回裹圆抱，高八寸，广半尺，小叶上有金线，独香），凝香英（有楼，心中细叶上不堆大瓣），宿妆殷（平头而枝瓣绝高大，类绯，多叶而整），聚香丝（大叶中一丛紫丝细细而高出），蘸金香（大叶中生小叶，而小叶尖醮一金线），墨紫楼（其色深紫，而有似乎墨），叠英香（大叶中细叶廿重，上又耸大叶起台），包金紫（蕊金色，而花紫），紫都胜（多叶，有楼子），紫鲙盘（平头而花大），金系腰（即紫袍金带），紫云裁（叶疏而花大），小紫球（短叶，圆花如球），多叶鞍子（瓣两垂似马鞍）。

白色（计十四品）

晓妆新（花如小旋心，顶上四向，叶端有殷红小点，每朵上或三五点，像衣中黟，结白花，上品），银含棱（花银缘，叶端有一棱，纯白色），菊香琼（青心，玉板冠子，白英团掬坚密，平头），试梅妆（白缬中无点缬者，即白冠子），莲香白（多叶阔瓣，香有似乎莲花，喜肥），玉冠子（千叶而高起），玉版缬（缬中皆有点），玉逍遥（花疏而叶大，宜肥），覆玉瑕（叶紧更有点），玉盘盂（单叶而长瓣），寿州青苗（色带微青），粉缘子（微有红晕在心），镇淮南（大叶冠子），软条冠子（多叶而枝柔）。

以上共八十八种名色，皆昔人谱中所载，多有雷同，已皆删去。然或有耳目所不及辨者，以待后之博雅自别之可也。

校 记

㈠“似”：乾本误作“以”。

㈡“二”：乾本误作“三”。

㈢“间”：善成堂版、乾本均误作“开”。

㈣“入”：善成堂版误作“人”字，乾本漏一“入”字。

注 解

①系毛茛科多年生草本，别名没骨花（《广群芳谱》）、赤芍。学名 *Paeonia albiflora* Pall.，名见《诗经》。原产我国，比牡丹早出。叶为复叶，小叶圆形或披针形，花开春夏之交。有的人每以菊科之大丽花混称，实误。

②见崔豹《古今注》。

③花后结蓇葖果，要及早剪除，以减少养分消耗。

④分株繁殖，宜在九十月间，亦可用实生繁殖。

⑤根皮供药用，名白芍。采根多在二月或八月，曝干，有镇痛及解热功效，用以治腹痛泻症及感冒、肺病等症。

⑥宋刘攽《芍药谱》记载三十一种，孔武仲《芍药谱》记载三十三种，王观《芍药谱》记载三十九种。明王象晋记载王观《芍药谱》中的三十九种。本书所记八十八种中，已见于《群芳谱》的，黄色有：御袍黄（御衣黄）、袁黄冠子、黄楼子、峡石黄（峡石黄冠子）、鲍家黄（鲍黄冠子）、道妆成、妬鹅黄。红色有：冠群芳、赛群芳、尽天工、点妆红、积娇红、湖缬子、黾池红、素妆残、妬娇红、醉西施、试浓妆、簇红丝、取次妆、效殷红、合欢芳、会三英、拟绣鞯。紫色有：宝妆成、凝香英、蘸金香、宿妆殷、聚香丝。白色有：菊香琼、试梅妆、银含棱。

瓯兰 溪荪

瓯兰[①]一名报春先，多生南浙阴地山谷间。叶细而长，四时常青。秋发蕊，冬尽春初开花，有紫茎、玉茎、青茎者。一茎一花，其紫花黄心，白花紫心者，酷似建兰而香尤甚。盆种之，清芬可供一月，故江南以兰为香祖。若欲移植，必须带土厚墩，方能常盛。种宜黄砂土，用羊、鹿屎和水浇，若遇暑月，须每早浇以冷茶。常移盆四面晒，则四面有花。冬月当藏暖处，经霜雪恐冻伤其蕊。然较建兰入窖，则不必矣。又一种，叶较兰稍阔而柔，花开紫白者，名荪[②]，凡花开久香尽，即当连茎剪去，勿令结子，恐耗气夺力，则来年花不繁也。

春兰：1. 植株；2. 花。

注 解

①系兰科多年生常绿草本，又名春兰、草兰，名见《楚辞辩证》及《灌园草木识》。学名 *Cymbidium goeringii* (Rchb. f.) Rchb. F.，宋人《兰谱》及王象晋《群

芳谱》中均无此名称，惟赵时庚《兰谱》中所记载的秦梦良、吴兰、潘花、赵师博等紫花类（见兰花释名），均似报春兰。

②现名溪荪，系鸢尾科多年生草本。学名 *Iris Sanguinea* Donn ex Hornem.，叶细长，五六月间，叶心抽茎，茎顶开花，呈紫色或白色；花盖外围的三片，形大而圆，向下垂，柄部有网状脉；内层的三片比花柱长而广阔。形状颇美，多栽于庭园供观赏。

蕙兰

蕙兰①一名九节兰，叶同瓯兰，稍长而劲。一茎发八九花，其形似瓯兰而瘦即香味亦不及焉。但后瓯兰而开，犹可继武瓯兰、先建兰而放，聊堪接续建兰。则一岁芳香，半窗清供，可以绵绵不绝矣。其浇壅之法，亦同瓯兰。

注 解

①又名九华。学名 *Cymbidium floribundum* Lindl.。叶似春兰，壮健茂盛，叶缘有锐利锯齿，容易与建兰分别。花茎肥大，长达二尺，超出于叶头，有白茎和紫茎之分。白茎花多芳香，紫茎的香味较差。又分为梅瓣、水仙瓣、荷瓣、素心等品系。

建兰 方兰、春兰

建兰①产自福建，而花之名目甚多。或以形色，或以地里，或以姓氏得名，俱详后谱内。其花五六月放，一干九花，香馥幽异。叶似瓯兰，而阔大劲直。凡兰皆有一滴露珠在花蕊间，谓之兰膏。虽美不可多取，恐损本花。若年久苗盛盈盆，至秋分后可分种。泥须黄土，预用�METAL㈠蕨草火，将泥煨过方用。分时勿惜小费，必击碎其盆，将竹刀先剔去其旁土，缓缓解析其交结之根，毋使有拔断之失，然后逐篦丛，取出积㈡年腐芦头，方用新盆，先将瓦片填底，后以炼过土覆上，即将三篦丛之互相枕籍，作三方向而种之。上覆瘦沙泥少许，浇清水一勺，以定其根。兰根香甜，蚁最喜食，多做窠其上，以至根伤叶瘁。须置一浅盆坐水，使蚁不能渡。若叶上生黄白斑点，谓之兰虱，用鱼腥水洒之；或研大蒜和水，或蚌水，以白笔蘸之，拂洗叶上数次，则虱自无矣。如梅雨连朝，则水太多，一遇烈日热蒸，则根必烂，须移阴处。养兰诀云："春不出，无霜雪冷风之患。夏不日，最忌炎蒸烈日。秋不干，多浇肥水，或豆汁。冬不湿，宜藏暖室，或土坑内。”其法尽之矣。

附兰花释名 共计三十五品。

紫花（计十七品）

金棱[2]边（花丰腴而娇媚，每干十二萼，色同吴兰，妙在叶自尖上生一黄线，直下如金丝，喜肥），陈梦良（每干十二萼，花头极大，为紫花之冠，不喜肥，惟用清水或冷茶浇，此一种最难养），吴兰（深紫色，有多至十五萼者，叶亦高劲，若善养时，则歧生竟有二十萼，花头差大，不喜肥），潘花（十五萼，干紫而整，疏密得宜，叶差小，而花中近心处色如吴紫，更精彩，种须赤砂泥妙），何兰（十四萼，紫色中红，花头倒压，不甚绿），仙霞（花似潘种，因产自仙霞岭，故名），大张青（茎青花大，肥宜半月一浇），赵师博（十五萼，初萌甚红，大放若晚霞灿目），蒲统领（花之中品也，喜肥，宜半月一浇），都梁（紫茎绿花，产自都梁县西小山，以地名），淳监粮（宜粗赤沙土种），许景初（花不过九萼），何首座（平常不过八九萼），林仲孔（皆兰之常品也），庄观成（名因其人称之），萧仲初（皆花之下品，宜沙土），又朱兰（花茎俱红，叶短婀娜，一干九萼，乃粤种也）。

白花（计十八品[3]）

济老（一干十二萼，标致不凡，叶似大施而更高三五寸，善养多歧生，又名一线红，最喜肥浇），碧玉干（花虽白，微带黄，有十五萼，合并干而生，竟有二十五萼，其叶细最肥厚而深绿），惠知客（十五萼。花英淡紫，片尾凝黄，叶虽绿茂而柔弱，种用粗砂和泥夹粪则盛），马大同（色碧而绿，有十二萼，花头微大，间有向上者，中多红晕，而叶高耸，一名五晕丝），绿衣郎（一名龟山，色如碧玉，十五萼。每生并蒂，花干亦碧，叶绿而瘦，薄如苦荬菜之叶），鱼魫（十二萼，花片澄澈，宛如鱼魫，采沉水中，无影可指，叶颇劲绿，须山下流沙和粪种），玉整花（叶修长而瘦，色甚莹白可爱，白花之最能生者，用粪壤泥及河沙种之，盖以红土良），黄八兄（似郑花十二萼，善于抽干，叶绿而直，惜干弱不能支持耳，须尝以肥浇，杖扶之），周染（有十二萼，状同黄花，但其干短弱，用沟中黑沙泥和粪种之，则茂，亦中品也），名弟（花只有五六萼，叶最柔软，如新长叶后，则旧叶随换，人多不取重者），李通判（花类郑兰有十五萼，宜轻肥），大施（花起剑脊最长，用粪和泥晒草鞋屑围种），玉小娘（花只六萼，叶亦瘦弱，乃下品也），观堂主（七萼，花聚如一簇，叶短，可供时妆），夕阳红（八萼，花色凝红，如夕阳返照），青蒲（六萼，亦非佳品），四季兰（叶长劲苍翠，干青微紫，花白质紫纹，自夏至秋，相继而发，冬亦偶开，但不如夏兰盛）。

校 记

㈠“楉”：乾本误作“梏”。

㈡“积”：乾本误作“种”。

注 解

①建兰代表福建原产的大叶种。据王象晋记载：“建兰，茎叶肥大，花翠可爱，其叶独阔，叶短而花露者尤佳。”赵时庚《金漳兰谱》记载有二十品种；王贵学《兰谱》记载二十二品种，其中只有一个独头兰代表春兰，其余都是建兰。建兰又分为：甲、素心兰（*Cymbidium soshin*），如鱼魫兰，为古代保存至今的著名品种；乙、四季兰（*C. ensifolium*），叶粗壮而直立，一茎开花五六朵，黄白色，瓣上有紫红脉，舌上有紫色斑点，有芳香，如赤穗观音、玉真等。

②现名方兰或四方兰。系兰科多年生常绿草本。学名 *Cymbidium pumilum* Rolfe，花形小而圆，花茎细而短矮，一茎五六花至二十余花。花茎横出叶下，着花密，稍像葡萄穗，所以又名葡萄兰。花以紫色为普通，但亦有红色，间有白色。叶阔而光滑，厚如革质，多横出下垂，又多捻转，边缘无锯齿。此外尚有春兰，主要品种有绿英、冠春、翠盖、玉梅素等。

③实计十七品。

箬兰 风兰

箬兰[①]亦名朱兰，实非兰也。因其花形似兰，叶短阔似箬，色如渥丹，故有是名。毫无香气，徒冒芳名，乃粤种也，今杭、绍亦有之。后瓯兰而发，盆玩中亦不可无此点缀。分种即在花开春雨时。性喜阴湿。又一种风兰[②]，产自浙之温台，悬根而生，本小而叶最短劲。有类瓦松，不用砂土种植，惟取小竹篮，以妇人头发及钢铁丝衬之，贮其大窠，悬于有露无日处，每日洒水，或冷茶浇，或取下水中浸湿再挂，夏初开小白花，将萎时其色转黄，而香颇类乎兰，亦一小景中之奇者也。但怕烟烬所触。

注 解

①名见《本草经》。又有连及草、甘根、白根等名，系兰科多年生草本。学名 *Bletilla striata* Rchb. F.

②本种叶狭长而厚，有剑脊，互相抱拥，排列成数层。夏日，叶间抽茎分枝开

花，白色，微有芳香；花盖片狭长，三片直立，两片下垂于左右，距很长，为气生兰的一种。学名为 *Neofinetia falcata* Hu (*Angraecum falcatum* Lindl.)。

泽兰

泽兰[1]生大泽旁，以其叶似兰，故名泽兰。二月生，苗长二三尺；根紫黑色；茎干青紫色，作四棱；叶生相对，如薄荷而微香。七月开花[2]，带紫白色，萼亦色紫，可入药用。

注 解

①即硬毛地笋，系唇形科多年生草本。学名 *Lycopus lucidus* Turcz. var. *hirtus* Regel。七八月间开花，腋生轮状花序，花多，苞片披针形，全缘；花萼钟状，花冠带紫白色；茎方形，有毛。为妇科要药，又为外伤肿毒的涂药。

②此外同名异物的有兰科的泽兰。学名 *Arethusa japonica* A. Gr.，系多年生草本，叶只一片，披针形，基脚拥抱于茎上，夏日，叶间抽出花茎，无枝，顶端着一花，红紫色，与白芨的花类似，供观赏用。

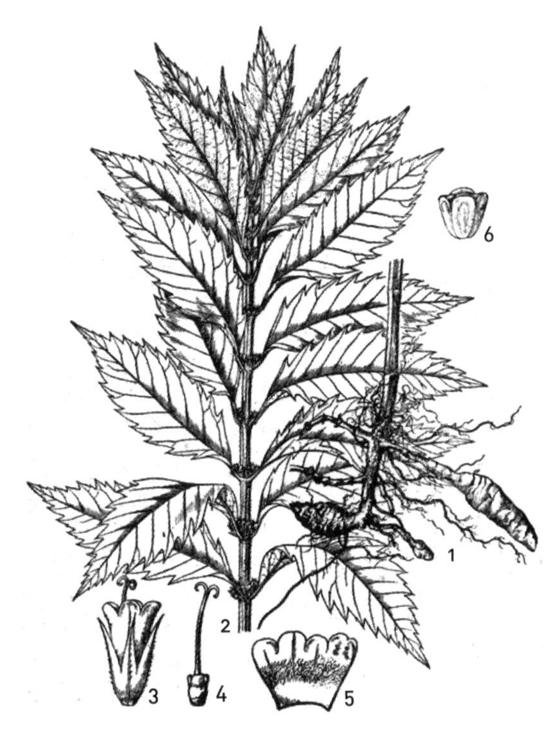

硬毛地笋：1. 植株下部及根；2. 植株上部；3. 花；4. 雌蕊；5. 花冠纵剖面观；6. 小坚果。

水仙 附红水仙

水仙[1]一名金盏银台，因其性喜水，故名水仙。冬季于叶中抽出一茎，顶上有数蕊，两两层次而开，白瓣中有黄心如盏，叶如萱草而短；其根似蒜头，外有赤皮裹之。有单叶、千叶二种：单叶者名水仙，其清香经月不散。千叶者名玉玲珑，其花皱，下轻黄，而上淡白，不做杯状，因其难得，人多重[一]之。但种不得法，徒叶无花。昔人种诀云："五月不在土（掘起以童尿浸二宿，后晒干），六月不在房（悬近灶房暖处），栽向东篱下（八九月间复种，用猪粪拌土壅），花开久且芳㈡。"凡种须沃壤，日以肥水浇，则花自盛。其叶止生三四片者无花，至五片者方有花。如五六月不掘起，浸吊，宿根在肥土内亦旺。但叶长花短，不甚可观，若于十一月间，用木盆密排其根，少着沙石实其罅，时以微水润之，日晒夜藏，使不见土，则花头高出于叶。如不起出，冬月必须遮护，使不见霜雪，遇日即开晒之。凡起种须用竹扦，若犯铁器，则永不开花。②一概花木最畏咸水，惟梅花与水仙，插瓶宜咸水养。拂林国有红水仙③，花开六出，亦异品也。又枸楼国有水仙树，其树腹中有甜水，谓之仙浆，其人饮之者，一醉可以七日，皆异闻也。

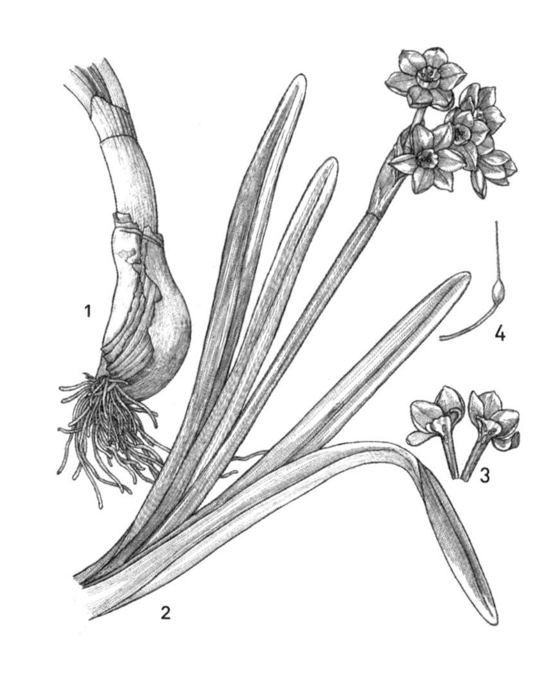

水仙：1. 鳞茎；2. 上部植株；3. 花纵剖面；4. 雌蕊。

校 记

㈠"重"：乾本误作"众"。

㈡"芳"：乾本误作"房"。

注 解

①系石蒜科多年生草本，名见《本草会编》。学名 *Narcissus tazetta* L. var.*chinensis* Roem.。原产我国南部，单瓣花品种叫金盏银台，复瓣品种叫玉玲珑。（按《植物学大辞典》及《中国植物图鉴》均作石蒜科，《广州植物志》作久雨花科）

②使水仙成蟹爪型，每将球根用利刀削去皮层，但勿伤花芽，仰置在水盆中，则叶短屈曲如蟹爪，开花正常，说明用铁器不开花系讹传。

③红水仙：王敬美《学圃杂疏》中说："唐玄宗赐虢国夫人红水仙十二盆。"又据段成式《酉阳杂俎》中说："柰只出拂林国，根大如鸡卵，叶长三四尺，

似蒜，中心抽条，茎端开花六出，红白色，花心黄赤。不结子，冬生夏死，取花压油，涂身去风气。”本草云：“据此形状当与水仙仿佛，岂外国名谓不同耶？”这里值得注意的是“柰只”与拉丁名 Nacissus 发音相似，由此可以推测西方原产的红口水仙（学名 *N. poeticus*）在唐时已传入我国了。

长春花

长春花①一名金盏草，江浙颇多。蔓生篱落间，叶似柳而厚，抱茎对生。茎上开花，金黄色，状如盏子。有色无香，但喜其四时不绝。结实如鸡豆子，其中细子，每粒如尺蠖蟠曲形。子落地随出，不烦分栽。但肥多，易长花丽。若结实即摘去，则花不间断。性不喜湿。近亦有白花种，若冬能保护，霜雪不侵，其叶不坏，则老干来春仍开不绝。

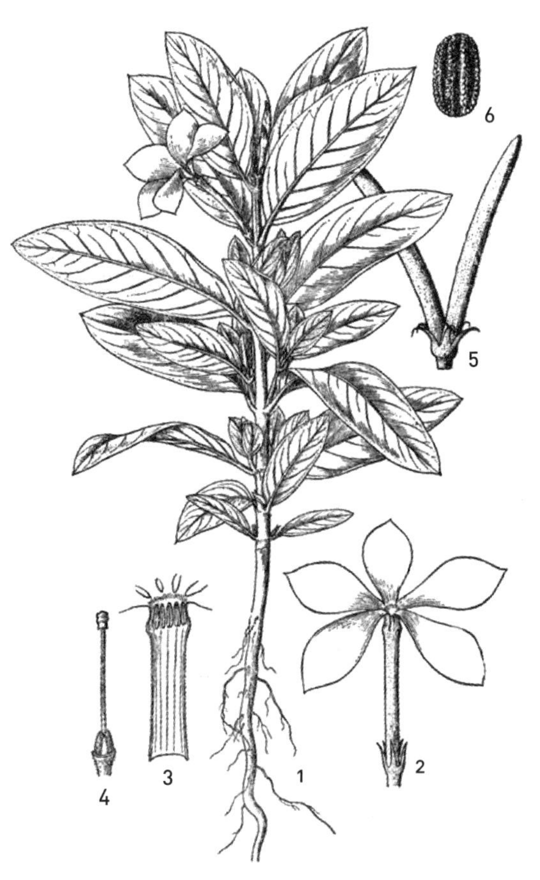

长春花：1. 植株；2. 花；3. 花冠筒纵剖面观，示雄蕊；4. 雌蕊；5. 蓇葖果；6. 种子。

注 解

①系夹竹桃科，草本。学名 *Catharanthus roseus*（Linn）G. Don。叶对生，夏秋开花，花期长，花冠为盆状，下部为筒状而细，边缘五裂，花后结细长果实，花有红、黄、白等色。酆裕洹先生认为是 *Calendula arvensis* Linn.，俞德浚先生意见疑系 *Jasminum humile* Linn.，又本种可提取长春碱、长春新碱，制成注射剂，有治疗何杰金氏病、恶性肿瘤的作用。

荷包牡丹

荷包牡丹[①]一名鱼儿牡丹。以其叶类牡丹，花似荷包，亦以二月开，因是得名。一干十余朵，累累相比，枝不能胜压而下垂，若俛首然。以次而开，色最娇艳。根可分栽，若肥多则花更茂而鲜。黄梅雨时，亦可扦活。

注 解

①系罂粟科多年生草本，我国原产。叶为数回羽状复叶；花为总状花序；全花序向下垂，花冠淡红色。学名 *Dicentra spectabilis*（L.）Lem.。

荷包牡丹：1. 花枝；2. 花；3. 雄蕊群；4. 花柱及柱头。

红豆蔻

红豆蔻[①]岭南多有之，其苗似芦，叶类山姜，二三月发。花作穗房，生于茎下，嫩叶卷之而生。初如芙蓉花微红，穗头色略深，其叶渐广，则其花渐出渐淡。亦有黄、白色者，子若红豆而圆。

注 解

①别名蛮姜、高良姜，种子名“红豆蔻”，系姜科山姜属多年生草本，原产我国。名见《南方草木状》。圆锥花序，其形状颇与山姜类似。《桂海虞衡志》名红豆蔻花。供观赏用。学名 *Alpinia galanga* (L.) Willd.。

笑靥花

笑靥[①]一名御马鞭。丛生，一条千红，其细如豆，茂者数十条，望若堆雪，不结实。将原根劈作数墩，二月中旬分种，易活。宜粪。

注 解

①系蔷薇科的灌木，花期四、五月。花纯白色，三至六朵簇生为无梗的伞形花序，其基部多具数叶状的苞；花瓣阔卵状，较雄蕊为长，蓇葖果外倾，平滑无毛。江、浙、赣、湘、闽、粤等省均有分布。学名 *Spiraea prunifolia* Sieb. et. Zucc.。

笑靥花：1. 花枝；2. 花。

罂粟：1. 植株上部；2. 雌蕊；3. 雌蕊纵切面；4. 子房横切面；5. 雄蕊；6. 种子。

罂粟

罂粟[1]一名御米，一名赛牡丹，一名锦被花[2]。种具数色，有深红、粉红、白紫者，有白质而绛唇者，丹衣而素纯者，殷如染茜者，紫如茄色者，多植数百本，则五彩杂陈，锦绣夺目。叶似茼蒿，其边屈曲多尖。二三月抽台结一青苞[一]，花发则苞脱，罂在花中，须蕊裹之。结实如小莲房，一囊千粒。下种须中秋午[二]时，或重阳日。赤体持种，两手交换撒子，则花生重台。再以竹箒扫匀，花开多千叶，未种前，须粪地极肥松，后以釜底烟煤拌撒，用细泥盖之，可免蚁食。待苗出后，始浇清粪，芟其繁密者食之，长则以竹篠扶之，若土瘠种迟，多变为单叶矣。如春间移栽，必不能茂。单叶者子必满，千叶者罂多空。故莳花者贵千叶，作蔬入药者不论。收鸦片者于青苞时，午后以针刺十数眼，次早其苞上精液，自眼中出，用竹刀收贮瓷器内，将纸封固，曝二七日即成鸦片矣。[3]入药用以涩精。昔苏子由广植作蔬。诗云："畦夫告予，罂粟可储；罂小如罂，粟细如粟；苗堪春菜，实比秋谷；研作牛乳，烹为佛粥；老人气衰，食以当肉。"则其功用如此。

校 记

㈠"一青苞"：乾本误作"不者色"。

㈡"午"：中华版误作"季"。

注 解

①《开宝本草》名罂子粟。学名 *Papaver somniferum* Linn.，又有米谷花、象谷、米囊花、御米花等名。系罂粟科一年生草本。李时珍说："其实状如罂子，其实如粟，故有诸名。"采幼果乳状之汁制成鸦片，含有吗啡，为重要镇静剂及镇痛剂。

②"赛牡丹""锦被花"，查系虞美人的别名。

③查鸦片含十余种生物碱，性毒，故已严厉禁种罂粟。

虞美人

虞美人[1]原名丽春，一名百般娇，一名蝴蝶满园春，皆美其名而赞之也。江、浙最多，丛生，花叶类罂粟而小，一本有数十花。茎细而有毛，一叶在茎端，两叶在茎之半，相对而生，发蕊头垂下，花开始直，单瓣丛心五色俱备，姿态葱秀。尝因风飞舞，俨如蝶翅扇动，亦花中之妙品，人多有题咏。种法：在八月望前，下子于肥土内，上用灰盖，冬月粪浇。若肥壅得法，则来年开出千叶异色者更佳，少留子，则花发多。花时忌粪，花后再粪又开，但千叶不易多得。

注 解

①名见《群芳谱》，原产欧洲，系罂粟科的一年生草本。又有赛牡丹、锦被花等名。《游默斋花谱》载："紫二品：深者须青，淡者须黄。白亦二品：叶大者微碧，叶细者窃黄，而窃黄尤奇。素衣黄里，芳秀茸茸，若新鹅之毳。窃红似芍药中粉红楼特差小，视凡花之粉红十倍。"学名 *Papaver rhoeas* Linn.。

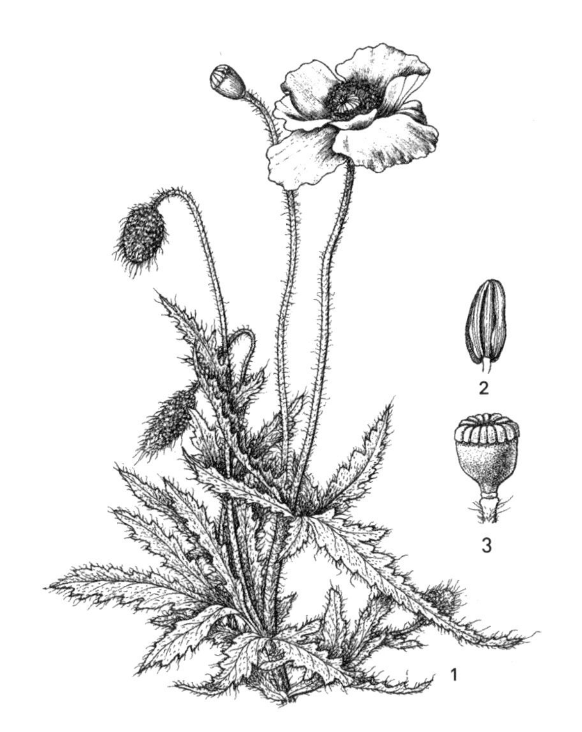

虞美人：1. 植株上部；2. 雄蕊；3. 雌蕊。

蔓菁

蔓菁[①]，一名葑，一名九英松，又名诸葛菜。茎粗叶大而厚阔，夏初起台，开紫花，四出而繁。结荚如芥子，匀圆亦似芥子，紫赤。根长而白，形似萝卜。在北地则有之。四时皆可食：春食苗，夏食心，秋食茎，冬食根。秋间撒子于高垅沙土中，或故墟坏墙上，再覆以一指厚土，五六日一浇。性独喜霜，交春即发苗，连地上生。春初种亦可，但欲移植，俟苗长五六寸，择其大者而移之。子用鳗鱼汁浸之，复曝干种，可无虫患。昔诸葛孔明行军所止处，令士卒随地栽之，人、马皆得食焉。

注 解

①系十字花科芸薹属作物，又有马王菜（相传为王殷所遗，故名）、大头菜等名。花为总状花序，其形状与芸薹花类似，系芸薹的一个变种。学名 *Brassica rapa* L.。

青鸾花

青鸾[①]一名紫鸾。春分种，至秋开青紫色花，似牵牛。冬须藏向日之所，若土燥则以冷茶稍润其根，来春自茂。

注 解

①即碧冬茄，系茄科一年生草本，叶对生，卵形全缘，夏日叶腋抽花梗，开漏斗状的花，有青、紫、红等颜色。学名 *Petunia hybrida* Vilm.。日本名撞羽朝颜，一名矮牵牛。

华南植物研究所认为可能是茄科的矮牵牛。

碧冬茄：1. 花枝；2. 花冠纵剖（去上部花冠），示雄蕊；3. 雌蕊；4. 雄蕊。

指甲花

指甲花[①]杭州诸山中多有之。花如木樨，蜜色，而香甚。中多须药[㈠]，可染指甲，而红过于凤仙。用山土移栽盆内亦活。亦有红、紫、黄、白数色者，而花之千态万状，四时不绝。

校 记

㈠“药”：各版误作“菂”，按“菂”乃指莲实，意义不同。

注 解

①即水木樨，一名散沫花。名见《南方草木状》。学名 *Lawsonia inermis* L.。由于叶可染指甲成红色，故名指甲花。除蜜色（淡黄色）的以外，也有浅红或淡绿色的品种。

《花镜研究》认为是凤仙花（*Impatiens balsamina* L.）。按与此不同，内文已指明“可染指甲，红过凤仙”。详见水木樨。

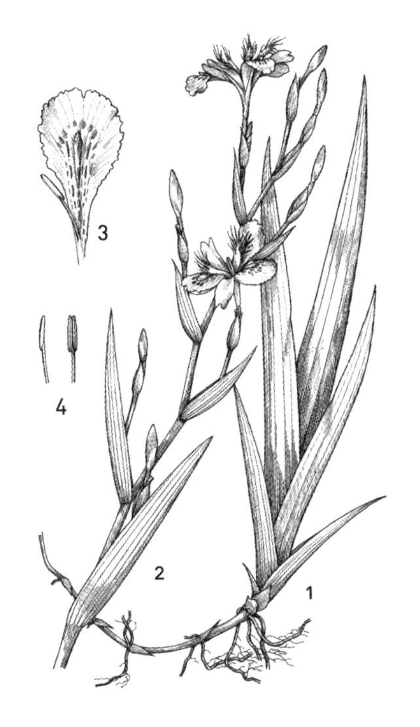

蝴蝶花

蝴蝶花[1]类射干，一名乌霎。叶如蒲而短阔，其花六出，俨若蝶状。黄瓣上有赤色细点，白瓣上有黄赤细点，中抽一心，心外黄须三茎绕之。春末开花，多不结实。至秋分种高处易活，壅以鸡粪则肥。

注 解

①系鸢尾科多年生常绿草本，春末自叶间抽花茎，分梗开花，花盖片边缘有毛状的锯齿；白色，有红晕，中心呈黄色，很美丽。学名 *Iris japonica* Thunb.。

蝴蝶花：1. 下部植株；2. 花序；3. 花瓣和雄蕊；4. 雄蕊。

紫罗栏

紫罗栏[1]俗名墙头草，一名高良姜[2]。叶似蝴蝶草而更阔嫩。四月中发花青莲色，其瓣亦类蝴蝶花。大而起台，紫翠夺目可爱。秋分后分栽，性喜高阜，墙头种则易茂。

注 解

①系十字花科多年生草本，原产欧洲。夏日开紫红色花，排列成总状花序，很美观，名见《八种画谱》。学名 *Matthiola incana* R. Br.。

②按与高良姜不同。

山丹 番山丹

山丹[1]一名渥丹，一名重迈。根叶似夜合而细小。花色朱红，诸卉莫及。茂者一干三四花，不但不香，而且更夕即谢，相继只数日，性与百合同。又有黄、白二色，世称奇种。须在春时分种，亦结小子。极喜浇肥，鸡粪更妙。又有一种番山丹[2]，根叶类百合。红花黑斑，根味苦，易生，乃贱品也。

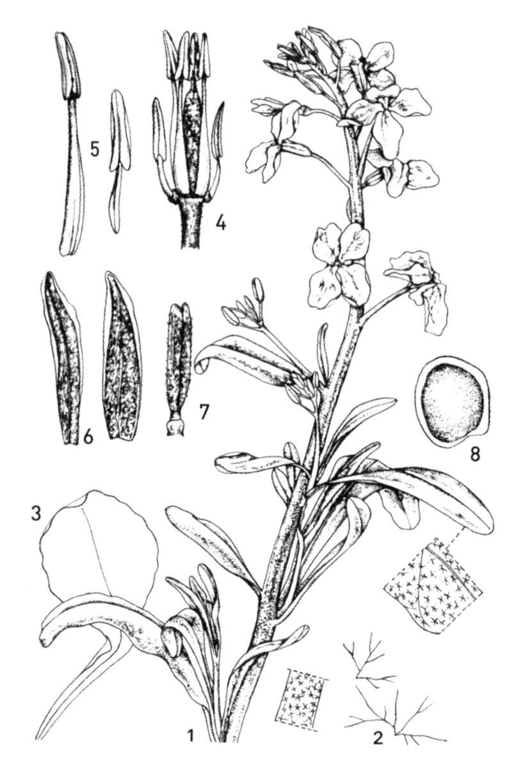

紫罗兰：1. 植株上部；2. 毛被；3. 花瓣；4. 花局部：雌蕊和雄蕊；5. 雄蕊；6. 萼片；7. 柱头；8. 种子。

山丹植株上部及花。

注 解

①又有红百合、连珠、川强瞿等名，系百合科多年生草本。名见《日华子诸家本草》。叶似卷丹而较小；鳞茎呈小卵形，常数颗集合，鳞片不多，呈白色。夏日梢上开花，花盖片狭长而反卷，红色或黄色。学名 *Lilium concolor* Salisb.，鳞茎供食用。

②番山丹，学名 *L. speciosum* Thunb. var. *tametomo* Hook.。地下有黄色的鳞茎。叶广披针形，互生，不生珠芽。夏日，茎梢开数花，花盖片向外方反卷，形似鹿子百合，但呈白色；雌蕊也突出花盖外。名见《百花诗录》注。

书带草

书带草[①]一名秀墩草。丛生一团，叶如韮而更细长，性柔韧，色翠绿鲜润。出山东淄川郑康成读书处，近今江、浙皆有。植之庭砌，蓬蓬四垂，颇堪清玩。若以细泥常加其中，则层次生高，真如秀墩可爱。

注 解

①即沿阶草，系百合科沿阶草属的常绿多年生草本。地下有连珠状的根，初夏叶间抽花轴，上部开花，排列成穗状花序。花盖六瓣，形小，微向外卷，淡紫色，花后结碧色果实。名见《江西通志》。学名 *Ophiopogon japonicus* Ker-Gawl.。

沿阶草：1. 植株；2. 花序局部；3. 花纵切面；4. 雄蕊。

剪春罗

剪春罗①一名剪红罗，一名碎剪罗。二月生苗，高一二尺。叶如冬青而小。攒枝而上。入夏每一茎开一花，六出绯红色，周迴茸茸，类剪刀痕。但有色无香，不若剪秋纱之鲜丽更可爱也。结实如豆大，内有细子可种，宿根亦可分栽。

注 解

①系石竹科宿根草本。茎叶俱似剪秋罗，名见《植物名实图考》。学名 *Lychnis coronata* Thunb.。

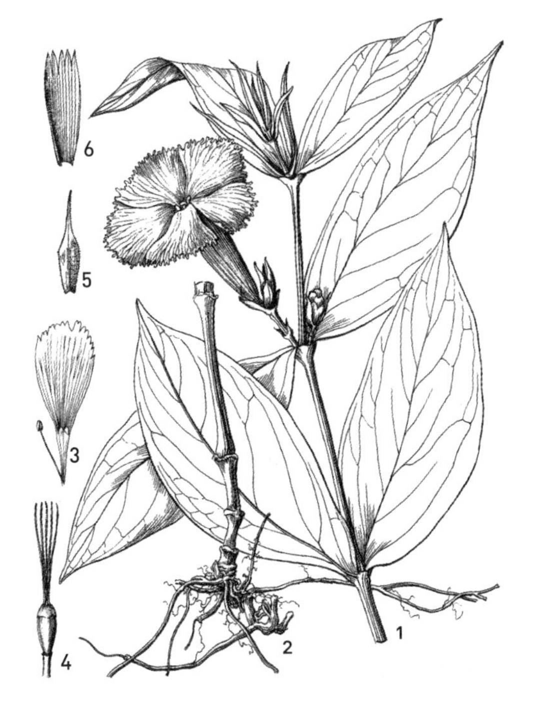

剪春罗：1. 植株上部；2. 植株下部；3. 花瓣和雄蕊；4. 雌蕊；5. 苞片；6. 萼筒。

洛阳花

洛阳花①一名蘧麦。叶似石竹，丛生有节，高一二尺。花出枝杪，本柔而繁，五色俱备，又有红紫斑斓者。植令苗头无长短，诸色间之，开成片锦，饶有雅趣。将开如卷旗，以渐舒展。尝以正午开至晚则卷，明日复舒。频摘去子，则花开不绝。有小黑子可种，根亦可分。大约土肥根润，则变色肯开。但枝蔓柔脆，须用细竹杆扶之。

注 解

①系石竹科多年生草本，原产我国。茎顶和枝头开花，萼筒长，下有苞片四至六片，花瓣细裂呈齿牙状，色有红、紫、白等杂彩，极美丽。名见《群芳谱》。石竹的千瓣者名洛阳花。学名 *Dianthus chinensis* L.。

石竹

石竹①一名石菊，又名绣竹。枝叶如苕，纤细而青翠。夏开红花，赤、深紫数色。千叶如剪茸。结子细黑。向阳喜肥，每年起根分种方茂。但枝条柔弱，易至散漫，须以小竹枝扶之，花开亦耐久，而惜不香。若能使霜雪不侵，其干若渐老，亦可作盆景。枝扦插皆活。

注 解

①系石竹科多年生草本。花下具苞，寻常坛栽，但亦常见植为盆景；普通栽培的有石竹、麝香石竹、须苞石竹等。学名同洛阳花。

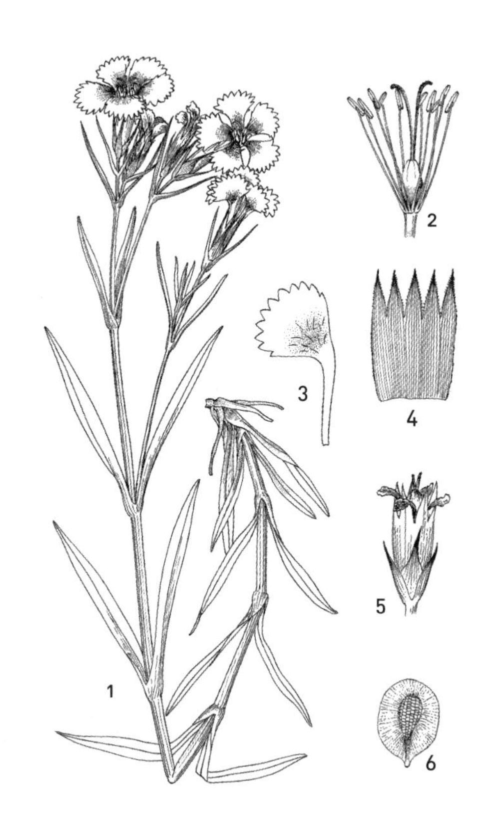

石竹：1. 植株；2. 雄蕊和雌蕊；3. 花瓣；4. 萼筒（剖开）；5. 蒴果及花萼和苞片；6. 种子。

白鲜花

白鲜[①]一名白羶，一名金雀儿椒。生上谷及江南。苗高尺余，茎青，叶梢白似茱萸。夏月开花，淡紫色，类小蜀葵。根如蔓菁，皮黄白而心实，嫩苗可为菜茹。

注 解

①别名地羊鲜、白羊鲜，系芸香科草本。叶为羽状复叶，夏日梢端开花，总状排列；花冠五瓣，下方弯曲；白色有红条纹，花轴和花的外部油腺，香气颇强。名见《本草经》。学名 *Dictamnus albus* L.。

白鲜：1. 根及植株基部；2. 植株上部及花序；3. 花；4. 雄蕊；5. 雌蕊；6. 果实。

王母珠

王母珠[①]一名酸浆，一名苦蒇，俗名灯笼草，所在有之。苗似水茄而小，根长二三尺，五月开小白花于叶桠。结子，外有青壳薄衣为罩，熟则深红，俨若灯笼。深秋壳内子红老若珊瑚珠，去衣着子更佳。分根栽亦可。

注 解

①另有挂金灯、洛神珠、天泡草等名。学名 *Physalis Alkekengi* L.。系

挂金灯：1. 植株；2. 花冠和雄蕊；3. 花萼和雌蕊；4. 果萼；5. 果萼切开，示浆果。

茄科多年生草本。夏日开花，合瓣花冠，白色微绿；花后结浆果，赤色，包被于萼内，此萼带赤色，在花后生长，如囊状，最为美观。名见《本草经》。又《植物名实图考》载："酸浆北地谓之红姑娘。"《救荒本草》谓之"姑娘菜"。

醒头香

醒头香[①]亦名辟汗草，出自江、浙。开细小黄花，有似鱼子兰，而香劣不及。夏月汗气，妇女取置发中，则次日香燥可梳，且能助枕上幽香。

注 解

① 现名草木樨。学名 *Melilotus officinalis* Desr.（《江苏植物名录》）。茎高二三尺，叶为三出复叶，小叶长圆形，边缘有锯齿。花小形，蝶形花冠，黄色，排列成总状花序。全体有香气，带甘味；花干燥后，可为烟草的芳香剂。古时作为辟汗草。《植物名实图考》载："辟汗草，处处有之，丛生高尺余，一枝三叶，如小豆叶，夏开小黄花如水桂花，人多摘置发中辟汗气。"
华南植物研究所鉴定即草木樨，或同属的其他种类。

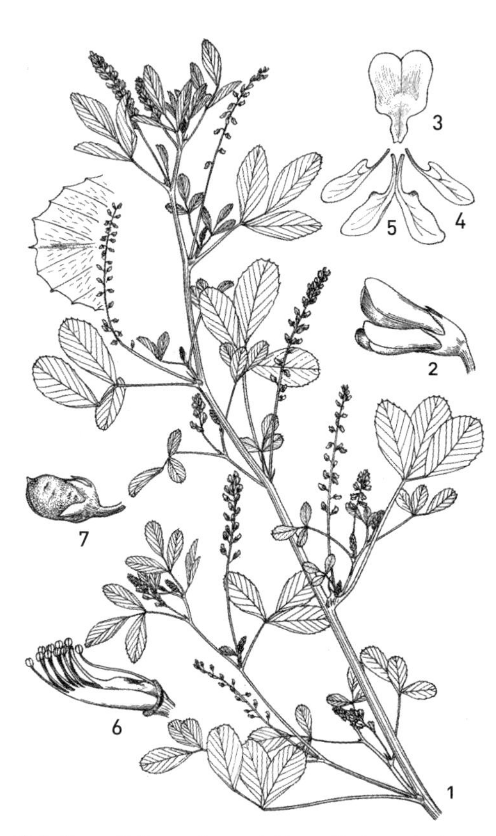

草木樨：1. 花枝；2. 花；3. 旗瓣；4. 翼瓣；5. 龙骨瓣；6. 雄蕊群和雌蕊；7. 荚果。

蜀葵

蜀葵[①]阳草也，一名戎葵，一名卫足葵。言其倾叶向日，不令照其根也。来自西蜀，今皆有之。叶似桐，大而尖。花似木槿而大，从根至顶，次第开出，单瓣者多，若千叶、五心、重台、剪绒、锯口者，虽有而难得。若栽于向阳肥地，不时浇灌，则花生奇态，而色有大红、粉红、深紫、浅紫、纯白、墨色之异。好事者多杂种于园林，开如绣锦夺目。八月下种，十月移栽，宿根亦发。嫩苗可食。当年下子者无花。其梗沤水中一二日，取皮作线，可以为布。枯梗烧作灰，藏火耐久不灭。

注 解

①又有胡葵、吴葵、一丈红等名。系锦葵科的宿根草本。花有单瓣、复瓣，颇美丽。除供观赏外，根供药用，茎皮可采纤维。名见《嘉祐本草》。学名 *Alcea rosea* Linn.。

锦葵

锦葵[①]一名钱葵，一名荍。丛生，叶如葵。而茎长六七尺，花缀于枝，单瓣，小如钱，色粉红，上有紫缕纹，开最繁而久，绿肥红瘦之际，不可无此丽质点染也。下子分栽，俱与葵同。

注 解

①系锦葵科越年生或多年生草本，别名“芘芣”，其变种有白花的，名见《群芳谱》。学名 *Malva cathayensis* M. G. Gilbert, Y. Tang & Dorr.。

向日葵 菟葵

向日葵[①]一名西番葵。高一二丈，叶大于蜀葵，尖狭多刻缺。六月开花，每干项上只一花，黄瓣大心，其形如盘，随太阳回转，如日[㈠]东升则花朝东，日中天则花直朝上，日西沉[㈡]则花朝西。结子最繁，状如蓖[㈢]麻子而扁。只堪备员，无大意味，但取其随日之异耳。又一种名菟葵[②]，一名天葵，多生于下泽。苗如石龙芮，而叶绿如黄葵，花似拒霜白而雅。其形至小，如初开单叶蜀葵，有檀心，色如牡丹之姚黄可爱。人多采茎叶灼之可食。

校 记

㈠“日”：乾本误作“目”。

㈡“沉”：乾本误作“汎”。

㈢“蓖”：乾本误作“草”。

向日葵：1. 花枝；2. 叶边缘放大；3. 舌状花；4. 管状花；5. 聚药雄蕊；6. 花柱及柱头；7. 瘦果。

注 解

①系菊科一年生草本。花为头状花序，甚大。周围之花，舌状花冠；中部之花筒状花冠，花托平坦，除供观赏外，种子可食及榨油。学名 *Helianthus annuus* L.。

②菟葵系毛茛科多年生小草本。茎高三至五寸。总苞之裂片，复分裂为羽状。三四月间总苞间抽一花梗，着于白色五瓣花。供观赏用。名见《本草纲目》。学名 *Eranthis pinnatifida* Maxim.。

萱花 红萱

萱花[①]通作蘐，一名宜男，一名忘忧。种宜下湿地，长苞丛生。茎无附枝，繁萼攒连。叶弱四垂，花初发如黄鹄嘴，开则六出，色黄微带红晕，朝放暮蔫。有三种：一千叶，夏开，其枝柔，不结子。一单叶，后开，其枝劲，结子，子圆而黑，俗名石兰。又一种，色如蜜者，花差小，而香清叶细，可作高斋清供；但不易开，须用肥土加意培植之。此草地广者，不可不多种。春苗可食，夏花亦可茹，惟千叶红花者②不可用，食之杀人。妇人怀娠，若佩此花，多生男儿。雨中分勾萌种之，初稀排，一年后自然稠密。或㊀用根向上、叶向下种之，则出苗最盛。亦有秋开者，但不可多得。今东人采其花跗，干而货之，名为黄花菜。

萱草：1. 根及叶；2. 花（果）序；3. 花被片与雄蕊；4. 雌蕊；5. 花药。

校 记

㊀“或”：乾本误作“戒”。

注 解

①又有丹棘、疗愁、鹿剑等名，系百合科多年生宿根草本。原产我国。丛生，具球根；叶短于花茎，花六至十二朵，圆锥状；苞膜质；花被橘黄色，内有深色彩纹。重瓣变种，更美丽。《诗经》作蘐，《嘉祐本草》始著录。学名 *Hemerocallis fulva* Linn.。

②重瓣的叫千叶萱草，系萱草的变种（var. *kwanso* Regel），植株比前种高大。又一种红花的叫红萱。名见《本草纲目》。学名 *H.minor* Mill.，盛夏抽花茎，长二尺余，上部分枝开花；花盖橙红色，黄昏时开放，翌日午前凋萎，有香气。均供观赏用。

鹿葱

鹿葱①色颇类萱，但无香耳，因鹿喜食故名。但萱叶尖长，鹿葱叶团而翠绿，萱叶与花同茂，鹿葱叶枯死而后花。萱一茎实心，而花五六朵从节开；鹿葱一茎虚心，而五六朵并开于顶；萱六瓣，而鹿葱七八瓣。多以肥浇，则其花逐苗皆盛。

注 解

①系石蒜科多年生草本，地下的鳞茎大而圆。叶与花之发生时期，先后不同，春日，叶自鳞茎萌出，呈淡绿色，秋初，于直立之花茎上，开伞形花，有苞，花盖六裂，淡红紫色；筒部比裂片短；雄蕊六枚生于花筒的喉部；花柱长，突出花外，美丽可观，学名 *Lycoris squamigera* Maxim.。

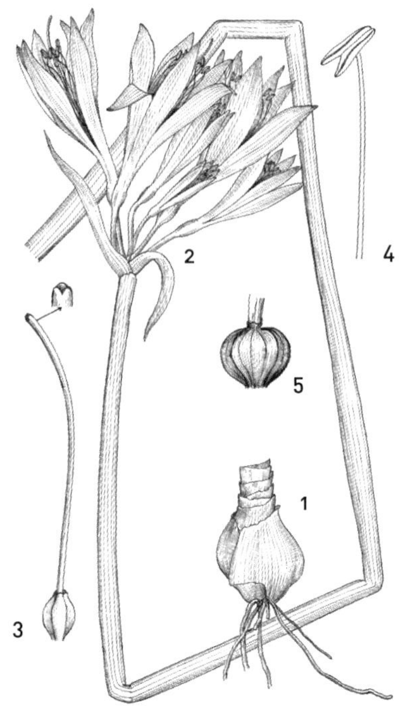

鹿葱：1. 鳞茎及根；2. 花序；3. 雌蕊；4. 雄蕊；5. 果实。

玉簪花

玉簪花[①]一名白萼。二月生苗成丛，叶大如小团扇，七月初抽茎。茎有细叶十余，每叶出花一朵。花未开时，其形如玉搔头簪，洁白如玉。开时微绽，四出，中吐黄蕊；七须环列，一须独长，香甜袭人，朝开暮卷。间或结黑子，根连如射干。春初须去其老根，移种肥地，则花多而茂。分时忌铁器，性好水，盆石中尤宜。其花瓣入少糖霜煎食，香美可口。又法：取将开玉簪，装铅粉在内，以线缚其口令干，妇人用以傅面，经宿尚香。根不可入口，最能烂牙齿。

注 解

①系百合科多年生草本，夏日叶间抽花茎，茎顶开花，排列成总状花序，花盖六片，白色或带紫，有芳香。供观赏用。名见《本草纲目》。学名 *Hosta plantaginea* Aschers.。

玉簪：1. 植株下部及根；2. 叶；3. 花序。

紫玉簪

紫玉簪①叶上黄绿间道而生，比白者差小。花亦小而无香，先白玉簪一月而开。性亦喜水宜肥。盆栽皆可，但不及玉簪之香甜可爱。根亦最毒。

注 解

①即波叶玉簪，系百合科多年生草本。学名 *Hosta undulata* Baily，名见《汝南圃史》。叶自根际丛生，夏日叶间抽细花；茎中部有叶状的苞，上部生花，呈淡紫色，排列成总状花序，颇美观。

桔梗

桔梗①生嵩山冤句。春生苗叶，高尺余。边有齿似棣棠，相对而生。夏开花青紫色，有似牵牛。秋后结实，根可入药用。

注 解

①系桔梗科多年生草本。学名 *Platycodon grandiflorus* (Jacq.) A. DC.，别名梗草、白药。名见《本草经》。茎高二三尺，叶长卵形或广披针形，边缘有锯齿。秋日枝上着生美丽的钟状花。五裂，紫碧色或带白色。供观赏用。根可作镇咳祛痰药，用于外感的咳嗽、胸闷、咳不畅快、痰多不易吐出等症。

桔梗：1. 肉质根；2. 花枝；3. 花纵切面观，示花萼、花冠、雄蕊和雌蕊；4. 雄蕊；5. 蒴果。

菖蒲 昌阳

菖蒲①一名菖歜，一名尧韭。生于池泽者泥菖也，生于溪涧者水菖也，生水石之间者石菖也。叶青长如蒲兰，有高至二三尺者。叶中有脊，其状如剑，又名水剑。

其根盘曲多节，亦有一寸十二节至二十四节者。仙家所珍。惟石菖蒲入药。品之佳者有六：金钱、牛顶、虎须、剑脊、香苗、台蒲，凡盆种作清供者，多用金钱、虎须、香苗三种。性喜阴湿，总之用沙石植者叶细，泥土植者叶粗。其法：在夏初以竹剪修净，取细沙或瓦屑密种，深水蓄之，勿令见日。秋初再剪，不染尘垢，及犯油腻，并猫吃水，则叶青翠，细软如丝。尤畏热手抚摩，宜作一线卷小杖，时抿其叶。霜降后须藏于密室，或以缸盖之，至春后始出，不见风雪。岁久不分，便细密可爱。若石上种者，尤宜洗净，当浇雨水，勿见风烟。夜移就露，日出即收。如患叶黄，壅以鼠粪，或蝙蝠屎，用水洒之。若欲苗直，以棉裹箸头，每朝捋之。又一种生下湿，而叶无脊，根粗大如指者，名昌阳②，肥则开花结子，候子老收之。至梅雨时用米饭同子嚼啐，喷于火炭上，则子自然生。苗必细极不烦剪。昔(一)人种诀云："春迟出（春分方出），夏不惜（四月十四菖蒲生日，用竹剪去净，自生，不爱惜），秋水深（深水养之），冬藏密（须藏密室）。"又忌诀云："添水不换水（添者虑其干，不换存元气），见天不见日（见天沾雨露，见日恐焦枯），宜剪不宜分（频剪则细，或逐叶摘剥更妙，分多则叶粗），浸根不浸叶（浸根则润，浸叶则烂）。"其法尽之矣。此皆为盆玩而言，若入药用，不必如此调护也。灯前置一盆，可收灯烟，使不熏眼，蒲花人食之，可以长年，然不易得。昔苏子由盆中菖蒲，忽开九花，人以为瑞。蒲之根白、节疏者可作菹，俗于端阳午时，和雄黄舂(二)碎，下酒饮，谓之蒲节酒。

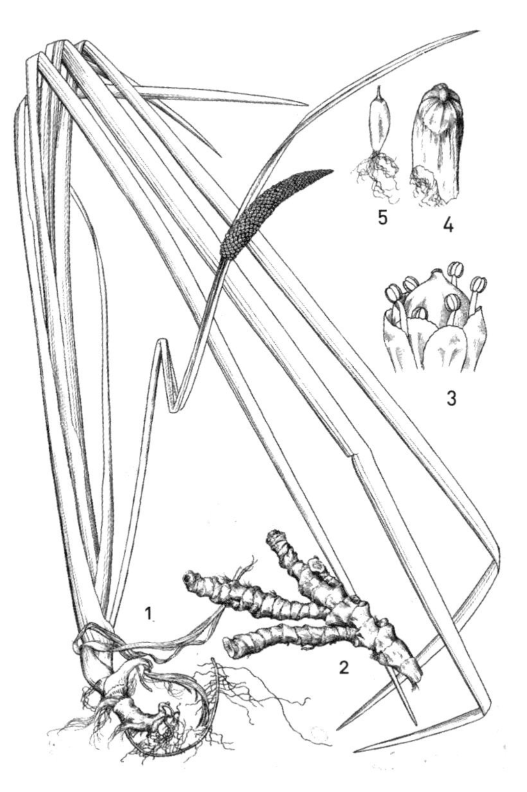

菖蒲：1. 植株；2. 根状茎；3. 花；4. 果实；5. 萌发的种子。

校 记

(一)"昔"：乾本误作"皆"。

(二)"舂"：花说堂版误作"椿"。

注 解

①系天南星科多年生草本。学名 *Acorus calamus* L.，又名白菖、水菖蒲（《名医别录》）。初夏，叶间抽花茎，着生小花，淡黄色，排列成肉穗花序。菖蒲味辛，性温，有祛痰湿、开心窍的作用，并有散风湿之效，可治关节疼痛。

②即石菖蒲（《本草纲目》）。学名 *A. gramineus* Soland.，叶常绿，成剑状，细长无中肋。初夏抽圆柱状的肉穗花序。着生多数黄色小花。根茎供药用。细叶的变种都用作盆栽观赏。

艾

艾[1]一名冰台，一名医草，随在有之；以蕲州者为佳。二月宿根生苗成丛，其茎直生，白色，高四五尺。其叶四布，状如蒿，分五尖，桠上复有小尖。面青背白，有茸而柔厚。七八月间出穗如车前穗，细花结实盈枝，中有细子，霜后始枯。人多于五月五日连茎刈取，曝干收叶。陈久灸疾，或揉作印色胎。

注 解

①系菊科多年生草本。学名 *Artemisia argyi* Lév. 别名黄草、艾蒿。叶互生，长卵形羽状分裂；花淡黄色，小头状花序。嫩叶可供食用，老叶可制艾绒，并可作药用。

夜合花 麝香花、回头见子、天香百合

夜合[1]一名摩罗春，一名百合。苗高二三尺，叶细而长，四面攒枝而上，至杪始着花。四五月开，蜜色紫心，花之香味最浓。日舒夜敛，花大头重，常倾侧，连茎如玉手炉状。又名天香[2]。根如山丹而肥大倍之。百瓣紧裹而合，俨似白菡萏，味甘可餐。一种名麝香花[3]，类天香，短而叶繁，开于四月，天香开于六月之不同。又一种如萱花，红质黑点似虎斑，而瓣俱反卷。一叶桠生一子，俗名回头见子[4]。茂者一干两三花，无香贱品。其根与百合同，但味苦不堪食。百合一年一起，其大者剥取外瓣煮食，留内小心，仍用肥土排种，则春发如故。壅以鸡粪则盛，亦须频浇肥水。

注 解

①即白花百合，系百合科多年生草本。学名 *Lilium brownii* var. *colchesteri* Van Houtte ex Stapf。又有中逢花、重迈、中庭等名，名见《本草经》。

②即天香百合。学名 *L. auratum* Lindl.，除观赏外，鳞茎可供食用。

③即麝香百合。学名 *L. longiflorum* Thunb.。

④即卷丹。学名 *L. tigrinum* Ker-Gawl.。

此外木兰科的夜香木兰，也叫夜合花。学名 *Lirianthe coco* (Loureiro) N. H. Xia & C. Y. Wu；又合欢，学名 *Albizia julibrissin* Durazz.；也有叫夜合花或夜合槐的。

百合：1. 根及鳞茎；2. 植株及花；3. 茎段及叶段；4. 雌蕊与雄蕊群。

凤仙花

凤仙花[①]一名小桃红，一名海纳，一名早珍珠，又名菊婢。叶似桃而有锯齿，茎大如指，中空而脆。花形宛如飞凤，头翅尾足俱全，故名金凤。有重叶、单叶、大红、粉红、深紫、浅紫、白碧之异。又有白质红点，色如凝血，俗名洒金，诸色相间而植，开时亦稍可观。有一枝开五色者，但不可多得。每花开一落，即去其蒂，则开之不已，与月季同法。其子老，微动即裂，俗名急性子。庖人煮肉物，着二三粒即烂。苗可为茹，根可入药，白花可浸酒，饮可调经。红花同根着明矾少许捣烂，能糟骨角变绛色，染指甲鲜红。取红花捣烂煮犀杯，色如蜡，可克旧犀；但初煮出，忌见风，见风即裂。二月下种，五月开花，子落地复生，又能作花。即冬月严寒，种之火坑亦生，乃贱品也。

凤仙花：1. 植株上部；2. 花萼的唇瓣；3. 侧面的萼片；4. 旗瓣；5. 翼瓣；6. 雄蕊群；7. 弹裂的蒴果；8. 种子。

注 解

①又有金凤花、旱珍珠等名，系凤仙花科一年生草本，原产印度。花腋生，花冠不规则。萼的一片较大，生距，向后弯曲。果实为蒴，椭圆形而尖。成熟时果皮裂开，弹出种子。复瓣的又称凤球花，变种极多。学名 *Impatiens balsamina* Linn.。

红蓝

红蓝①一名黄蓝，以其叶似蓝也。生于西域，张骞带归，今处处有之。春种时必候雨，或漫撒(一)，或行垄。用灰与鸡粪盖之，后浇清粪水。四月花开，蕊出球上，花下作球汇多刺，侵晨须多人采摘。采已复摘，微捣去黄汁，用青蒿盖一宿，捻成薄饼，晒干收用。五月收子便种，晚花至八月及腊月又可种。但花园中或种一二，不过取其备员而已。

校 记

㈠"撒"：花说堂、善成堂及乾本各版，均误作"撤"。

注 解

①原产埃及，系菊科一年生草本，名见《图经本草》。茎高三尺许，叶互生，广披针形，多锐刺。夏日梢头开头状花，形似蓟；筒状花冠，呈红黄色；总苞有刺毛。现名红花。可作通经药，又可制胭脂；嫩叶供食用，种子可榨油。学名 *Carthamus tinctorius* L.。

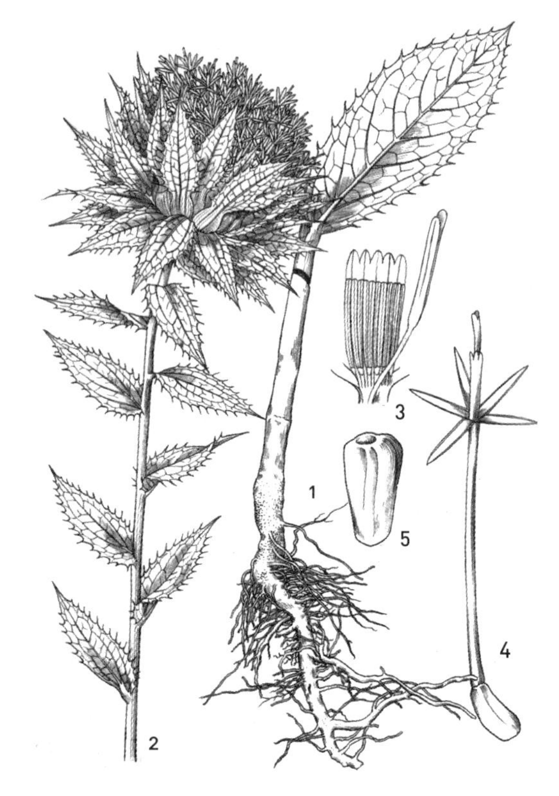

红蓝：1. 植株下部及根；2. 植株上部；3. 小花；4. 聚药雄蕊上部及雌蕊上部；5. 瘦果。

雨久花

雨久花[①]苗生水中，叶似慈姑。夏月开花，似牵牛而色深蓝，亦水藻中之不可少者。

注 解

①系雨久花科（或作水葵科）水生草本，别名水葫芦、洋水仙、凤眼莲。初生的叶呈狭长披针形，渐次阔大呈圆心脏形。夏秋间抽出花梗，开紫色或带白色的花，排列成圆锥花序，颇鲜艳。学名 *Monochoria vaginalis* var. *korsakowii* Solms。系明末传入，本书首先著录，目前华南和长江流域各地都有放养，由于它生长快、产量高，亩产五万至七万斤，是解决生猪及家禽饲料的一个好办法，而且可供绿肥。

雨久花：1. 植株；2. 花序；3. 花；4. 花纵剖面观，示雄蕊；5. 雌蕊；6. 果实；7. 种子。

荷花 睡莲

荷花①总名芙蕖，一名水芝。其蕊曰菡萏，结实曰莲房，子曰莲子，叶曰蕸，其根曰藕。应月而生，遇闰则十三节，每节间一叶一花，花开至午复敛。有花即有实，花谢则房见，房成则实见。莲子曰菂，菂中名薏。叶圆如盖而色青，其花名甚多，另谱于后。寻常红、白者，凡有水泽处皆植之。每有奇种，人家多用缸植。其法：惊蛰后，先取地泥筑实缸底，再将河泥平铺其上，候日晒开坼㈠，如雨，则盖之。直至春分，将藕秧疏种，枝头向南，以猪毛少许安在节间，再用肥泥壅好勿露；仍如前候晒开坼㈡，方贮河水平缸，则花自盛。一云：取酒瓮头泥种即开花，最畏桐油；夏不失水，冬不结冻，则来春秧肥花盛。种莲子法：将老莲实装入卵壳中，令鸡母同子抱；候子鸡出，取天门冬捣末和泥，安置盆内，将莲实摩穿其头种之②，花开如钱大，亦一弄巧之道也。或云：春分前种一日，花在叶上；春分后种一日，叶在花上；春分日种，则花叶两平。昔昭帝时，穿琳池植分枝荷花，食之令人口气尝香。六月二十四荷花生日。

附莲花释名

花名（计二十二品）

分香莲（产钓仙池，一岁再结，为莲之最），四面莲（色红，一蒂千瓣如球，四面皆吐黄心），低光莲（生穿林池，一枝四叶，状如盖），并头莲（红白俱有，一干两花，能伤别花，宜独），重台莲（花放后，房中眼内复吐花，无子），四季莲（儋州产，四季开花不绝，冬月尤盛），朝日莲（红花，亦如葵花之向太阳也），睡莲[③]（花布叶间，昼开夜缩入水中，次日复起，生南海），衣钵莲（花盘千叶，蕊分三色，产滇池），金莲（花不甚大而色深黄，产九疑山涧中），锦边莲（白花，每瓣边上有一绵红晕，或黄晕），夜舒莲（汉时有一茎四莲，其叶夜舒昼卷），十丈莲（清源所生，百余尺，耸出峰头），藕合莲（千叶大花，红色中微带青晕），碧莲花（千叶丛生，香浓而藕胜），黄莲花（色淡黄而香甚，其种出永州半山），品字莲（一蒂三花，开如品字，不能结实），百子莲（出苏州府学前，其花极大，房生百子），

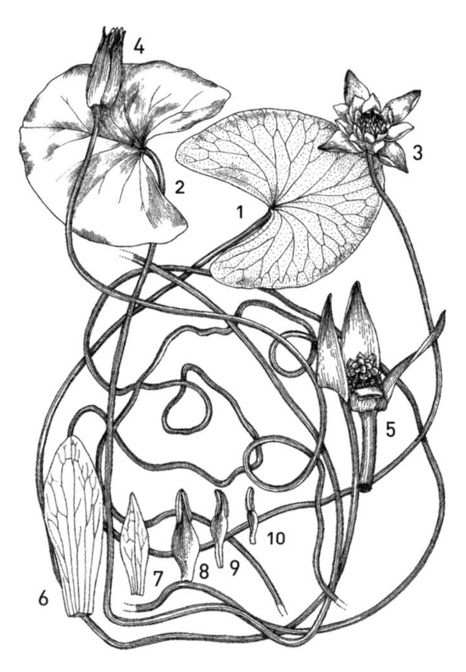

睡莲：1~2. 叶；3. 花；4. 果期宿存花萼；5. 花局部：示雄蕊和萼片；6~7. 花瓣；8~10. 渐变的雄蕊。

佛座莲（花有千瓣，皆短而不甚高过房），千叶莲（生华山顶池内，人服之羽化），碧台莲（白瓣上有翠点，房内复抽绿叶），紫荷花（花似辛夷而色紫，亦异种也）。

校 记

㈠㈡“坼”：各版均误作“拆”。

注 解

①原产亚洲热带，系莲科多年生草本。学名 *Nelumbo nucifera* Gaertn.，根茎成节。叶有两种：浮叶漂浮水面，立叶高出水面。夏日抽花梗，开重瓣花，普通粉红色，又有深红及白色，重台、并头等品种。果实包围在膨大的花托内，这花托俗称莲蓬。

②是促进发芽生长的一种方法。

③睡莲原产墨西哥。学名 *Nymphaea tetragona* Georgi。叶浮生水面，或一部稍伸立水上，卵圆形，裂凹端尖，全缘，表面暗绿色，有褐斑，背面红褐色，有黑点；花黄色，超出水面，花瓣约二十三片，花期六至八月。一般午前十一时至午后四时开放，夜间闭合，翌晨再放。水生花卉中，除荷花外，要算睡莲最美观了。此外尚有红睡莲（学名 *N. rubra* Roxb.）一种，花深紫红色，更是艳丽。

地涌金莲

地涌金莲[①]叶如芋艿，生平地上。花开如莲瓣，内有一小黄心。幽香可爱，色状甚奇，但最难开。

注 解

①芭蕉科，生于溪间阴地之草本，叶短阔，最大的叶面宽达三尺，根为须根，不成块。春日箨间出一花轴，苞短而膨大，里面紫黑，内有肉柱。花单性，雌雄别群，密着于肉柱之周围。学名 *Musella lasiocarpa* (Franchet) C. Y. Wu *ex* H. W. Li。又《植物名实图考》载：“地涌金莲出云南山中，如芭蕉而叶短，中心突出一花如莲，色黄，日坼一二瓣，瓣中有蕤，与甘露同。新苞抽长，旧瓣相仍，层层堆积，宛如雕刻佛座。”

俞德浚先生意见：地涌金莲疑系石蒜科石蒜属铁色箭之一种。叶阔，花色鲜黄而美丽，名见《汝南圃史》的“忽地笑”。

凫葵

荇菜：1. 花果枝；2. 花；3. 花冠纵剖面观，示雄蕊；4. 花冠喉部长柔毛束；5. 花萼和雌蕊；6. 蒴果及宿存花萼。

凫葵[①]一名荇菜，一名金莲花，处处池泽有之。叶紫赤色，形似蓴而微尖长，径寸余，浮于水面。茎白色，根大如钗股，长短随水浅深。夏月开黄花，亦有白花者。实如棠梨，中有细子，入药用。

注 解

①系睡菜科，产于池沼之水草。花供观赏，嫩叶可食。名见《唐本草》。《诗经》作"荇"。《尔雅》说："'莕'，'接余'也。"学名 *Nymphoides peltata* (Gmel.) Kuntze。

茈菰

茈菰[①]一名剪刀草。叶有两歧如燕尾，又似剪。一窠花挺一枝，上开数十小白花，瓣四出而不香。生陂池中，苗之高大，比于荷蒲，一茎有十二实，岁闰则增一实，似芋而小。至冬煮食，清香，但味微带苦，不及凫茨。性喜肥，或粪或豆饼皆可，下肥则实大。

注 解

①即慈姑，又有河凫茈、白地栗、箭搭草、槎丫草、燕尾草等名，系泽泻科水生宿根植物。原产我国。叶间抽花轴分枝成总状花序或复总状花序。花白色，有三瓣；单性，雌雄异株。学名 *Sagittaria trifolia* Linn.。慈姑虽开花而不结实。繁殖方法，多用嫩芽或球茎二种。嫩芽繁殖，系于冬初预折嫩壮枝叶，插植于水田中，至翌年春再行定植；球茎繁殖，选充实种慈姑（普通以产瘠地的中形的为佳），藏至春季发芽后定植于田间，株间一尺以上，用水初期宜浅，以后加深。

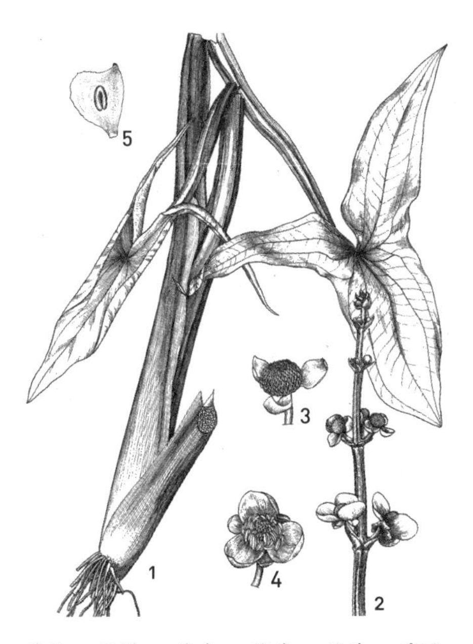

慈姑：1.植株；2.花序；3.雌花；4.雄花；5.瘦果。

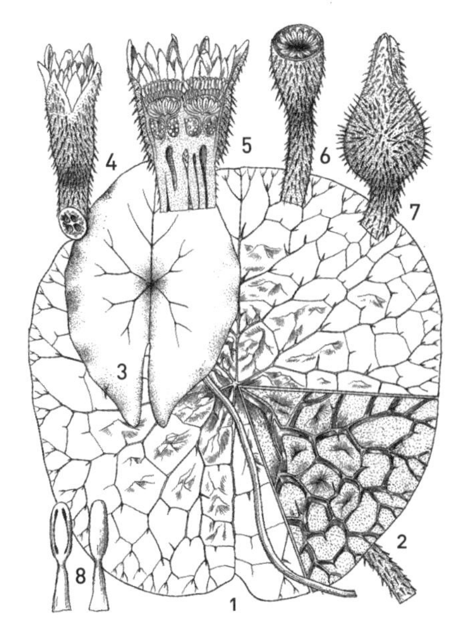

芡实：1. 浮水叶；2. 浮水叶叶背局部：示凸起的叶脉和硬刺；3. 沉水叶；4. 花；5. 花纵剖展开：示雄蕊、柱头和胚珠；6. 花柱；7. 果实；8. 雄蕊。

芡

芡①一名鸡头，一名雁喙，一名蔿子。叶似荷而大，上有蹙衄如沸，面青背紫，茎叶皆有芒刺，平铺水上。五六月开紫花，花下结房，有刺如猬，上有嘴如鸡雁头状，实藏其中，去壳，肉圆白如珠。秋间收老子，以蒲包包浸水中，二三月撒浅水中，待叶浮而上，方可移栽深水。芡花小而向日开，同葵之性。种法：用麻、豆饼屑，拌匀河泥植下，则易盛。其实惟苏、杭出者壳软薄，而肉糯且大，味极腴美。他处者止堪收作芡实，舂粉食，入药用。

注 解

①系睡莲科一年生水草，名见《本草经》。花着生在长梗上，萼四片，外面绿色，内面带紫色，花瓣多数，呈紫色。学名 *Euryale ferox* Salisb.。

菱

菱①一名薢茩，与芰(一)本一类，但其实之角有不同。四角、三角曰芰，两角曰菱，又两角而小曰沙角。其叶似荇，扁而有尖，光面如镜。一茎一叶，两两相差，如蝶翅状，丛生成团。花有黄、白二色，背日而开，昼舒夜炕，随月转移，犹葵花之随日也。实有红、绿二种。又有早出而鲜嫩者，名水红菱；迟熟而甘肥者，名馄饨菱。种法：重阳后收最老者乌菱，至二月尽发芽，撒(二)入水中，着泥即生，若有萍、荇相杂，须速捞去，则菱出始茂。一种最小而四角有(三)刺者曰刺菱。野生，非人所植。花紫色，人曝其实，以为菱米，可以点茶。池塘内若欲浇粪，用粗大毛竹，打通其节，贮肥于内，注之水底，若以手种者，能令其实深入泥中，再灌以肥，未有不盛者也。昔汉昆明池有浮根菱，叶没水下，菱出上。又玄都有鸡翔菱，碧色，状如鸡飞，仙人凫伯子尝食之。

校 记

(一)“芰”：乾本及中华版均误作“菱”。

(二)“撒”：花说堂、善成堂及乾本均误作“撤”。

(三)“有”：乾本误作“首”。

注 解

①系菱科一年生水草，夏日叶间开花；呈白色，有四花瓣，四雄蕊。果实为坚核果，生二角或四角。名见《名医别录》。学名 *Trapa bispinosa* Nakano.。原产我国南方，栽培历史有三千年以上，以江、浙两省为较多，供作果、蔬，又可补充粮食。

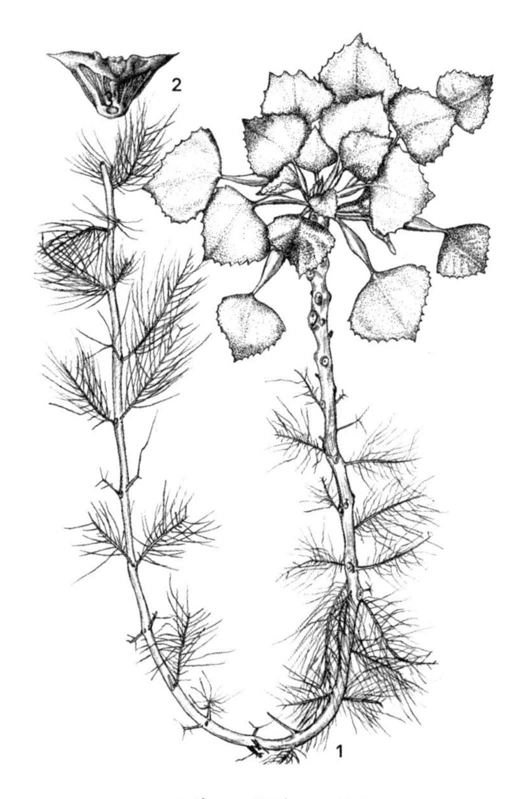

欧菱：1. 植株；2. 坚果。

金灯花（忽地笑）

金灯一名山慈姑[①]。冬月生叶，似车前草，三月中枯，根即慈姑。深秋独茎直上，末分数枝，一簇五朵，正红色，光焰如金灯。又有黄金灯，粉红、紫碧、五色者。银灯色白，秃茎透出，即花，俗呼为忽地笑[②]。花后发叶，似水仙，皆蒲生，须分种。性喜阴肥。即栽于屋脚墙根，无风露处亦活。

注 解

①山慈姑系百合科多年生草本。学名 *Tulipa edulis* Baker。地下茎形似葱，叶细长，呈白绿色；早春，叶间抽出柔弱的花轴，轴顶着生一花；间或分枝，枝顶各生一花。花盖六片，白色，外面有暗紫色的细线纹。

②忽地笑系石蒜科多年生草本。学名 *Lycoris aurea* Herb.。地下有鳞茎。春日，丛生数叶，广线形，带黄绿色，有光泽。夏秋间，叶枯萎后，从鳞茎挺出一茎，茎顶着生有梗的花四五朵，排列成轮状，侧向开放；花灯六片，橙黄色。金灯花按即指此，与山慈姑花白色，多数着一花的有别。

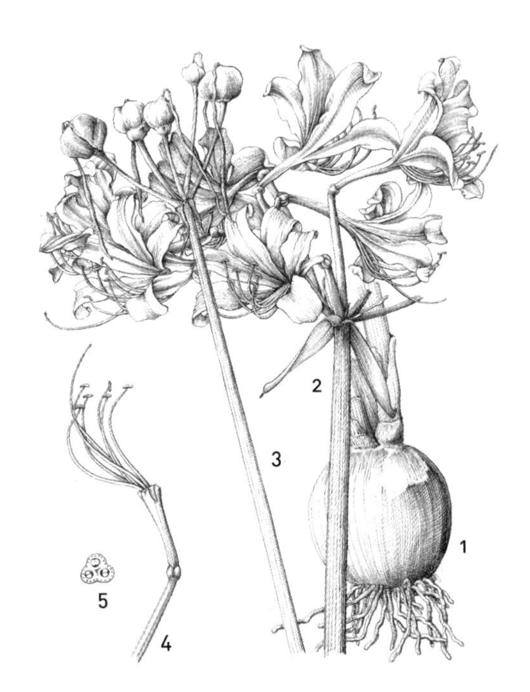

忽地笑：1. 鳞茎及根；2. 花序；3. 果序；4. 雌蕊和雄蕊；5. 果实横剖面。

山蓟

山蓟[①]一名白术，生郑山、汉中、南歙、浙杭山谷。春抽苗，青色无桠。茎作蒿干状，青赤色，长二三尺。夏开紫碧花，或黄白色，似刺蓟。根即白术，春秋可采，曝干入药。

注 解

①即苍术，系菊科苍术属多年生草本。学名 *Atractylodes lancea* (Thunb.) DC.。又名山精、仙术、赤术。春日旧根抽出幼苗，多被白色软毛；茎高二三尺，叶互生，羽状分裂，边缘呈锯齿状。秋日，每一枝梢开一头状花，周围有鱼鳞状的苞；花白或淡红色。嫩苗可作蔬菜。

苍术：1. 植株下部及根；2. 植株上部；3. 叶边缘放大，示针刺状缘毛；4. 托苞及头状花序；5. 小花；6. 瘦果。

阶前草

阶前草一名忍冬，即麦门冬[①]。所在有之，产吴地者胜。叶似韭而短，又如莎草，四时长青。其根黄白色，似麦而有须。花如红蓼，实碧圆如珠。四月初取根栽肥地自茂。每于六七月及十一月，宜用粪浇芸锄，俟夏至后便可取根入药。若以数茎植于阶砌，亦青翠可观。

注 解

①阶前草，俗名山麦冬、土麦冬。学名 *Liriope spicata* Lour.，名见《本草经》。形态比书带草为大，天门冬科山麦冬属，为山野间常绿草本。根如连珠状，叶长一二尺，丛叶中抽出花茎，开紫红色的穗状花，花后结黑色豆粒大的果实。

土麦冬：1. 植株；2. 花。

烟花

烟草：1. 花序枝；2. 叶；3. 花冠剖面观，示雄蕊；4. 花萼和雌蕊；5. 雄蕊。

烟花[①]一名淡把姑[②]。初出海外，后传种漳、泉，今随地有之。本似春不老，而叶大于菜，开紫白细花。叶老曝干，细切如线后，美其名曰金丝烟，一名返魂烟，一名担不归[③]。人喜其烟而吸[㈠]之；虽至醉仆不怨，可以祛湿散寒，辟除瘴气；但久服肺焦，非患嗝，即吐红，或吐黄水而殒[④]。抑且有病，投药不效，总宜少吸[㈡]。

校 记

㈠“吸”：各版均误作“呼”。

㈡“吸”：各版均误作“吃”。

注 解

①系茄科一年生或越年生草本，原产南美。学名 *Nicotiana tabacum* Linn.。夏日茎梢开花，排列成短总状花序；花冠漏斗状，尖端五裂，淡红色，前端稍浓；果实为蒴。名见《食物本草》。

②③两名称均系英语 Tobacco 的译音。

④当时烟草传入未久，吸烟对人体不利，说来亦未免过甚。据法新社一九七八年八月六日电讯，美国烟草公司资助的一项一千五百万美元的调查研究工作，已证明抽烟会危害身体。这项研究花了十四年的时间完成。调查研究发现抽烟增加了患肺癌和心脏病的危险，尼古丁可能引起胃溃疡。

夜落金钱

夜落金钱[①]一名子午花。午间开花，子时自落。有二色：吴人呼红者为金钱，白者为银钱。叶类黄葵，花生叶间，高仅尺许。三月下子，苗长三寸，即当扶以小竹。七月开花结黑子。种自外国进来，今在处有之。昔鱼弘以此赌赛，谓得花胜得钱，可为好之极矣。白诗云：“能买三秋景，难供九府输。”切当此花。

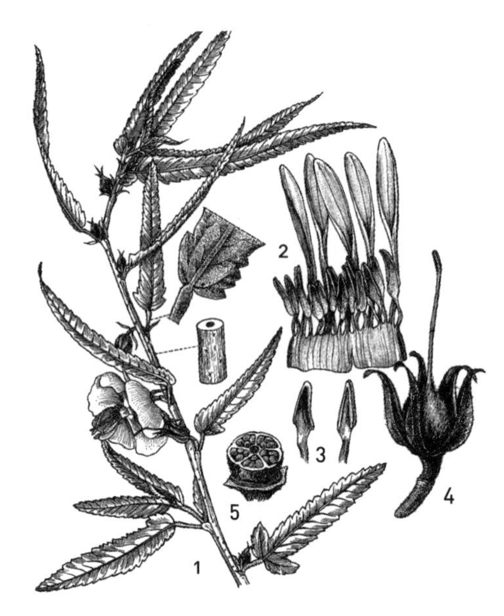

午时花：1. 花枝；2. 花展开：示雄蕊和退化雄蕊；3. 花药背、腹面；4. 雌蕊和花萼；5. 子房横切面：示室数。

注解

①现名午时花，系梧桐科一年生草本。学名 *Pentapetes phoenicea* Linn.，原产印度。夏秋间，叶腋抽花梗，开花红色，鲜艳美丽，正午开放，至翌晨凋落，故名。供观赏用。

杜若 山姜

杜若[①]一名杜莲，一名山姜[②]。生武陵川泽，今处处有之。叶似姜而有文理，根似高良姜而细，味极辛香。又似旋葍[③]花根者，真杜若也。花黄子赤，大如棘子，中似豆蔻。今人以杜蘅乱之，非；以蓝菊名之，更非。

杜若：1. 根；2. 叶；3. 花序；4. 花；5. 果。

注 解

①又有杜衡、若芝、楚衡、白芩、土杏等名，系鸭跖草科宿根草本。学名 *Pollia japonica* Thunb.。春日抽茎一二尺，上部生七八叶，叶披针形，略似蘘荷，有香气。夏日，茎顶开白花，圆锥花序，花后结实，果实初呈陪紫色，后变蓝色。

②山姜（《药性本草》），一名美草，系姜科山姜属多年生常绿草本。学名 *Alpinia japonica* Miq.。叶比蘘荷阔大，互生；叶背生纤毛，柔软如天鹅绒，夏日从旧茎的叶

心抽花茎一枚，着生多数白花，唇瓣上有红条纹；排列成穗状花序。果实椭圆形，红色，供药用及观赏。

③旋葍，就是旋花，指花的形状。

决明 茳芒决明

决明[①]一名马蹄决明，俗名望江南，随处有之。二月取子畦种，夏初生苗。叶似苜蓿，大而粗疏。根带紫色。七月开淡黄花，间有红白花。昼开夜合者，结角如细豇豆。子青绿而微锐，一荚数十粒，参差相连，状如马蹄，可作酒药，并眼目药。或云：取子一匙，挼令净，空心吞之，百日后夜可见光。一种茳芒决明[②]，苗茎似马蹄。但叶本小末尖，似槐叶，夜不合。开深黄花。子如黄葵而扁，味甘滑。其嫩苗及花角子，皆可瀹茹，但忌入茶。若园圃中四旁多种决明，则蛇不敢入。

决明：1. 果枝；2. 花。

注解

①决明系豆科一年生草本。学名 *Senna tora* (Linnaeus) Roxburgh。叶为羽状复叶，小叶倒卵形；夏日，叶腋生雨花，黄色；花瓣五片，果实为细长的荚果。名见《本草经》。种子供药用。

②茳芒决明也是豆科的草本。学名 *Lathyrus davidii* Hance。叶为羽状复叶，基部有呈三角形的花叶两片，先端有卷须，夏日叶腋开蝶形花，总状花序，初黄色后变褐色。

一瓣莲

一瓣莲[①]一名旱金莲，又名观音芋。叶大如芋。秋间开白花，只一大瓣，状如莲花；其大瓣中花小，远视之，颇类佛像，故有观音之称。

注 解

①现名海芋，系天南星科多年生草本。学名 *Alocasia odora*（Roxb.）K.Koch。别名天荷（《本草纲目》），旷野间常有发现。叶微似青芋，具长柄，互生。花小形，排列成肉穗花序，外被大形的佛焰苞。供观赏及药用。

滴滴金

滴滴金[①]一名旋覆花，一名金沸草。茎青而香，叶尖长而无桠，高仅二三尺。花色金黄，千瓣最细。凡二三层明黄色，心乃深黄，中有一点微绿者。花小如钱，亦有大如折二钱者。是所产之地，肥瘠不同也。自六月开至八月。因花梢头露，滴入土即生新根，故有滴滴金之名。乃贱品也。

注 解

①又有金钱花、夏菊等名，系菊科多年生草本。夏日分枝，枝上开头状花，黄色，外围为舌状花冠，中央为筒状花冠。花供观赏，晒干后可入药。名见《本草经》。学名 *Inula britannica* Linn.

欧亚旋覆花：1. 植株一部分；2. 中部叶背面放大，示密被伏柔毛和腺点；3. 头状花序。

胡麻

胡麻[①]一名巨胜。昔张骞自大宛得来，故有胡之称。又云：结实作角八棱者，名巨胜；六棱四棱者，为胡麻。一云：胡麻即芝麻，有迟早二种，黑、白、赤三色。

秋开白花，亦有带紫艳者。节节结角，长有寸许，房大者子多。若使夫妇同种，即生而茂盛。本事诗云："胡麻好种无人种，正是归时君不归。"又种时忌西南风，不忌则悉变为草矣。

注 解

①系胡麻科（亦作紫葳科）一年生草本，原产印度。学名 *Sesamum indicum* L.，别名脂麻（《本草衍义》）、油麻（《食疗本草》），通称芝麻。花自一花至数花，生于叶腋，唇形花冠，白色，往往有紫红色或黄色的晕。种子供食用。

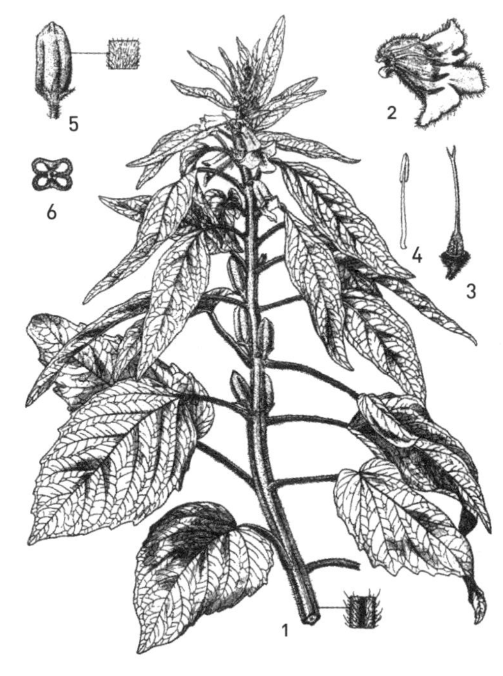

芝麻：1. 花果枝；2. 花；3. 雌蕊；4. 雄蕊；5. 蒴果；6. 蒴果横切面观。

蓝 大蓝、菘蓝、蓼蓝

蓝乃染青之草，南北俱有。三月生苗，高二三尺许。叶似水蓼，花红白色。实亦如蓼子，而黑大。其种有三①：大蓝②叶如莴苣，出岭南，可入药。菘蓝③叶如槐，可以为淀。蓼蓝④但可染碧，而不堪作淀。下种后，每早洒水，至苗长二寸许，肥地打沟，成行分栽，每日必浇水五六次。夏至前后，看叶上有破纹，方可收割。凡五十斤，用石灰一石，缸内浸至次日，已变黄色，去梗用木爬打转，粉青色变至紫花色，然后去水成靛矣。

注 解

①《本草纲目》说"蓝凡五种：有蓼蓝、菘蓝、马蓝、吴蓝、木蓝"等，按可提制蓝的植物不少，这里只举三种。

②大蓝即板蓝，系爵床科草本。学名 *Strobilanthes flaccidifolius* Nees。李时珍说"叶类苦荬"，花生于茎顶和叶腋，唇形花冠，带紫色。

③菘蓝系十字花科一年生或二年生草本。学名 *Isatis tinctoria* L.。下部的叶倒卵形，

菘蓝：1. 茎段：示茎生叶及叶耳；2. 花枝；3~4. 花果枝；5. 花；6. 萼片；7. 果实。

蓼蓝：1. 植株上部；2. 瘦果。

上部的叶披针形。花黄色，叶可制蓝色染料。

④蓼蓝属蓼科。学名 *Polygonum tinctorium* Ait.。秋末茎头的叶腋抽长梗，着生红色小花排列成穗状，花小无瓣，仅有红色的萼。叶可作染料。名见《本草经》。

秋海棠

秋海棠①一名八月春，为秋色中第一。本矮而叶大，背多红丝如胭脂，作界纹。花四出，以渐而开，至末朵结铃，子生枝丫。花之娇冶柔媚，真同美人倦妆。性喜阴湿，多见日色即瘁。九月收子，撒㈠于盆内或墙下，明春自发。但老根过冬，则花更盛，不必浇肥。其异种有黄、白二色。俗传昔有女子，怀人不至，涕泪洒地，遂生此花，故色娇如女面，名为断肠花。若花谢结子后即剪去，来年花发叶稀而盛。冬亦畏冷，地上须堆以草盖之。独昌州、定州海棠有香，诚异品也。

校 记

㈠“撒”：花说堂及乾本均误作“撤”。

注 解

①别名思想草、断肠花，系秋海棠科多年生草本。学名 *Begonia grandis* Dry.，原产我国。九月间枝上开花，红色，单性，雌花与雄花同株。叶腋生肉芽，藉以繁殖。名见《群芳谱》。种类极多，如四季秋海棠、竹节秋海棠、斑叶秋海棠、毛叶秋海棠等。

素馨花

素馨花[①]一名那悉茗花，俗名玉芙蓉。本高二三尺，叶大于桑而微臭，蚁喜聚其上。花似郁李而香艳过之，秋花之最美者。性畏寒，喜肥并残茶，不结实。自霜降后即当护其根，来年便可分栽。黄梅时扦亦可。广州城西，弥望皆种素馨。伪刘[②]时美人葬此，至今花香，甚于他处。[③]

注 解

①系木樨科常绿灌木，原产印度。秋初分细梗开花，花白色，合瓣花冠，五裂，聚伞花序，有芳香。名见《群芳谱》。学名 *Jasminum grandiflorum* L.。

②刘隐初为南海王，隐卒，弟刘龑称帝（史称南汉，五代十国之一）。有今广东全省及广西南部及福建南隅地，为宋所灭，凡三世。

③伪刘欺瞒群众之辞。

金线草

金线草[①]俗名重阳柳。长不盈尺，茎红叶圆，重阳时特发枝条。又有细红花，累累附于枝上，别有一种风致。一云即蟹壳草。叶圆如蟹壳，节间有红线条。长尺许，生岩石上，或并池边，性寒凉，能治汤火疮。

注 解

①系蓼科多年生草本。叶卵形或倒卵形，叶面有八字形的斑纹。夏秋间茎端的叶腋抽生细长的花轴，疏生细花成长穗状花序；萼四片呈红色，一部分呈白色，极为雅观。学名 *Antenoron filiforme* (Thunb.) Rob. et Vaut.。

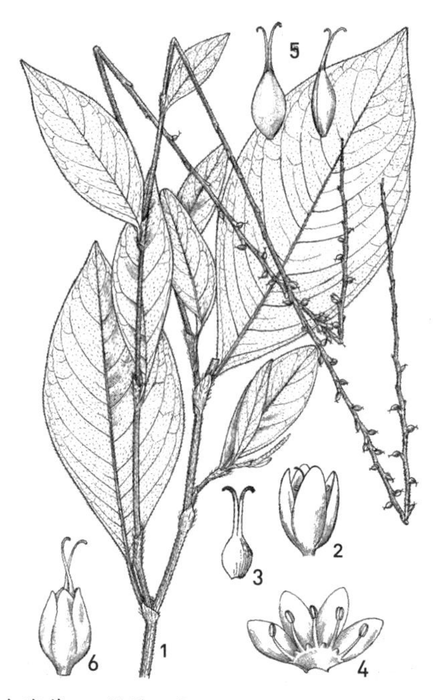

金线草：1. 植株上部；2. 花；3. 雌蕊；4. 花展开：示雄蕊和花被及腺状花盘；5. 瘦果；6. 果实和宿存花被。

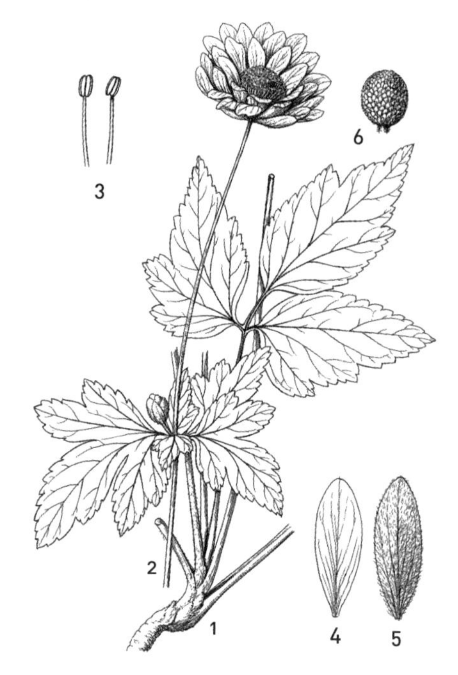

秋牡丹：1. 植株下部；2. 植株上部；3. 雄蕊；4. 萼片腹面；5. 萼片背面；6. 聚合瘦果。

秋牡丹

秋牡丹[①]一名秋芍药，以其叶似二花，故美其名也。其花单叶似菊，紫色黄心先菊而开，嗅之其气不佳，故不为人所重。春分后可移，栽肥土即活。

注 解

①系毛茛科多年生草本。名见《群芳谱》。秋日茎上分枝开花，有多数萼片，呈淡红紫色，形似菊花。学名 *Anemone hupehensis* Lem. var. *japonica* Bowles et Stearn。

剪秋纱

剪秋纱[①]一名汉宫秋。叶似春罗而微深有尖，八九月开花，有大红、浅红、白三色。花似春罗而瓣分数歧，尖峭可爱。其色更艳，秋尽犹开。喜阴。不用太肥。春分后分栽，用肥土种，清水浇，不可以于烈日中。若下子种，在二月中，筛细泥铺平，掺子于上。将稻草灰密盖一层，河水细洒，以湿透为度。嫩秧防骤雨溅泥，极能损坏苗叶。又一种，剪金罗，金黄色，花甚美艳。

注 解

①现称剪秋罗，系石竹科的宿根草，与石竹属极相似，但本属无花苞，极易区别。盆栽种有汉宫秋、毛剪秋罗（毛缕）、欧洲剪秋罗等，适于坛栽、盆栽，或做切花。学名*Lychnis senno* S. et. Z.。

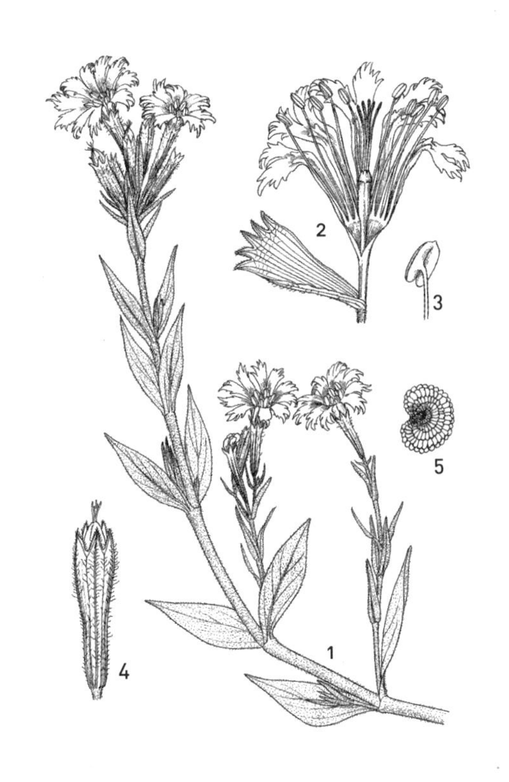

剪秋罗：1. 花枝；2. 花解剖：示花萼、花瓣、雌雄蕊柄、雌蕊和雄蕊；3. 花药；4. 蒴果和花萼筒；5. 种子。

小茴香

小茴香[①]一名莳萝，又曰慈谋勒。叶细而雅，夏月开花，白而小，八九月收子阴干，可作香料。十月斫去枯梢，随以粪土壅根，则来春自发，便可分种。若以子种，三月初带蔺麻子几粒，和以粪土，于向阳地种之，用以遮夏日，则茴香易茂。

注 解

①系伞形科莳萝属越年生草本。学名*Anethum graveolens* L.，名见《开宝本草》。《本草纲目》载：“莳萝、慈谋勒皆番言也。”（按原产南欧）茎叶酷似茠香，高二三尺，夏日开花，花瓣向内弯曲，黄色。除供观赏外，果实供药用，茎叶可作香料。

荠苨花

荠苨[①]一名利如，即桔梗也[②]。花有紫、白二色。春间下子，或分种皆可。壅以鸡粪，则茂。

注 解

①系桔梗科荠苨属（亦作沙参属）多年生草本。学名 *Adenophora remotiflora* Miq.，又有杏参、蓖苨、甜桔梗、白面根等名。夏秋间茎梢着花，花常下垂，花冠钟状，五裂；淡紫青色或紫白色。名见《名医别录》。

②按与桔梗不同。

荠苨：1. 植株中部；2. 植株上部；3. 花去花被，示雄蕊和雌蕊；4. 幼果。

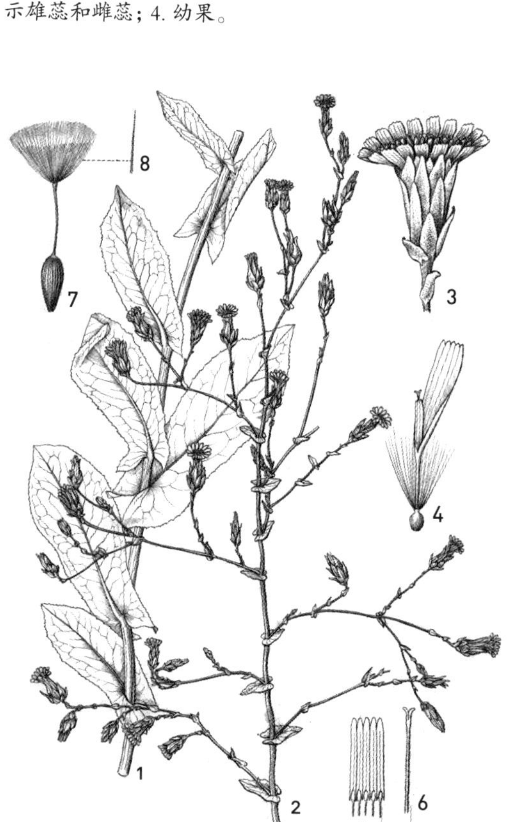

莴苣

莴苣[①]一名千金菜，俗名金盏花[②]。随在有之。叶似白苣而尖，色稍青，折之有白汁粘手。而花色金黄，细瓣攒簇肖盏，四月始开，无甚风味，聊备员耳。冬浇浓肥水，则春发始茂，梗叶皆可作蔬。

莴苣：1. 茎叶；2. 植株上部；3. 头状花序；4. 舌状花；5. 雄蕊群，示合生的花药；6. 花柱与柱头；7. 瘦果和冠毛；8. 冠毛放大。

注 解

①系菊科二年生草本。学名 *Lactuca sativa* L.。叶色有淡绿、浓绿、黄绿、红绿等种，多供作蔬菜。唐杜甫诗："脆添生菜美，阴益食单凉。"我国栽培历史悠久，可能当时也有人叫它金盏花。

②即金盏花。学名 *Calendula arvensis* L.。同属菊科，但叶折断没有白汁粘手，与莴苣不同。

青葙

青葙[①]生田野间，本高三四尺，苗叶花实与鸡冠花无异，但鸡冠形状有团扁、尖长之异，此则相间出花。穗长四五寸，形如兔尾。水红色，亦有黄、白色者。

注 解

①系苋科一年生草本。学名 *Celosia argentea* L.，名见《本草经》。又有草蒿、萋蒿、昆仑草等名。由于花叶似鸡冠，故又名野鸡冠、鸡冠苋。

青葙：1. 花果枝；2. 根；3. 花及苞片；4. 雄蕊和雌蕊：示花丝基部合生成杯状；5. 雌蕊；6. 果实：示盖裂；7. 种子。

黄蜀葵：1. 花果枝；2. 叶；3. 花局部：示雌蕊；4. 雄蕊的花药。

秋葵花[㈠]

秋葵[①]一名黄蜀葵，俗呼侧金盏，花似葵而非葵，叶歧出有五尖，缺如龙爪。秋月开花，色淡黄如蜜，心深紫，六瓣侧开，淡雅堪观。朝开暮落，结角如手拇指而尖长。内有六棱，子极繁。冬收春种，以手高撒，则梗亦长大。

校 记

㈠“花”：花说堂及乾本各版，均有“花”字，独中华版缺，特补入。

注 解

①系锦葵科一年生草本，除供观赏外，根之黏液可作制纸的糊料。名见《嘉祐本草》。学名 *Abelmoschus manihot* (L.) Medicus。

鸡冠花

鸡冠花[①]一名波罗奢，随在皆有。三月生苗，高者五六尺，其矮种只三寸长。而花可大如盘。有红、紫、黄、白、豆绿五色；又有鸳鸯二色者，又紫、白、粉红三色者，皆宛如鸡冠之状。扇面者惟梢间一花最大，层层卷出可爱。若扫帚鸡冠，宜高而多头。又若[㈠]缨络，花尖小而杂乱如帚。又有寿星鸡冠，以矮为贵者。鸡冠似花非花，开最耐久，经霜始蔫。俱收子种，撒下即用粪浇，可免蛊食。

鸡冠花：1. 植株上部；2. 花被及苞片；3. 雄蕊和雌蕊：示花丝下部合生成杯状；4. 雌蕊；5. 子房纵剖面；6. 盖裂后的果实：示种子。

校 记

㈠“若”：花说堂版误作“名”。

注 解

①系苋科一年生草本，名见

《嘉祐本草》。据《群芳谱》载："有'扫帚鸡冠''扇面鸡冠''缨络鸡冠'……又有紫黄各半，名鸳鸯鸡冠，……又有一种五色者最矮，名'寿星鸡冠'。"近有百鸟朝凤一种，其主枝顶端的花特大，分枝顶端者则较小，小穗围大穗，如群鸟拱凤。学名 *Celosia argentea* var. *cristata* Kuntze。

十样锦

十样锦[①]一名锦西风。叶似苋而大，枝头乱叶丛生，有红紫黄绿相兼；因其杂色出，故名十样锦。春分撒子于肥土中，盖以毛灰，庶无蚁食之患。苗生后以鸡粪壅之，长竹杆扶之，可过于墙，夏末即有红叶矣。大凡秋色，其根入土最浅。俟苗长一二尺，即宜土壅。雨过再壅，则无风倾之虞矣。

苋：1. 花果枝；2. 雌花；3. 雄花。

注 解

①系苋科苋属的观赏草本。茎高可达五六尺，叶长卵圆形，两端尖锐，叶柄长，叶常有黄红等斑点，颇美丽。因其颜色、生性、花期等的差异，分为雁来红、雁来黄、十样锦、老少年等名。学名 *Amaranthus tricolor* L.。

老少年

老少年[①]，一名雁来红。初出似苋，其茎叶穗子与鸡冠无异。至深秋本高六七尺，则脚叶深紫色。而顶叶大红，鲜丽可爱。愈久愈妍如花，秋色之最佳者。又有一种少年老，则顶黄红，而脚叶绿之别。收子时，须记明色样，则下子时，间杂而种，秋来五色眩目可观。

注 解

①又名三色苋，属苋科。学名同十样锦，原产东亚。

雁来黄

雁来黄[1]，即老少年之类。每于雁来之时，根下叶仍绿，而顶上叶纯黄。其黄更光彩可爱，非若老叶黄落者比。收子下种法，一如老少年。以上数种秋色，全在乎叶，亦须加意培植扶持。若使蛘蚰伤败其叶，便减风味矣。

注 解

①与老少年同为东亚原产，学名同前。

曼陀罗

曼陀罗[1]产于北地。春生夏长，绿茎碧叶，高二三尺。八月开白花六瓣，状似牵牛而大，朝开夜合。结实圆而有丁拐，中有小子。又叶形似茄，一名风茄儿。子紫色，亦类乎茄。《法华经》言：佛说法时，天生曼陀罗花。盖梵语也。

注 解

①系茄科一年生草本，印度原产，名见《本草纲目》。夏秋间开花，花冠漏斗状，形大白色，筒部长；下承筒状的萼，果实为球形的蒴，表面多刺。花供观赏，叶可作镇咳剂。学名 *Datura stramonium* Linn.。

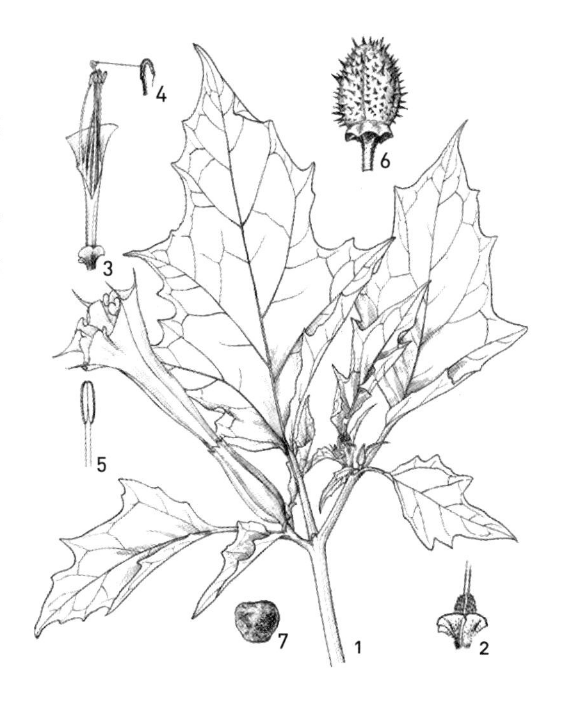

曼陀罗：1. 花枝；2. 花萼和子房；3. 花去部分花冠，示雄蕊和雌蕊；4. 柱头；5. 雄蕊；6. 蒴果；7. 种子。

菊花

菊[①]（本作蘜）一名节华，又名女华，傅延年、阴成、更生、朱赢、女茎、金蕊皆菊之总名也。春、夏、秋、冬俱有菊，究竟开于秋冬者为正。以黄为贵。自渊明而后，人多踵其事而爱之。如刘蒙泉[一][②]菊谱，遂有一百六十三品。范至能[③]、史正志[④]、马伯州、王盖臣皆有谱，其名目至三百余种。要知地土不同，命名随意。尽有一种而得五名者，如藤菊、一丈黄、枝亭菊、棚菊、朝天菊是也。一种而得四名者，九华菊、一笑菊、枇杷菊、栗叶菊是也。有一种而得三名者，水仙菊、金盏银台、金杯玉盘是也。一种而得双名者，如金铃菊亦名塔子菊，若此类者甚多，难以尽录。今存其旧谱之名，一百五十二品于后，已足该菊之形色矣。其中或有重复，赏鉴家请再裁之。至于栽培之难，惟菊为甚，今特详考其法，以公同志，良具苦心。凡菊苗俱在清明后谷雨前，将宿本分种，以肥土壅之，则日后枝梗壮[二]茂。初栽不可见日，先干三日，后隔二日一浇，再后六七日浇。其性喜阴燥而多风露之所，若水多则有虫伤湿烂之患。小满时，每日须看捉剪头虫（红头黑身[三]，在辰巳二时，专剪菊头）。若被菊虎[⑤]咬过，其头见日即垂。视其咬伤处去寸许，即掐去无害。迟则生虫，为后之患。又有细蚁侵蛀菊本，须用鱼腥水洒其叶或浇土则除。若蚯蚓、地蚕伤根，权以石灰水灌之自死，速将河水连浇，以解灰毒。若黑蚰瘠其枝，以麻裹箸头捋之则去。若象干虫[⑥]（似蚕，青虫，与叶一色）食叶，须早起以针寻其穴刺杀之。蚱蜢亦喜食叶，皆当捉去。苗长至尺许，每本用竖直小篱竹近插之。以软草宽宽缚定，使其干正直，且无风折之患。叶不可沾泥，有泥即瘁。如雨溅泥污，即将清水洗净。用碎瓦片盖其根土，则叶自根至上长青。叶劲而脆，不可乱动。四月中摘去母头，令其分长子头。每本留三四头，肥大者留五六，以防损折。接菊亦在此月，夏至时用浓粪浇之。夏至后止用鸡鹅毛汤，并缫丝水，或鲜肉汁，或菜饼屑水浇之。三伏天止用河水，若浇粪必笼头。初发蕊时，每枝只留一二，恐蕊多力分，则花不大。结蕊后须五日一浇肥粪，已开又不可浇肥。开时或有力不足者，磨硫黄水浇根，经夜即发。至于美种难得，可用扦接法。自五月间扦接后，不可一日失水。并不可见日，便易活有花。一种单叶紫茎，开黄白小花，气味香甘者，名茶菊。虽不足观，泡茶入药所必需。花残后即当拔去竹杆，折去花干，只留老本寸许，善护其苗。每本插一小牌，上写花之名色，来春分种，庶不差失。冬月用乱穰草盖之，不遭霜雪，交春芽[四]肥力全。此养菊之要诀也。菊有五美：圆花高悬，准天极也；纯黄不杂，后土色也；早植晚发，君子德也；冒霜吐颖，象贞质也；杯中体轻，神仙食也。昔陶

菊花：1. 花枝；2. 中层总苞片；3. 内层总苞片；4~6. 舌状花。

雏菊：1. 植株；2. 总苞；3. 舌状花；4. 管状花；5. 雄蕊群；6. 花柱与柱头；7. 瘦果。

渊明种菊于东流县治，后因而县亦名菊。

附菊释名 共一百五十二种⑦。

黄色（计五十二品）

御袍黄（淡黄叶有五层），报君知（霜降前开，黄赤），金锁口（背深红，面黄，瓣展内红外黄），金孔雀（千叶，深黄赤心），赤金盘（老黄，赤心，多叶），龙脑（外淡内深，香烈似龙脑），绣芙蓉（重蜜色，淡红心），黄都胜（千叶，圆厚，双纹），大金钱（一叶一花，自根开起），剪金黄(深黄，千叶，如剪)，黄牡丹(千叶，丰满，红黄)，金钮丝(瓣上起金黄丝，喜肥)，黄蜡瓣（千叶，淡黄，畏肥），黄金伞（深黄，叶垂，喜肥），荔枝黄（千叶，红黄，状似杨梅），金铃菊（千叶，细花，长大），蜜绣球（叶圆如球），枝亭菊（即藤菊，一丈黄，棚菊），蜜西施（多叶，嫩黄色），蜜莲（叶长大，有似莲瓣），蜡瓣西施(似西施，而色老)，琼英黄(千叶，鹅黄色)，棣棠菊(多叶而色深黄)，冬菊(多叶，深黄色，其开最晚)，太真黄（千叶，嫩黄畏肥），黄鹤领（千叶参差多尖），木香黄

野菊：1. 花枝；2. 舌状花；3. 舌片顶端；4. 盘花；5. 雄蕊群，示合生的花药。

（多叶细花，淡黄微卷），莺乳黄（花头小而色淡），胜金黄(焦黄多叶，青心），黄佛头（无心，中有细瓣高起），黄粉团（千叶，中心微赤），邓州黄（重黄，单叶双纹），笑靥（即御爱黄，叶上有双纹），金芙蓉（千叶，骈头，喜肥），小金钱（类大金钱而心青），蜂铃（多瓣，深黄，圆小，中有铃叶），伞盖黄（金黄柄，长而细），鸳鸯金（花朵虽小皆并蒂），波斯菊（瓣皆倒垂，如发之鬈），喜容（蜜色，千叶皆高起），添色喜容(中心深红），鹅儿黄(花细如毛，叶起双纹），金缨络(千叶小花，喜肥），黄迭罗（似佛顶差小），甘菊（单叶小花，其香烈而味甘），檀香球（色老黄，形团瓣圆厚），大金球（深黄色，瓣反成球），五九菊（有白、鹅黄二色，夏秋二度开），金络索(千瓣，卷如玲珑），垂丝菊（蕊深黄色，枝柔细如垂丝海棠，大放则淡黄色），二色玛瑙（金红、淡黄二色，千瓣），满天星（虽系下品，如春苗发，摘去其头，必歧出；再摘，再歧又摘，至秋一干数千百朵）。

白色（计三十二品）

九华菊（此渊明所赏鉴者，越人呼为大笑菊。花大心黄，白瓣，有阔及二寸半者，其清香异常），玉球（即粉团，与诸菊异，初色浅黄，微带青，全开纯白色，形甚圆，香尤烈，经霜则变紫花，近年有），水晶球（初微青，后莹白，其嫩瓣细而茸，中微有黄萼，先褊薄后暄泛，叶稀而中青，其干最长），徘徊菊（黄心色带微绿，瓣有四层，而初开止放三四片，及开至旬日，方能全舒，故名徘徊），白佛顶（单叶，大黄心，喜肥），白鹤领（叶小下垂，喜肥），玉玲珑（初青黄，后白，花先仰后覆），青心白（千叶有青心），蘸金白（每瓣边有黄色），金盏银台（外单叶，中筒瓣），白牡丹（千叶，中莘青碧），万卷书（千叶皆卷转），琼盆

（阔瓣黄心，有似白佛顶），白木香（千叶细花，黄心），瑶井栏（如银台微大），白绣球（花抱蒂而圆大有纹），迭雪罗（千叶，蓓蕾难开），银铃菊（千叶，中皆细铃），银盆菊（铃叶下有阔瓣承之），灵根菊（多叶，白而疏），酴醿白（出湘州，有刺），琼芍药（千叶，花高起难植），试梅妆（小白花似梅），玉蝴蝶（小白花，味甘），碧蕊玲珑（千瓣，叶深绿），一拿雪（瓣长，茸白，无心），新罗（花叶尖薄，长短相宜），换新妆（千叶圆瓣，经霜便紫），楼子菊（层层状如楼子），白剪绒（纯白如剪鹅毛），劈破玉（每瓣有黄纹如线界为两），八仙菊（花初青白，后粉色，一花多八蕊，叶尖长而青）。

红色（计四十一品）

鹤顶红（粉红，叶大红心），菡萏红（千叶，粉红黄心），火炼金（殷红色，多叶，金黄心），红绣球（叶圆似球，喜肥），红粉团（淡红，瓣短，多纹），锦鳞鲜（红花黄边，最晚开），荔枝红（千叶，红黄色），宾州红（以地名，重红色），醉琼环（似杨妃粉，有垂英），胭脂红（其红胜胭脂），状元红（千叶深红，喜肥），粉西施（千叶，色最娇，畏粪），大红袍（千叶，大红无心），琼环（千叶，粉红色），垂丝粉（淡红色，叶细如茸），胜绯红（多叶，淡红色），银红络索（千叶，尖瓣），缕金妆（深红，瓣中有黄线纹），金丝菊（红瓣上有黄丝），锦荔枝（多叶，金红色），赛芙蓉（粉红色，花最大，喜肥），胜荷花（花瓣尖阔似荷），海棠春（重红，瓣短多纹），晚香红（千叶，粉红，开最大），娇容变（千叶，先淡后深），太真红（千叶，娇红无心），醉杨妃（淡红色，垂英似醉），一捻红（花淡，有深红点），锦云标（红黄相错如锦），二乔（一干上开二色者，喜肥），川金钱（花小而深红），猩猩红（色鲜红，耐久），襄阳红（并蒂双头，出九江），红罗伞（深红，千瓣），海云红（初殷红，渐金红，后大红而淡，瓣初尖后歧，萼黄），红万卷（深红千瓣），佛见笑（粉红千瓣），粉鹤翎（开则四面支撑，后渐白钮丝；叶青色而稀润），锦心绣口（外深红，大瓣一二层，中筒瓣突起，初青后黄，筒之中娇红而外粉，筒出金黄如锦），桃花菊（多叶，至四五重，其色浓淡，在桃杏红梅间，未霜即开，最绚丽，中秋后便可赏也），十样锦（一本开花，形色各异：或多叶，或单叶，或大，或小，或如铃，往往有六七色，红黄白杂样者）。

紫色（计二十七品）

腰金紫（千叶，中有黄纹），紫霞觞（叶厚而大如杯），紫芙蓉（开极大，但叶尖而小），紫绒球（花片细而圆厚），紫苏桃（茄色，中浓外淡），紫袍金带（黄蕊绕于花腰），剪霞绡（叶边如碎剪），瑞香紫（淡紫，重叶，小花），紫罗伞（瓣有罗纹细叶，宜肥），玛瑙盘（淡紫，大花，赤心），紫万卷（千叶，微卷，宜肥），鸡冠紫（千叶，高大而起楼），墨菊，千叶（紫黑色，黄心），早莲（阔瓣，锐头，似莲叶），夏紫（五月即开紫花，心黄而大），碧蝉菊（色微青，宜轻肥），销金北紫（叶小心黄），葡萄紫（色深，千叶，不宜粪），紫牡丹（花初开，红黄间杂，后粉紫瓣比次而整齐，开迟），紫雀舌（初淡紫，后粉白色），刺猬菊（花如兔毛，朵瓣如猬之刺，大如鸡卵，叶长而尖），金丝菊（紫花黄心，以蕊得名），碧江霞（紫花青蒂，蒂角突出花外，小花，花之异者），荔枝紫（花色如荔枝，形正而圆），双飞燕（每花有一心瓣，斜转如飞燕之翅），紫芍药（先红后紫，复淡红变苍白，花翻松），顺圣紫（一花不过六七叶，每叶盘叠三四小叶，其花最大可观）。

有菊之名，而实非菊者，另列于后，以便参考。

校 记

㈠“刘蒙泉”：乾本“刘”下多一“家”。

㈡“壮”：乾本误作“状”。

㈢“红头黑身”：乾本误作“细须羔身”。

㈣“芽”：乾本误作“菜”。

注 解

①系菊科多年生草本。学名 *Chrysanthemum* × *morifolium* Ramat.，原产我国。古书《礼记》就有“菊有黄华”的记载，几千年来经劳动人民的培养，已育成很多品种。依花期，而有夏菊、秋菊及寒菊三类，就中以秋菊栽培最盛，花最美丽；大轮种花径有时达八九寸；中轮菊的花瓣，特多变化；至小轮种，枝条特具分歧性，花小而数多，这就是千头菊一类的品种。

②宋刘蒙泉《菊谱》，见《说郛》第七十卷和《百川学海》癸集。

③宋范成大《石湖菊谱》，见《百川学海》辛集。

④宋史正志《老圃菊谱》，见《百川学海》辛集。

⑤菊虎是一种小天牛，五六月间出现成虫，咬破菊茎，产卵在里面，卵经过约两周孵化，幼虫蛀食茎心为害。

⑥即造桥虫，有黄色及青色两种，食叶为害。

⑦品种繁多，概括可分为几个类型：

大轮种可分为圆盘型、荷花型、牡丹型、绣球型、纽丝型等。圆盘型：按其花色有金盘、珊瑚盘、玛瑙盘等。荷花型：如古代菊谱中金锁口、银锁口、黄鳞菊、莲花菊、二色莲、水红莲、菡萏红、胜荷花等。牡丹型：如白牡丹、紫牡丹。纽丝型：如金纽丝。

中轮种花朵比前种为小；至于小轮种又可分为梅花型、茉莉型、桂花型、荔枝型等等。

此外，亦有食用菊，是专门栽培供食用的，广州附近，佛山、南海、中山、顺德、珠海等县市均有栽培，主要有蜡黄、细黄、细迟白、广州大红四个品种，供应广州市及香港、澳门的需要，为酒宴的名贵配料，同时供观赏亦颇佳。菊花姿态优美，美、英、日等国，亦很重视，大都按花形分类，如圆球型、莲座型、反卷型、单瓣型、蜂窝型、托挂型、原菊型、纽扣型等等。一九五八年杭州第九届菊花展览会展出九百多个品种，其中有名贵的“墨魁”，嫩黄的“黄鸥”和“乳莺出谷”，半红半白的“二乔”绿牡丹，花瓣细长呈飞舞恣态的“帘卷西风”，还有许多新品种。评定菊花的优劣，要以色为第一。在色彩的评定中，又可分为单色、复色、奇色三类。单色菊以黄为贵；同一菊花具有两种以上色彩的，较单色为贵；具有奇色的如蓝和黑的尤为珍品。菊花的叶要浓绿，不脱脚叶。

蓝菊

蓝菊①产自南浙。本不甚高，交秋即开花。色翠蓝黄心，似单叶菊，但叶尖长，边如锯齿，不与菊同。然菊放时得一二本，亦助一色。

注 解

①现名翠菊，系菊科一年生或越年生草本，名见《群芳谱》。并有佛螺、夏佛顶等名。原产我国。学名 *Callistephus chinensis* Nees。

万寿菊

万寿菊①不从根发，春间下子。花开黄金色，繁而且久，性极喜肥。

注 解

①系菊科一年生草本，原产非洲，名见《植物名实图考》，并云：万寿菊大者名“臭芙蓉”。学名 *Tagetes erecta* L.。

僧鞋菊

僧鞋菊[①]一名鹦哥菊，即西番莲之类。春初发苗如蒿艾，长二三尺。九月开碧花，其色如鹦哥，状若僧鞋，因此得名。分栽必须用肥土，以其性喜肥。

注 解

①系毛茛科附子属多年生草本。叶互生，掌状分裂，深绿色。秋月，梢上开花甚多。花有萼，不整齐，如兜状，青紫色，或白色。供观赏用。今名草乌或乌头。学名 *Aconitum chinense* Paxt.。有毒植物，曰名兜菊。根可供药用，治瘰疬肿痒；还有杀虫及麻醉作用，其中所含毒即阿科尼丁。

西番菊

西番菊[①]叶如菊，细而尖。花色茶褐，雅淡似菊之月下西施。自春至秋，相继不绝，亦佳品也。春间将藤压地内生根，来年绝断，分栽即活。

注 解

①系西番莲科多年生藤本，花美丽，供观赏用。果实名龙珠果。学名 *Passiflora foetida* L.。

扶桑菊

扶桑菊[①]花似蔷薇，而色粉红，叶似菊而枝繁。

注 解

①系锦葵科粉红色的一种朱槿。学名 *Hibiscus rosa-sinensis* L.。

双鸾菊

双鸾菊[①]一名乌喙。花发最多，每朵头若尼姑帽。折出此帽，内露双鸾并首，形似无二，外分二翼一尾，天巧之妙，肖生至此。春分根种，根可入药。

注 解

①毛茛科附子属。学名 *Aconitum lycoctonum* L.。通名牛扁，名见《本草经》。夏日茎上开花，淡紫色，排列成总状花序；萼片五，状似花瓣，甚不规则，上部最大，形如帽，作圆锥状，上端略弯曲，根可供药用。

孩儿菊

孩儿菊[①]一名泽兰。花小而紫，不甚美观。惟嫩叶柔软而香，置之发中，或系诸衣带间，其香可以辟炎蒸汗气，妇女多佩之，乃夏月之香草也。其种亦有二，紫梗者更香。

注 解

①菊科泽兰属，又名白头婆，学名 *Eupatorium japonicum* Thunb.。茎有粗涩的毛。叶对生，广披针形，有锯齿，通常不分裂，有香气。秋日，茎梢分枝呈伞房状，开头状花，有多数筒状花冠，白色，有时带紫色，多生于山野。

泽兰：1. 植株下部及根；2. 植株上部；3. 头状花序；4. 管状花。

华泽兰：1. 花枝；2. 头状花序；3. 管状花。

兰

兰[①]一名水香，一名都梁香。叶与泽兰相似，紫梗赤节，高四五尺。其叶光润尖长，开白花。喜生水旁，故人多种于庭池。可杀虫毒，除不祥。着衣书中，能辟白鱼蛀。

注 解

①现名华泽兰、多须公，叶与前种相似，对生，通常三裂，梢叶不分裂，叶略有光泽，叶缘有锯齿，干后香气比前强烈。秋日梢端生头状花，伞房状排列，管状花冠，淡紫色。学名 *Eupatorium chinense* L.。

白芷

白芷[1]一名茝，一名莞，一名泽芬，香草也。处处有之，吴地尤多。枝干不盈尺，根长尺余，粗细不等。春生下湿处，其叶相对婆娑，紫色，阔三指许。花白而微黄，入伏后结子。立秋后苗枯，采根入药，名香白芷。叶可合香，煎汤沐浴，谓之兰汤。

注 解

①系伞形科当归属多年生草本。夏月，茎头成伞形，攒簇细小白花，后结种子而枯。学名 *Angelica dahurica* (Fisch.ex Hoffm.) Benth. et Hook.f. ex Franch. et Sav.，名见《神农本草经》。

零陵香

零陵香[1]一名薰草。产于全州，江淮亦有，不及湖岭者佳。多生下湿地，麻叶而方茎，赤花而黑质，其臭如蘼芜。七月中旬，开花香盛。因花倒悬枝间如小铃，俗名铃铃香。其茎叶曝干作香，其实黑。《左传》云："一薰一莸，十年尚犹有臭。即此草也。"土人以编席荐，性暖且香，最宜于人。

注 解

①别名香草、燕草、蕙草、黄零草，系豆科零陵香属。名见《开宝本草》。《山海经》"熏草"即指此。学名 *Coumarouna odorata* Aubl.。

蘼芜

蘼芜[1]一名江蓠[2]，即芎䓖苗，乃香草也。叶如蛇麻而香，七八月开白花。其根坚瘦，黄黑结块如雀脑者，名芎䓖。以川中产者入药为良，江、浙亦有之。

注 解

①芎䓖(《本草经》)系伞形科多年生草本，原产我国。学名 *Conioselinum vaginatum* (Spreng.) Thell.。茎高二尺左右，叶似水芹，秋日茎上开白色小花，排列成复伞形花序，全体有香气。根供药用，形像雀脑的叫“雀脑芎”；产关中的叫“京芎”或“西芎”；产蜀中的叫“川芎”；产天台的叫“台芎”。

②江蓠系生于稳静海湾浅水中江蓠科的红色藻类。学名 *Gracilaria confervoides* Grev.，按与此不同。

美人蕉 胆瓶蕉

美人蕉[①]一名红蕉。种自闽、粤中来。叶瘦似芦箬，花若兰状，而色正红如榴。日拆一两叶，其端有一点鲜绿可爱。夏开至秋尽犹芳，堪作盆玩。亦生甘露子，可以止渴。福州者，四时皆花，色深红，经月不谢。广西者，本不高，花瓣尖大，红色如莲甚美。 二月下子，冬初放向阳处，或掘坑埋之。如土干燥，则润以冷茶，来春取出，则根自发。若子种，不如分根，当年便可有花。又一种胆瓶蕉[②]，根出土时，肥饱状如胆瓶也。

注 解

①系美人蕉科（亦作昙华科）多年生草本。学名 *Canna indica* Linn.。原产地或为热带美洲。叶长椭圆形，绿色或黄紫褐色；由茎内抽出花梗开花，总状花序，花有深红、淡红，花期全年。花后结蒴果。另有黄花美人蕉（*C. flaccida* Salisb.），花黄色，美丽。萼片绿色。又兰花美人蕉（*C. orchioides* Bailey）花极大，鲜黄色至深红色，花期夏、秋季。

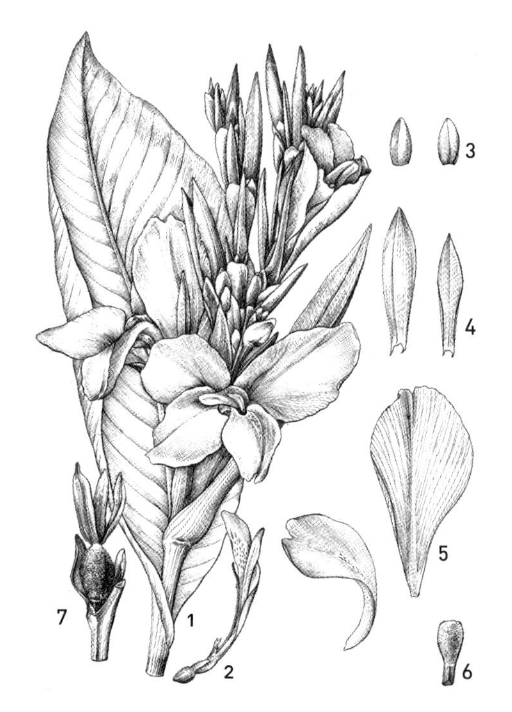

美人蕉：1. 植株上部；2. 花；3. 苞片；4. 萼片；5. 花瓣；6. 花柱；7. 幼果与苞片。

②系芭蕉科的红蕉。学名 *Musa uranoscopos* L.。形似芭蕉，但较小。叶有长叶柄，夏日自叶心抽生直立的花茎，生卵状披针形的苞数十片，呈鲜红色；苞内开花，呈黄色，原产我国，供观赏用。

千日红

千日红[1]本高二三尺，茎淡紫色，枝叶婆娑，夏开深紫花色，千瓣细碎，圆整如球，生于枝梢。至冬叶虽萎，而花不蔫。妇女采簪于鬓，最能耐久。略用淡矾水浸过，晒干藏于盒内，来年犹然鲜丽。子生瓣内，最细而黑。春间下种即生，喜肥。

注 解

①系苋科一年生草本。学名 *Gomphrena globosa* L.。叶对生，长椭圆形或倒卵状长椭圆形，夏秋间枝梢开花，红色或淡红，由多数小花集成。花期极长，为观赏佳品。

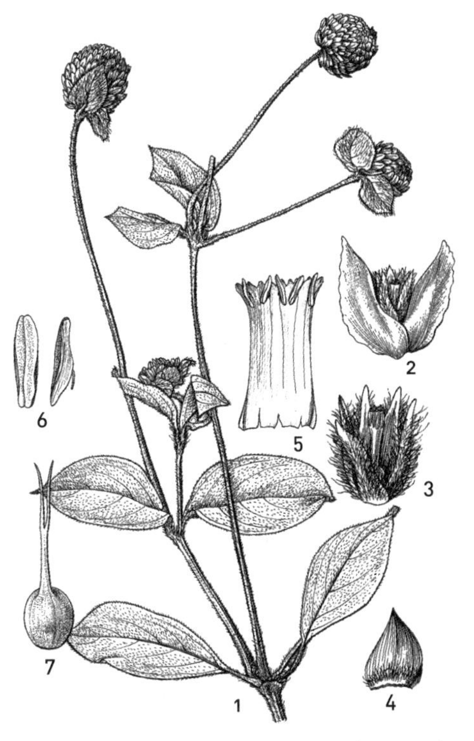

千日红：1. 花果枝；2. 花和苞片；3. 花；4. 小苞片；5. 管状花丝展开；6. 花药；7. 雌蕊。

香菜

香菜[1]即香薷，一名蜜蜂草。方茎尖叶有刻缺，似黄荆叶而小。九月开紫花成穗，有细子。汴、洛人三月多作圃种之，以为暑月蔬菜。生食亦可，又暑月要药。

注 解

①系唇形科香薷属草本。学名 *Elsholtzia ciliata* (Thunb.) Hyland.，名见《名医别录》，又有香茸、香菜等名。

紫草

紫草，一名紫丹，又名茈莀[①]。生砀山南阳新野，及楚地。其苗似兰香，茎赤节青，二月开花紫白色，结实亦白；惟根色紫，可以染紫。三月内种，宜软沙高地。性不喜水，锄种悉如治稻法。其利倍于蓝。收时忌人溺及驴马粪并烟气，能令色黯。

注 解

①系紫草科多年生草本。学名 *Lithospermum officinale* L.，名见《本草经》。又有地血、紫芙、鸦衔草等名。根可作紫色染料，并作为医治刀伤和火伤的药材。

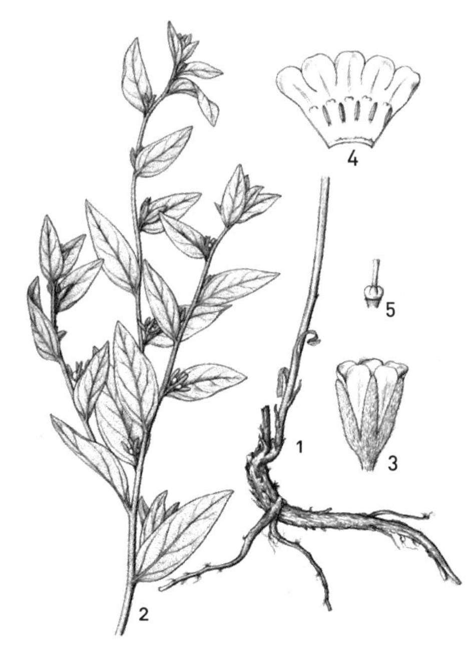

紫草：1. 植株下部及根；2. 植株上部；3. 花；4. 花冠纵剖面观，示雄蕊和喉部附属物；5. 雌蕊。

蓼花 朱蓼、青蓼、紫蓼、香蓼、木蓼、水蓼、马蓼

蓼，辛草也。有朱蓼[①]、青蓼[②]、紫蓼[③]、香蓼[④]、木蓼[⑤]、水蓼[⑥]、马蓼[⑦]七种。惟朱紫者叶狭小而厚，花开蓓蕾而细长，约二寸许，枝枝下垂，色态俱妍，可为池沼水滨之点缀。若青蓼、香蓼，可取为蔬，以备五辛盘之用。至于马蓼、水蓼，止可为造酒曲[㈠]中所需，并入药用。木蓼考见前。

校 记

㈠“曲（麯）”：乾本及中华版均误作“麺”。

注 解

①朱蓼，蓼科大形草本，一名荭草。学名 *Polygonum orientale* L.var. *pilosum* Meissn.。茎和叶都很大，且密生毛茸。秋日，茎端枝梢出花穗，着生多数小花，红色，向下垂。供观赏用。

②青蓼即春蓼。学名 *P. persicaria* L.。一年生草本，五月间梢上开花，排成穗状花穗，初白色，后变红紫色，是蓼类中花期最早的。

红蓼：1. 花枝；2. 长花柱短雄蕊的花；3. 短花柱长雄蕊的花；4. 花展开：示雄蕊、花被及腺状花盘；5. 短花柱的雌蕊；6. 瘦果；7. 顶端环翅状草质托叶鞘。

水蓼：1. 植株；2. 花；3. 花展开：示雄蕊、花被和腺状花盘；4. 雌蕊；5. 瘦果。

③紫蓼即蚕茧草。学名 *P. japonicum* Meisn var. *conspicuum* Nakai。九月间梢上出花穗，微向下垂；花较大，色淡紫，为蓼类中花最美丽的。

④香蓼学名 *P. viscosum* Buch.-Ham. ex D. Don。茎高三尺左右，往往带红色，节颇膨大。叶大披针形，先端尖锐，密被腺毛，有香气，九月枝梢着生红色小花成穗状，形态极美。

⑤木蓼即竹节蓼，系灌木状多年生草本。学名 *Homalocladium platycladum* (F. Muell.) Bailey。茎扁平，有显著的节；数回分枝，茎高二三尺，叶互生披针形，或戟。夏日，节上簇生小花，绿白色；供观赏用。

⑥水蓼学名 *P. hydropiper* L.。高约二尺，秋日开小形穗状花，白色，有四萼片，微带红晕；除供造酒曲外，并可供食用。

⑦马蓼学名 *P. blumei* Meissn.。夏秋间，枝梢着花轴，着生穗状小花，通常红紫色，偶有白色的。

芦花

芦[①]一名葭。生于水泽，叶似竹箬而长。干似竹，长丈许。有节无枝，叶抱茎而生。花似茅，细白作穗。根亦似竹笋而节疎。深秋花发时，一望如雪。春取其勾萌，种浅水河濡㈠地即生。

校 记

㈠“濡”：乾本误作“需”。

注 解

①系禾本科多年生草本。名见《名医别录》。通称芦苇，短小的又叫荻或萑。学名 *Phragmites australis* (Cav.) Trin. ex Steud.。

芦苇：1. 植株；2. 小穗；3. 小花；4. 雌蕊。

馥香

馥香，即玄参[①]，叶似芝麻，又如槐柳。青紫细茎，七月开花青碧色，随结黑子，亦有白花，茎方大，紫赤色而有细毛，其节若竹，高五六尺，叶如掌大而尖长，边如锯齿，其根亦尖长，生青白，干即紫黑，微香，可入药。

注 解

①又有 重台、黑参、鹿肠、正马、馥草等名。名见《本草经》。系玄参科多年生草本。学名 *Scrophularia ningpoensis* Hemsl.。

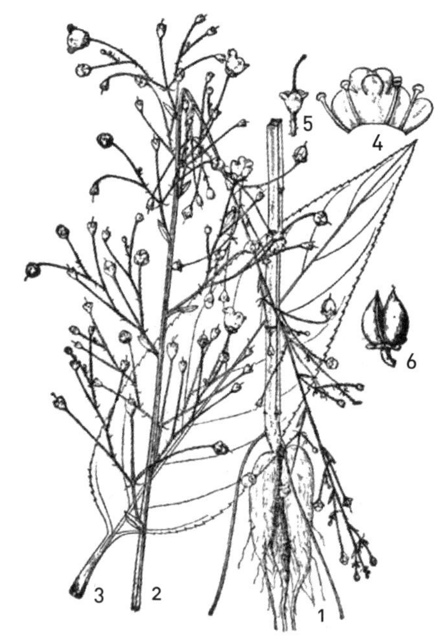

玄参：1. 植株下部及根；2. 花枝；3. 叶；4. 花冠纵剖面观，示雄蕊；5. 雌蕊；6. 开裂的蒴果。

番椒

番椒[①]一名海疯藤，俗名辣茄。本高一二尺，丛生白花，秋深结子，俨如秃笔头倒垂，初绿后朱红，悬挂可观。其味最辣，人多采用。研极细，冬月取以代胡椒。收子待来春再种。

注 解

①通名辣椒，系茄科一年生草本。除一般食用椒可兼作观赏外，另有变种的朝天椒，茎多分枝，浆果直生，小形，多数，颜色有种种。学名 *Capsicum frutescens* L.。系明代传入，本书首先著录，这里谈的是小型的椒，还有狮头椒、牛角椒等，并有各种颜色，除足供观赏外，其他好处亦不少。由于它富含维生素 A，而且含有维生素乙和丁，更突出是富含维生素 C，在食物中可称第一。现在制药方面除了用化学方法从糖类提取维生素 C 结晶以外，也可以在辣椒内提炼制造，柠檬和柚子所含维生素 C 是很多的，但还比不上辣椒。

棉花

棉花[①]一名吉贝，叶如槿，秋开黄花，似秋葵而小，植之者干不贵高而多繁，结实三棱，青皮尖顶，累累如小桃，熟则实裂，中有白棉，棉中有黑子，亦偶有紫棉者。性喜高坑，地以白沙土为上。未种时先耕三遍，至谷雨时下种。先将子用水浸片时漉起，以灰拌匀，每穴种五六粒。肥须用粪麻饼，待苗出时，将太密者芟去，止留肥者二三。苗长成后，不时摘头，使不上长，则花多绵广。至于锄草须勤。白露后收棉，以天晴为幸。子可打油，叶堪饲牛。

陆地棉：1. 花枝；2. 蒴果；3. 种子。

注 解

①系锦葵科一年生草本，原产印度，我国栽培极古。通称草棉，名见《农桑辑要》。学名 *Gossypium hirsutum* L.。南方各省早在六世纪已开始引种，当宋、元初（十五世纪）又多方传入，逐渐发展到长江流域。从而遍及全国，成为纺织工业主要原料。植株在开花结蒴以及吐絮时期，足供观赏。尤其吐絮期间，一望无际棉雪缤纷，丰收在望，不特心情快慰，举国亦同心欢庆。

禁宫花

禁宫花[①]一名王不留行，又名剪金花。生泰山、江、浙，及河近处。苗高七八寸，根黄色如荠，叶尖如小匙，头亦有似槐叶。夏开花黄紫色，状如铎铃，随茎而生。结实如灯笼草，子壳有五棱，内包一子如松子，圆似小珠[㈠]可爱。河北生者，叶圆花红，与此稍别。

校 记

㈠“珠”：乾本误作“而”。

注 解

①系石竹科一年生或越年生草本，名见《名医别录》。花五瓣，淡红色或黄紫色，聚伞花序，果实为蒴。又名金盏银台。学名 *Silene aprica* Turcx. ex Fisch. et Mey.。

蓍草

蓍[①]神草也，为百草之长，生少室山谷，今蔡州上蔡县白龟祠旁有之。其形似蒿，作丛高五六尺[②]。一本有二十余茎，至多者四五十茎。生梗条最直，独异于蒿。秋后有花，出于枝端，色红紫如菊[③]，结实如艾子。一云：蓍至百年，则百茎共生一根。其所生之处，兽无虎狼，草无毒螫，上有青云覆之，下有神龟守之[④]。易取五十茎，为卜筮之用。揲则其应如响，产于文王、孔子墓上者更灵，取用以末大于本者为佳。天子蓍长九尺，诸侯七尺，大夫五尺，士三尺。如无蓍草，亦可以荆蒿代之。

注 解

①系菊科生于山野的多年生草本，供观赏用。学名 *Achillea millefolium* Linn.。名

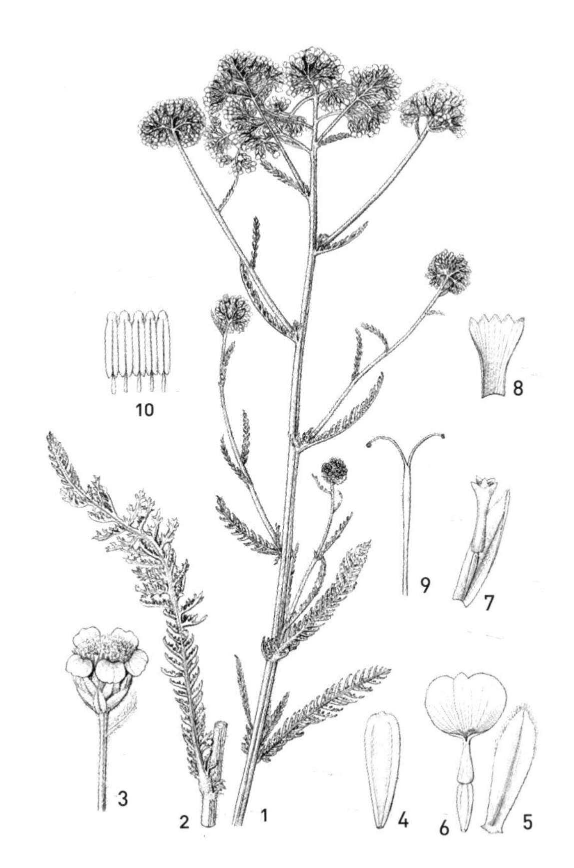

千叶蓍：1. 花枝；2. 叶；3. 头状花序；4. 总苞片；5. 托苞；6. 舌状花；7. 盘花及托苞；8. 花冠纵剖面观；9. 花柱及柱头；10. 雄蕊群，示合生的花药。

见《本草经》。

②一般高至二三尺。

③亦有淡红色或白色的，头状花序。周围之花，舌状花冠，中部之花，筒状花冠。

④系一种传说，不足为信。

细辛花

细辛花[①]出华山者良，一叶五瓣三开[②]。花红，状似牵牛，根可入药。

注 解

①又名小辛、少辛，系马兜铃科的宿根草本。学名 *Asarum sieboldii* Miq.。名

见《神农本草经》。

②春日自根茎的先端抽新叶，后于叶间开一紫红色的花。根茎味辛辣，干燥后供药用。

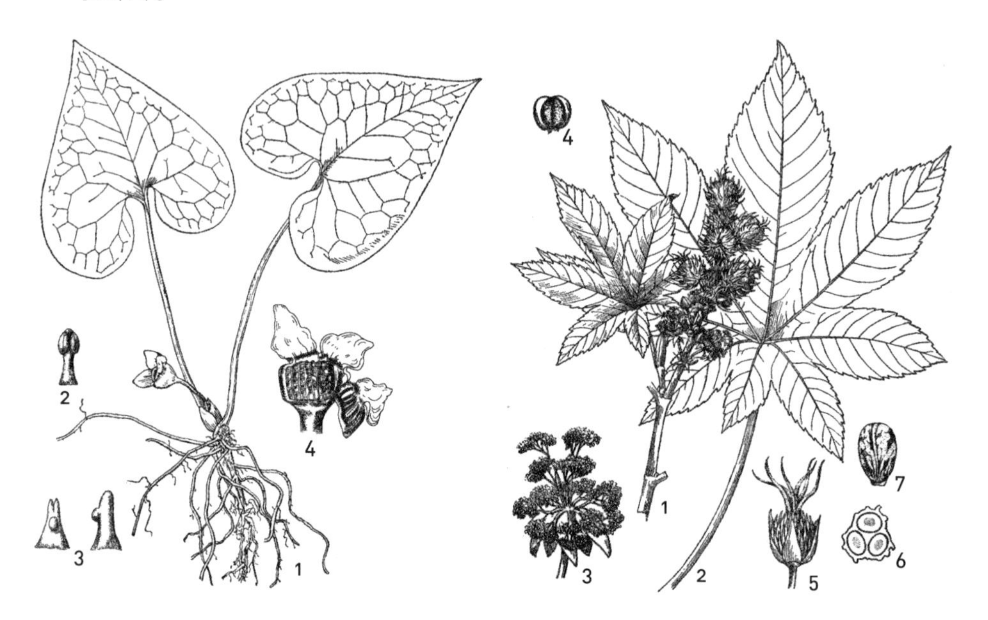

细辛：1. 植株；2. 雄蕊；3. 雌蕊；4. 花被筒切开，示内面。

蓖麻：1. 花序枝；2. 叶；3. 雄花；4. 花药；5. 雌花；6. 子房横切面观；7. 种子。

蓖麻

蓖麻①在处有之。夏生苗叶，似葎草而厚大。茎赤有节，如甘蔗，高丈余而中空。夏、秋间椏里抽出花穗，累累黄色，随梗结实。壳上有刺，状类巴豆，黄青斑褐点，再去斑壳，中有仁，娇白如续随子②。仁有油③，可作印色及油纸用。

注 解

①系大戟科一年生草本。学名 *Ricinus communis* L.。名见《唐本草》。

②续随子即千两金。

③为重要的泻下剂，在工业上可做机械油、印油、润发油和媒染剂。叶又可饲养蓖麻蚕。除以上用途外，还可以治：一、疮痈种毒、乳腺炎，用叶捣烂敷患处；可煎水外洗。二 、风湿骨痛、跌打瘀痛，每用干根三到四两，与它药配伍，水煎服。

吉祥草

吉祥草①丛生畏日，叶似兰而柔短，四时青绿不凋。夏开小花②，内白外紫成穗，结小红子。但花不易发，开则主喜。凡候雨过分根种易活，不拘水土中或石上俱可栽。性最喜温，得水即生。取伴孤石灵芝，清供第一。

吉祥草：1. 植株；2. 花。

注 解

①系百合科多年生草本，茎匍匐于地表，处处生根和叶。名见《群芳谱》。学名 *Reineckia carnea* Kunth。

②生于花轴下部的为两性花，上部的为雄花。花后结红紫色的浆果。

白薇

白薇①一名春草。生陕西及滁舒润辽等处。茎与叶俱青，颇似柳叶。七月开红花②，八月结实。根似牛膝而短，可以入药。

注 解

①系萝藦科多年生草本，名见《本草经》。学名 *Cynanchum atratum* Bge.。

②花多数簇生在茎梢叶腋，花冠五裂，紫黑色或深红色。

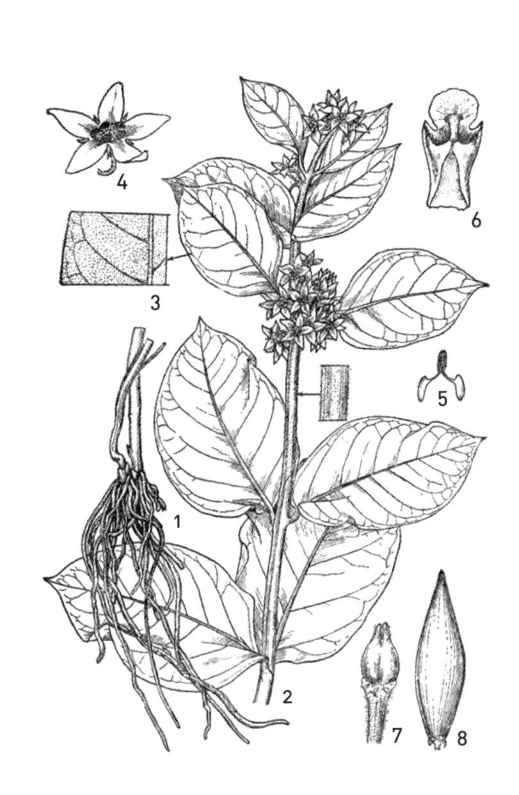

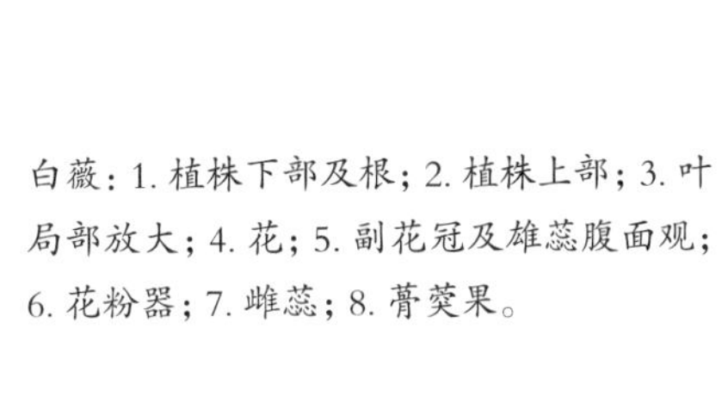

白薇：1. 植株下部及根；2. 植株上部；3. 叶局部放大；4. 花；5. 副花冠及雄蕊腹面观；6. 花粉器；7. 雌蕊；8. 蓇葖果。

莔[一]草花

莔草[1]即贝母也。出川中者第一，出浙次之。茎叶俱似百合，花类钢铃[2]，淡绿色。花心紫白色，与兰心无异。根曰贝母，入药治痰疾。

校 记

㈠“莔”：康本、乾本各版均误作“商”。

注 解

①《尔雅·释草》：“莔，贝母。”系百合科多年生草本。名见《本草经》。学名 *Fritillaria thunbergii* Miq.。

②花盖六片，集合成钟状，外面淡黄绿色，内面有淡绿色的线条和紫色的细点，交杂呈网状。

浙贝母：1. 植株下部；2. 植株上部及花；3. 花纵剖，示部分花被片与雌、雄蕊。

万年青

万年青[1]一名蒀。阔叶丛生，深绿色，冬夏不萎。吴中人家多种之，以其盛衰占休咎。造屋移居，行聘治圹，小儿初生，一切喜事，无不用之，以为祥瑞口号。至于结姻币聘，虽不取生者，亦必剪造绫绢，肖其形以代之。又与吉祥草、葱、松四品，并列盆中，亦俗套也。种法：于春、秋二分时，分栽盆内，置之背阴处。俗云：“四月十四是神仙生日，当删剪旧叶，掷之通衢，令人践踏[一]，则新叶发生必盛。”喜壅肥土，浇用冷茶。

校 记

㈠“踏”：乾本误作“蹈”。

注 解

①系百合科多年生草本。学名 *Rohdea japonica* (Thunb.) Roth。名见《本草新编》。叶丛生于粗短的地下茎上，呈披针形而大。春日叶间抽花茎，簇生多

数，淡黄色，小花排列成穗状花序。花后结果实通常呈红色，但也有很多黄色的变种，为重要观赏植物。另一种广东万年青，系天南星科多年生草本。学名 *Aglaonema modestum* Schott。

万年青：1. 植株；2. 花冠纵剖，示雄蕊；3. 雌蕊。

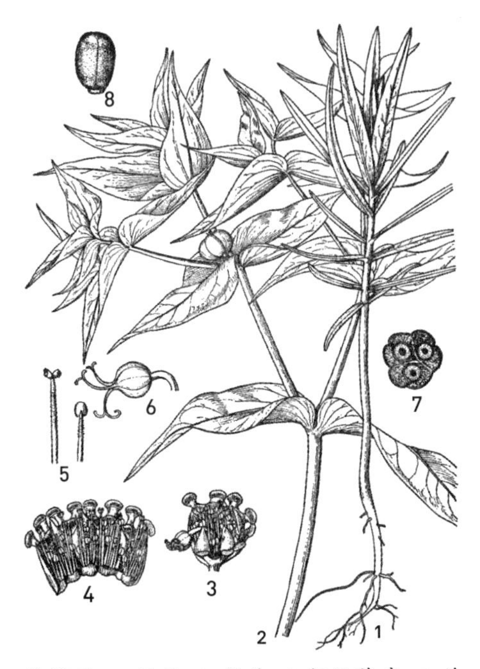

续随子：1. 幼苗；2. 果枝；3. 杯状花序；4. 总苞纵剖面，示腺体、裂片和雄花；5. 雄蕊；6. 雌蕊（花）；7. 子房横切面观；8. 种子。

千两金

千两金①一名续随子，一名菩萨豆。生蜀郡，处处亦有之。苗如大戟，初生一茎，端生叶，叶中复出叶，相续而生。花亦类大戟而黄②，自叶中抽干而开。实青有壳，人家园亭多种之。

注 解

①系大戟科二年生草本。学名 *Euphorbia lathyris* L.。一名续子，名见《开宝本草》。茎高三四尺，折断后有白汁渗出。叶披针形，对生。夏日，梢头抽花梗开花。花瓣披针形，带褐绿色，可供庭园观赏。又有千金子、拒冬、联步等名。

附　录

养禽鸟法

集群芳而载及鸟兽昆虫何也？枝头好鸟，林下文禽；皆足以鼓吹名园，针砭俗耳。故所录之禽，非取其羽毛丰美，即取其音声姣好；非取其鸷悍善斗，即取其游泳绿波，所以祥如彩凤，恶似鸱枭，皆所不载。

鹤

鹤①一名仙禽，羽族之长也。有白、有黄、有玄，亦有灰苍色者②。但世所尚皆白鹤③。其形似鹳而大，足高三尺，轩于前，故后趾短。喙长四寸，尖如钳，故能水食。丹顶赤目，赤颊(一)青爪(二)，修颈凋尾，粗膝纤指，白羽黑翎。行必依洲渚，止必集林木。雌雄相随，如道士步斗，履其迹则孕。又雄鸣上风，雌鸣下风，以声交而孕。尝以夜半鸣，声唳九霄，音闻数里。有时雌雄对舞，翱翔上下，宛转跳跃可观。若欲使其飞舞，固俟其馁置食，于穹远处拊掌诱之，则奋翼而舞。调练久之，则一闻拊掌，必然起舞。性喜啖鱼、虾、蛇虺，养者虽日饲以稻谷，亦须间取鱼、虾鲜物喂之，方能使毛羽润而顶红。其粪能化石，生卵多在四月，雌若伏卵，雄则往来为卫。见雌起必啄之，见人数窥其卵，即啄破而弃之。或云："鹳生三子，必有一鹤。"所畜之地，须近竹木池沼间，方能存久。《相鹤(三)经》云："鹤之尚相，但取标格奇古；隆鼻短口则少眠，高脚疏节则多力，露眼赤睛则视远，回翎亚膺则体轻，凤翼雀尾则善飞，龟背鳖腹则善产，轻前重后则善舞，洪髀纤指则善步。"一云：鹤生三年则顶赤，七年羽翮具，十年二时鸣，三十年鸣中律，舞应节。又七年大毛落，氄毛生；或白如雪，黑如漆，一百六十年则变止，千六百年则形定，饮而不食，乃胎化也。仙家召鹤，每焚降真香即至。又鹤腿骨为笛，声甚清越，音律更准。昔贤林和靖，养鹤于西湖孤山，名曰鸣皋。每呼之即至。有时和靖出游，有客来访，则家童放鹤凌空。和靖见鹤盘旋天表，知有客至即归，以此为常，遂为千古韵事。其诗云："皋禽名祇有前闻，孤影圆吭夜正分；一唳便惊寥泬破，亦无闲意到青云。"

校 记

(一)"颊"：乾本误作"类"。

(二)"爪"：乾本误作"瓜"。

(三)"鹤"：乾本误作"鹳"。

注　解

①系鹤形目鹤科，一名丹顶鹤，或名白鹤。

②种类有玄鹤、辽鹤、白顶鹤、蓑衣鹤、冠鹤、白头鹤等。

③形貌潇洒，蕃殖于黑龙江等处，夏季北来，冬季乏食则南渡，系一种候鸟。

鸾

鸾[①]乃神鸟也。形似鹤而瘦小，首有长帻，其羽毛纯青者，则人家常有之。惟五彩者不易得。鸣中五音，即凤之属。其畜养之法，亦与鹤同。但恐其飞去，必剪去几翎，方可久畜。又雄鸣于前，雌鸣于后，故有虞氏之车曰鸾车，亦曰鸾辂，取其和而有序也。

注　解

①古称似凤，五彩而多青色。《广雅·释鸟》："鸾鸟，凤凰属也。"《初学记》引毛诗草虫经："雄曰凤，雌曰凰，其雏为鸾鷟。"

孔雀

孔雀[①]一名越鸟，文禽也。出交、广、雷、罗诸山，形亦似鹤，但尾大色美之不同。丹口玄目，细颈隆背；头戴三毛，长有寸许，数十群飞，游栖于冈陵之上。晨则鸣声相和，其音曰都护。雌者尾短无翡翠。雄者五年尾便可长三尺，自背至尾末，有圆纹五色金翠，相绕如钱。每自爱其尾，山栖必先择置尾之地。夏则脱毛，至春复生。雨久则尾重，不能飞高，南人因而往捕之。或暗伺其过于丛篁间，急断其尾，以为方物，若使回顾，则金翠顿减。土人养其雏为媒，或探得其卵，令鸡伏出之[②]，饲以猪肠生菜即大，富贵家多畜之。闻人拍手歌舞，及丝竹管弦声，是鸟亦鸣舞，畜之者，每俟[㈠]其开屏取乐。其性最妬，见人着彩服，必啄之。其孕亦不匹，以音影相接。或雌鸣下风，雄鸣上风，或与蛇交亦孕。但其血最毒，见血封喉，立能杀人，慎之可也。如病，饲以铁水。

校　记

㈠"俟"：乾本误作"矣"。

注 解

①系鸡形目雉科，体色美丽，雄之羽色尤美。

②卵孵二十七日至三十日即出，雏忌湿，三年可长成。

鹭鸶

鹭鸶[①]一名舂锄，一名属玉，又名昆明，乃水鸟也。林栖而水食，以鱼为粮。群飞成序，故有鹭序之说。其形亦似鹤而小，羽白如雪，又有雪客之称。颈细而长，脚青善翘，高可尺余。解指短尾，喙长类鹤。顶有长毛十数茎，毵毵然如丝，欲取鱼食则弭之。好立水中，飞亦能戾天。生而喜露，视而有胎，人多养于池沼间，若家禽之驯扰不去。每至白露日，如鹤之骞腾而起，其性使然也。昔齐威王时，有朱鹭合沓，而舞于庭下，人皆称异焉。

注 解

①即鹭，一名白鹭，属鹳形目鹭科。种类有：苍鹭、黄头鹭、灰鹭、渚鹭、沙鹭、紫鹭等。

鹦鹉

鹦鹉[①]慧鸟也，一名鹦鴞，雏名鹦哥[②]。出自陇西，而滇南交广近海处尤多。羽有数种，绿乃常色，红、白为贵，五色者出海外，盖不易得。状如乌鹊，数百群飞。俱丹唇[㈠]钩吻，长尾绀足，金睛深目，上下目睑皆能眨动[㈡]，舌似婴儿，其趾前后各二，异于众鸟。其性畏寒，冷即发颤，如瘴而殂。饲以余甘可解。凡属雄雏黑喙，经年即变红。雌者喙黑不变，故人皆畜其雄者。用二尺高，尺五阔铜架，将细铜索锁其一足于架上，左右置一铜罐，以贮水谷，任其饮食。若欲教以人言，须雏时每于天微明时，将雏挂于水盆之上，使其照见己影。不道人言，惟知鴞教其语。人立其旁，随意教之，不久自肖。但忌手摩，若手摩其背则暗。昔宋徽宗，陇州贡红、白二鹦鹉，先置之安妃阁中，后放还本土，郭浩按陇，闻树间有二鸟，问上皇安否，亦知感恩不忘。近年关西，曾献黄鹦鹉于清朝，亦难得之物也。

校 记

㈠“唇”：乾本误作“味”。

㈡“动”：乾本误作“师”。

注　解

①属鹦形目鹦鹉科，性伶俐，饲养易驯服。主食果实。我国南方近海处出产颇多，寿命长。种类有：绿朝云、鹦哥、锦哥、翠哥、白鹦、桃鹦、雪衣娘、鸮鹦、糖鹦、玄凤等。

②系其中一种，并非雏名。

秦吉了

秦吉了[①]一名了哥。《唐书》作结辽鸟者，番音也。出岭南容管廉邕诸州峒中。大于鹦鹉，身绀黑色，夹脑有黄肉冠如人耳。丹咮黄距，人舌人目，目下连颈有深黄纹，顶尾有分缝，能效人言笑，音颇雄重。亦有白色者，人多误称为白鹦哥。每日须用熟鸡子黄和饭[㈠]饲之。其性最怕烟，切勿置之熏烟处，则耐久。亦可与鹦鹉并畜，以供闲玩。

校　记

㈠“饭”：乾本及中华版均误作“饮”。

注　解

①属鸣禽类，体大如鸲，小于鸠，有黄色肉冠，性伶俐，能效人言笑。

乌凤[①]

乌凤，非凤凰，以其形略似凤，土人美其名而称之也。产于桂海左右，两江峒中。大约喜鹊。其羽绀碧色，项毛似雄鸡，头上有冠，尾垂二弱骨，长一尺四五寸，至杪始有毛。其音声之妙，清越如笙箫，能度小曲，合宫商。又能为百鸟之音，凡鸟飞鸣，即随其音鸣之。人取以为玩好，诚足快心，但彼处亦自难得耳。

注　解

①系鹊的一种，现名晨鹊。体长约一尺半，头颈喉背各部有黑绒色，尾与翼皆黑，有蓝光及青铜光。胸腹及翼之内侧纯白。尾长为矢状。巢在树上，以小枝构成，每产四至七卵，卵绿灰色，有褐斑。

鸲鹆

鸲鹆[①]一名哵哵鸟，俗名八哥。身首俱黑，两翼下各有白点，飞则见。其眼与舌亦如人，但舌微尖。若欲教以人语，必须五月五日，或白露日，取雏闭之瓮中竟夕，届天中，用小剪修去舌尖使圆，如是者三次，每日天将晓时，如教鹦鹉法教之，良久自能作人语矣。此鸟不善营巢，多处于鹊窠或树穴，及人家屋脊中。初生口黄，老则口白。头上有帻者易养，无帻者多不能久活。取雏爱养，切勿养猫。无猫，虽无笼罩，任其飞走，亦不远去。又可使取火。北方无此鸟，江、浙人喜畜之。每日饲以生豆腐，及半熟饭。惟忌八月十三大煞日，须密藏不露，方免其死。昔有禅僧堂下畜一八哥，每夜随僧念阿弥陀佛。老死后，僧怜而埋之，莲花出自鸟口，因作赞曰："有一飞禽哵哵哥，夜随僧口念弥陀，死埋平地莲花发，我辈为人不及他。"

注 解

①属鸣禽类，《尔雅翼》云："鸲鹆飞辄成群，字书谓之哵哵鸟。"

鹰

鹰[①]一名隼，一名题肩，一名角鹰，因其顶有毛角微起。又有虎鹰、雉鹰、兔鹰之称。北齐人呼为凌霄君。高丽人呼为决云儿。大概出辽东者为上，内地者次之。其性刚厉，不与众鸟同群。北人多取雏养之，每日调练有法。先将雏饿一二日，使之饥肠欲绝。然后两人离丈许对立，一以鞲臂擎鹰，一持肉引之，口作声呼之，引其飞来食肉。久则驯熟，闻呼即至。使攫鸟兽甚捷。日以牛豕肉少许饲之，如欲出猎，则不与之食。南人八九月以媒取之，其鸟以季夏月习击，孟秋月祭鸟，雄者身小，雌者体大。二年曰鸽鹰，三年曰苍鹰。 相鹰之法：在乎顶平，头圆，颈长，臆阔，羽劲，翅厚，肉缓，髀宽，身重若金，指重十字，尾贵合卢，嘴利似钩，爪刚如铁，脚等枯荆，右视如倾，左视如侧。生于窟者好眠，巢于木者常立，双骹长者起迟，六翮短者飞急。至若虎鹰翼广丈许，能搏猛虎，然其鸷悍若此，而反畏燕子，又有所不解也。

注 解

①即苍鹰，属鹰形目鹰科。夏季多栖深山，至秋末为逐食便飞来平野，巢用硬枝造成，营于乔木上，每产四卵。种类有鹞、雀鹰（雀鹞）、雀贼、鹫、隼、鸢等。今天，猛禽均为国家一级或二级保护动物，熬鹰是违法行为。

雕

雕[①]一名鹫。似鹰而大，大能食羊。尾长翅短，嘴曲目深。羽毛土黄色，可作箭翎。出北地者色皂，故名皂雕。鸷悍多力，六翮乘风轻捷。眼最明亮，盘旋空中，无微不睹。又有青雕，产于辽东。最俊者谓之海东青。产于西南夷者，谓之羌鹫。黄头赤目，其羽五色俱备。凡雕若养驯，遇禽能搏鸿鹄鸡鹜，遇兽能击獐鹿犬豕，遇水能扇鱼，令出沸波，攫而食之。又名沸河，田猎者每多畜之。又云鹰产三卵，一鹰、一雕、一狗。辽有鹰背狗，短毛灰色，与犬无异，但尾脊有羽毛数茎耳。随母影而走，所逐无不获者。以禽乳兽，亦异闻也。

注 解

①属隼形目鹰科，又名狗鹫，貌容壮伟，大者径达四尺余，常产二卵，至多不过三卵，寿命可达百年。种类有羌鹫、白尾鹫、角鹰、帻鹫等。

鹞

鹞[①]一名鸢[②]，一名隼[③]。状似鹰而差小，羽青黑色，其尾如舵，飞则转折最捷。人之造船用舵，实仿鹞尾而为之也。性极喜高翔，专捉鸡、雀而食，义不击胎。庄子云："鹞为鹯，鹯为布谷，布谷复为鹞，皆指此属之变也。"是鸟隆冬爪冷，每取一鸽，或盈握小鸟等，暖其足，至晓即纵之而去。唐太宗得佳鹞，自臂之，望见魏徵来，匿于怀，徵奏事故久，鹞竟死于怀中，诚贤君也。

注 解

①形似苍鹰，产于亚洲及欧洲大陆。常在林野，捕食小鸟，营巢于树枝上，多利用鸟之废巢，每产四五卵至七卵。雌鹞可养之以猎鹰，雄鹞常称摩鹰，又名兄鹞。

②③鸢、隼与鹞同属鹰科，但不是同一物。

雉鸡

雉[①]一名锦鸡，一名鵗雉，介鸟也。产于南越诸山中，湖南、湖北亦有之。状似山鸡而差小，色备五彩可观，皆有黄赤文。绿项红腹，红嘴利距，首上有两毛特起成角，先鸣而后鼓翼。性最勇健善斗，人以家鸡引其斗，即从而获之，畜于樊中。其尾花，长一二尺，不入丛林，恐伤其羽也。每自爱其羽毛，照水即舞，良久目眩，竟有死于水者。雌者文暗而尾长，雪深绝食，亦常饿死，或被人获。汉武帝太初二年，月氏国贡双头鸡，四足二翼，鸣则俱鸣，诚异物也。山海经云："小华山多赤鷩，养之可御火灾。"又一种远飞鸡，夕则还依人，晓则捷飞四海，尝衔桂实归于南土，亦仙禽也。每畜饲以米麦，如或被鹰打伤，以地黄叶点之即愈。若将卵时，雌必避其雄，潜伏他所，否则雄啄其卵也。

注 解

①属鸡形目雉科，形质似鸡，食谷物及虫类，善走不能久飞。种类有山鸡、东雉、台雉、锦鸡白鹇、珠雉等。

鸡

鸡①一名德禽，一名烛夜。五方皆产，种类甚多。蜀名鶤鸡，楚名伧鸡，并高三四尺。辽阳产角鸡，广东产矮鸡，至老脚才寸许，不过㈠鸽大。南越长鸣鸡，昼夜长啼。南海石鸡，潮至即鸣。雄能角胜，目能辟邪，其鸣也知时刻，其栖也知阴晴。又具五德：首顶冠，文也；足博距，武也；见敌即斗，勇也；遇食呼群，仁也；守夜有时，信也。另有一种斗②鸡，似家鸡而高大，勇悍异常，诸鸡见之而逃。其相以冠平爪㈡利者为第一。每斗，虽至死不休，好事者畜之，于深秋开场赌博。先将两鸡形状，审得大小相当，方放入围场，听其角斗，每以负而叫走者为败。养法：斗后须用长鹅翎一根，插入鸡口，绞出喉内恶血，安养五七日再斗，则无损伤之患。虽全胜者，亦不可使之连朝狠斗。草鸡虽雄，多望风而靡。巢边切勿挨磨，忌柳柴烟熏，最能损目。鸡若有病，当灌以清油。若传瘟，速磨铁浆水染米与食即愈。如水眼，以白矾敷之。母鸡多以麻子饲之，则生子后永不耐抱而子多。汉武帝时，有远飞鸡，朝去暮还，尝衔桂子而归。又唐明皇好斗鸡，索长安雄鸡，金翅铁距、高冠昂尾者千数，养于鸡坊。选六军小儿五百名教饲之，以晋昌为五百小儿之长。明皇时临观斗，甚爱幸焉，金帛之赐，日至其家，可为好之过也。宋处宗畜一鸡，尝笼着牕间，养之甚驯。一日忽作人言，与处宗谈论，极有玄致。由是处宗学业日进，亦一异也。又鸡母负雏而行，主天将雨，焚其羽可以致风。

校 记

㈠"过"：乾本误作"周"。

㈡"爪"：乾本误作"瓜"。

注　解

①属鸡形目雉科，一名家鸡。为最普通的家禽。

②一名军鸡。骨骼发达，性质狞、猛，善斗。

竹鸡

竹鸡[①]蜀名鸡头鹘，一名山菌子，俗呼泥滑滑。南浙、川、广处处有之，喜居竹丛中。形比鹧鸪小而无尾，毛羽褐色多斑，无文彩，而性好啼，其声最响。头扁似蛇，喙尖眼突者，啼可百声。见其俦类必斗，捕者每以媒诱其斗，因而以网获之。能去壁虱白蚁之害。古谚云："家有竹鸡啼，白蚁化为泥。"人故多畜之，非无益也。性不喜水，笼底多贮以砂，彼则滚卧其中以当浴。饲以小米或少杂野苏子于内，可经久无病。如出血管二毛，便不活矣。养熟虽不闭笼，彼至晚自能归笼宿也。好食蚁。

注　解

①鹌鸡类，名见《本草》。陈藏器曰："生江南山林间，状如小鸡无尾。"李时珍曰："生江南、川广，处处有之，多居竹林，形比鹧鸪差小。"

吐绶鸟

吐绶鸟[①]一名鹝。出巴峡及闽、广山中，人多畜之以为玩好。其形大如家鸡，小若鸲鹆。头颊似雉，羽色多黑，杂有黄白圆点，如真珠斑。项有嗉囊，俗谓之锦囊。内藏肉绶，常时不见，鸣则囊见。每遇春夏间，天气晴明，则此鸟向日摆之。顶上先出两翠角，约二寸许，乃徐舒其颔下之绶，长阔近尺。红碧相间，彩色焕然，踰时悉敛而不见矣。昔有好事者，剖而视之，究竟一无所睹。盖其德处，生则能反哺，行则避草木，亦异鸟也。养之可禳火灾。

注　解

①属鸡形目雉科，一名七面鸟。时常扩翼展尾为扇状，而发一种叫声，此时肉瘤及肉瓣由红而变为蓝白色，故有此名。俗名火鸡。

鸳鸯

鸳鸯[①]一名匹鸟，一名文禽。雄曰鸳，雌曰鸯，多产于南方溪涧之中。其状如鹜，羽毛杏黄色，甚有文彩，红头翠鬣，翠翅黑尾，白头红掌，首有白长毛，垂之至尾。日则相偶浮游水上，雄左雌右，并翅而飞。夜则同栖，交颈而卧。雄翼右掩左，雌翼左掩右。其交不再，失偶不配。故人多比之为夫妇。若养雏于土穴中，能使狐狸卫之。昔霍光园中，有大莲池，畜鸳鸯三十六对，于其中望之，灿灿有若披锦。

注 解

①属雁形目鸭科，多栖于水边，食植物及虫类，间食鱼。善游泳，性敏捷，喜群居。

鸂鶒 鸡鹊

鸂鶒、鸡鹊[1]皆水鸟也。出南方池泽间。形俱类鸭。鸂鶒喜食短狐，故有短狐处尤多。其所处多在于荷。水有此鸟，则无复毒气。毛羽黄赤而有五彩，首有缨，尾有毛，如船柁形。若鸡鹊似鹜而绿羽长喙，顶有红毛如冠，翠鬣碧斑，丹嘴青胫，高脚似鸡，长目好喙，多居茭菰中，亦能巢于高树。每以睛交，故号鸡鹊。生子穴中，初出不能飞，衔其母翼而下，以就饮食。土人养之略熟，则驯扰不去，亦可厌火灾。

注 解

①鸡鹊属鹭科，一名赤头鹭。体之上面概白，头颈赤褐，胸背之蓑毛混交绿色，翼长约八寸半。幼时头颈皆黑褐，具褐线纹，背部黑褐，胸部白，亦有黑褐条纹，肩上具不明显的淡茶色条纹。产我国南部及印度等处。

鸽

鸽[1]一名鹁鸽。随在有畜之者，鸠之属也。亦有野鸽，其毛色名号不同，大概毛羽不过青、白、皂、绿、灰斑而已。试鸽之好丑，在持于十余里之外放之，能认旧巢而回者，方称珍异。至于相鸽之法，全在看眼色，其眼有大、小、黄、绿、朱砂数种，睛转而砂粗者为最。鸽者合也，因其喜合，故鸠亦与之为匹。凡鸟皆雄乘雌，鸽独雌乘雄。性最淫，每月必生二子，年中略无间断。哺子，朝从上而下，暮从下而上。任其飞走，不必牢笼。但置一厨，逐仓逐一格开，每格畜二鸽，听其饮啄，惟防猫咬。每日饲以浮麦，独夏月须串以绿豆。欲其眼有砂，从雏时以人之舌常舔其眼，亦能生砂。宋末宫中好养鸽，一书生题诗曰："万鸽盘旋绕帝都，暮收朝放费工夫；何如养取南来雁，沙漠能传二圣书。"又张九龄以鸽传书，名曰飞奴[2]。

注 解

①属鸽形目，鸠鸽科，种类颇多，有野鸽、家鸽之别。家鸽亦有变种不少。

②为家鸽之一种，而最恋散居。嘴长而端尖，眼缘颗出无毛，躯干概长形，颈部较长，性恋故居，携至远处放出，犹能觅途归来，不致失踪。我国古代即利用它传书，名传书鸽，一名飞奴。

鹌鹑

鹌鹑[1]一名罗鹑，一名早秋，田泽小鸟也。头小尾秃，羽多苍黑色。无斑者为鹌，有斑者为鹑。雄足高，雌足卑。又有丹鹑、白鹑、锦鹑之异。每处于畎亩之间，或芦苇之内，夜则群飞，昼则草伏。有常匹而无常居，随地而安，故俗又名鹑鹑。山东最多。人可以声呼而取之。凡鸟性畏人，惟鹑性喜近人。诸禽斗则尾竦，独鹑竦其足而舒其翼，人多畜之使斗，有鸡之雄，颇足戏玩。养法：每日饲以小米，欲其角胜，常持于手，时拉其两足使直。置一小布袋，口如荷包而底平，有线可以收放者，纳于其中。出入吊于身旁，绝无跳跃闷坏之病。养熟虽任其行走，亦不飞去。但怕冷，严寒如不善料理，则易冻死。交州记云：南海有黄鱼，九月变为鹑。一云：虾蟆得爪化为鹑，此理未可全信，究竟以卵生为是。

注 解

①简名鹑，属鸡形目雉科，营巢于草丛间，每年产卵二次，每次产卵十数枚，捕食虫害，有益于农，是益鸟的一种。

百舌

百舌[1]一名鹳，一名题鸩，又名反舌。随在有之。居树孔及窟穴中，状如鸲鹆而小。身稍长羽色灰黑，微有几斑点。喙亦黑而尖。行则头俯，好食蚯蚓。立春后，则鸣之不已，其声多十二啭，且能作诸鸟之音，最悦人耳。此际众芳生。夏至后，则寂然无声而众芳歇。至十月后，亦如龟蛇，皆藏蛰不见人。或取而畜之，过冬多死，必须善养者以护持之。

注 解

①鸟名，一名反舌。《易纬通卦验》：“百舌能反复其口，随百鸟之音。”《格物总论》：“百舌春二三月鸣，至五月无声，亦候鸟也。”

燕

燕①一名玄鸟，又名游波、鷾鸸、鳦。有二种：越燕身轻小，胸紫而多声。胡燕斑黑，臆白而声大，状似雀而稍长。躡口丰颔㈠，布翅歧尾，飞鸣一上一下。营巢避戊巳日，春社来，秋社去。来多寻旧巢补阙，如无旧巢，方衔泥再垒。紫燕喜巢于门楣上，胡燕喜巢于两榱间。所衔之泥，必四堆横一草，其门向上。去必往北，交冬伏气，蛰于窟穴之中，或枯㈡井内。亦有衔小银鱼作窠而蛰，故有燕窠②者。若有窠户北向，其尾屈白色者，是数百岁燕也。仙家名为肉芝，食之可以延年。人见白燕，主生贵女。若胡燕作窠长大，过于寻常，主人家富足。喜燕来窠者，以桐木刻雌雄二燕形，投井压之即至。如恶其来，当轩中悬一艾人，或朱书凤凰在此之幡，一挂中栋，余挂前后四架梁，则燕自去。诸鸟皆烦饲食，独燕不费一粒，而呢喃之声，时语梁间。飞旋之态，每来庭院，亦韵事也。但狐貉之服，不可近燕集处，其毛见燕即脱。昔有姚氏女，欲验燕来寻旧巢之说，因将彩缕击于燕足，明岁复来，因视其足缕犹如故。

校　记

㈠“颔”：乾本误作“请”。

㈡“枯”：乾本误作“相”。

注　解

①属雀形目燕科，是一种候鸟。春向北来，秋后返南，飞行迅速，张口捕虫，一时间能飞二十余里，系属益鸟，应尽量保护。

②燕窠系金丝燕所作的窝。金丝燕嘴暗褐，颊边有褐斑，背部褐，有金丝光，尾大部分为白色。多数营巢海岛的断崖峭壁上。燕窝系由其所衔海藻粘集构成的。

画眉

画眉①南方最多，状类山雀而大，毛色苍黄，两颊有白毛如眉。雄者善鸣喜斗，其声悠扬婉转，甚可人听。雌则不鸣不斗，无所取也。人多畜雄者于廊檐之下，贮以高笼，笼内系二水食罐，中用南天竹干一条作梁，冬月使之栖止，则足不冷。日以鸡子黄拌米，再和些少细沙，与之食，便不时肯叫。如天气渐炎，尝将笼浸于水盆内，令其自浴，则毛羽更鲜，不死。至深秋各户之鸟聚集，开场相斗，以决胜负，亦一壮观。相画眉，古亦有诀云：“身似葫芦尾似琴，颈如削竹嘴如钉，再添一对牛筋脚，一笼打尽九笼赢。”

注 解

①一名虎鸫，属雀形目画眉科。

黄头

黄头[①]小鸟之鸷者，似麻雀而羽色更黄润。嘴小而尖利，爪刚而力强，人多以笼畜之。大概取毛紧眼突者为良。斗则两翼相扇，嘴啄脚扯。自有许多相角之态，颇足动人赏鉴。每日以鸡子黄拌米粉饲之，则力猛。切忌糯米作粉。交夏须觅竹包内小白虫与之食，更易长。但此鸟较之画眉，虽易得而难养，片时失与饮食，即便饿死。

注 解

①一名黄脰雀，是一种猛烈善斗的小鸟。

巧妇鸟

巧妇鸟[①]一名鷦鷯，一名桃虫，或谓之巧匠，随在有之。小于黄雀，在林薮间为窠，其巢如小袋，取茅苇毛毳为之，再系以麻，或人乱发，至为精密。或一房二房，其形色青灰有斑，长尾利喙，声如吹嘘。好食苇蠹，儿童每畜而使之性驯，教以作戏以取乐。陆机谓鷦鷯微小于黄雀，其雏能化为雕，不知何据。

注 解

①现名鷦鷯，属雀形目鷦鷯科。形小，体长约三寸，上面赤褐，翼与体之后方散布细小的黑斑纹；下面灰褐，亦有黑色细横纹，尾羽短，略向上。性易驯，举动轻快。

护花鸟

护花鸟，出太华山中。每遇奇花岁发，人若攀折，则此鸟飞来，盘旋其上，哀鸣曰：“莫损花，莫损花。”亦花之知己也。特附记之于末，以见花鸟之灵。其形似燕而小。

养兽畜法

兽之种类甚多，但野性狠心，皆非可驯之物，无足供园林玩好。虎、豹、犀、象，惟有驱而远之。兹所取者，皆人豢养之兽。录其二三，以点缀焉；非详于禽，而略于兽也。至若牛、马，自有全经，亦非草茵芳径之所宜，故不赘。

鹿

鹿[①]一名斑龙，阳兽也，随在山林有之。状如小驹，尾似山羊，头侧而长，脚高而行速，牡者身大，有角无齿。夏至感阴气则角解，黄质白斑。尔雅名麚。牝者身小，无角无斑。黄白杂毛而有齿，俗称麀鹿。孕六月而生子，其性最淫，一牡常交数牝，连母鹿皆群，故谓之聚麀。能别良草，又喜食龟并纸。食则相呼，行则同旅，居则环角向外以防害，卧则口朝尾闾以通督脉。五百岁变白，千岁为玄[②]，自能乐性，诚仙品也。官署名园多畜之，夏月常饲以菖蒲，即肥。最大者曰麈，群鹿每随之。视其尾为准则，凡在二[㈠]至时，角当解，其茸甚痛。若逢猎人，则伏而不动。遂以绳系其茸，截之甚易。其尾能辟[㈡]尘，拂毡则不蠹，置茜帛中，岁久红色不黯。昔林和靖孤山所养之鹿，名曰呦呦。每呼呦呦，即至其前。有诗云："深林摵摵分行响，浅葑茸茸叠浪痕；春雪满山人起晚，数声低叫唤篱门。"又玄都观道士，养鹿候门，客至颇能鸣而迎之。病用盐拌料豆喂之。

校 记

㈠"二"：乾本误作"三"。

㈡"辟"：乾本误作"群"。

注 解

①属哺乳纲偶蹄目鹿科。角不空，由皮肤下层（即真皮）变化发达而成，初为瘤状，呈紫褐色，密毛，是为鹿茸，富有血管，迨鹿茸渐长，乃磨于树干，脱去毛皮，此时其营养盛而血管破裂流血，乃见真角。每年早春则脱。当年初生者无角，至二岁生无枝之角，三岁呈叉状，其后每年增生一枝，至四枝而止。

②当系传说。

兔

兔①一名明视（谓目不瞬，而能了然），随在山林有之。其状如狸而毛褐。首形如鼠而尾短，耳大而锐，上唇缺而无脾，须长而前足短。尻有九孔，趺居而顾首不顾尾。趫捷善走，舐雄毫而孕，五月而吐子。营穴必背立相通，若以马鞯有润汗者塞口，则须臾自出，可以伺而取之。其性最阴狡，善营三窟；然又易驯，故人多畜以为玩好。又云：牝牡合十八日而即育，极易繁衍。又昆吾山出狡兔，雄色黄，雌色白，能食丹石铜铁。昔有吴王武库兵器皆尽，因穴得二兔，一黄一白，腹中肾胆皆铁，取以铸剑，切玉如泥②。或云：兔寿可千岁，至五百岁，则色自白。近日常州出一种白兔，乃银鼠也，非数百年之物。又闻亳州吉祥寺，有僧诵华严经，忽一紫兔自来，驯伏不去。每月随僧坐起如听经状，惟餐菊花，日饮清泉而已。其僧每呼以菊道人，则兔应声而至，亦异类之有觉者也。

注 解

①野兔一名山兔，毛茶褐色，少带灰，性怯，嗅觉听觉皆极锐敏，遇险即遁，所谓脱兔，其速可知。属哺乳纲兔形目兔科。

②这些传说，均不足信。

猴

猴①一名猢狲②，一名马留。好拭面如沐，又谓之沐猴。面无毛似人，眼如愁胡，颊陷有嗛，可以藏食，腹无脾以行消食，尻无毛而尾亦短。手足与两耳，亦皆类乎人。可以竖行，声咯咯若咳。孕五月而生子。喜浴于涧中，其性噪动害物。畜之者，使索缚其胫，坐于杙上，鞭揞旬月自驯。养马者，多畜之厩中，任其跳跃，可避马病。丐者畜之，教以戏舞，举动俨如优人。好事者多般训练，使之应门。或对客送茶，以此骇观取乐。然虽养熟，不可纵其去来，恐攫持人物取气。又一种小而毛紫黑者，出交趾，畜以捕鼠，胜于猫狸，颇有灵性，能知人意。饲以生米果物，则不大；若饲之熟物，易大可厌。昔唐昭宗有一弄猴，能随班起居，昭宗赐以绯衣。后朱温篡位，此猴望见朱温，忽跳跃奋击，以致见杀，亦义兽也。如病，喂以萝卜。

注 解

①我国所产的猴，多属猕猴一类，故《玉篇》即以猕猴作解释。

②我国北部山林所产的猢狲，为猕猴之一种。古代所指的沐猴、母猴均属这一种猴类。

犬

犬[①]一名狗，齐人名[㈠]地羊。其类有三：若守犬短喙[㈡]善吠，畜以司昏。食犬体肥不吠，养以供馔。惟田犬长喙细身，毛短脚高，尾卷无毛，使之登高履险甚捷；胎三月而生，其性比他犬尤烈；豺见之而跪，兔见之而藏；每牵之出猎，以鹰为眼目，鹰之所向，犬即趋而攫之。故好猎者多畜焉。又一种高四尺者，名獒[②]。毛多者，名尨[③]，状若狮子，脚矮身短，尾大毛长，色绒细如金丝，亦善吠兼能捕鼠，至老不过猫大者，俗名金丝狗。最宜于书室，曲房之外，金铃慢响尔。占验云：狗吃青草，主天时大晴。犬病，磨乌药与之饮则愈。昔晋陆机仕洛，有犬名黄耳，能为机寄书。七日而驰至其家，家人见之大惊。犬又索机家回书还洛，机甚爱焉。犬死葬之，呼为黄耳冢。

校 记

㈠“名”：乾本误作“召”。

㈡“喙”：乾本误作“喙”。

注 解

①属哺乳纲食肉目犬科，经长期饲养，多变为杂食。

②为犬类中的大型种，貌端正，性刚毅。古代饲养作为斗犬，或使之助猎。

③即狮子狗，如我国古画中的狮子，故名。头尾多长毛而蓬松，金丝色，颇为人们爱好。

猫

猫[①]一名蒙贵，又名家狸，捕鼠小兽也。以纯黄、纯黑、纯白者为上。人多美其名曰青葱，曰叱拨，曰紫英，曰白凤，曰锦带，曰云图。如肚白背黑者，名乌云盖雪。身白尾黄，或尾黑者，名雪里拖枪。四足皆花，及尾有花，或狸色，或虎斑色者，谓之缠得过。相猫之法：必须身似狸，面似虎，柔毛利齿，口旁有刚须数茎，尾长腰短，目若金铃，上腭多棱者为良。俗云：猫口中有三坎者，捉鼠一季；五坎者，捉鼠二季；七坎者，捉鼠三季；九坎者，捉鼠四季。其睛可以定时，子午卯酉如一线，寅申巳亥如满月，辰戌丑未如枣核。鼻端常冷，惟夏至一日则暖。性独畏寒而不畏暑，若耳薄者亦不畏寒。能以爪画地卜食，随月旬上下，啮鼠㈠首尾。其性皆与虎同，此阴类之相符也。其孕㈡则两月而生，一乳三四子。恒有生出即自食之者，是因属虎人视之故也。俗传牝猫无牡交，但以竹帚扫背数次则孕②。或用斗覆猫于灶前，以刚帚头击斗，祝灶神而求之，亦有胎。相猫诀云："露爪能翻瓦，腰长会走家；面长鸡种绝，尾大懒如蛇。"养之法：在初生时，日以硫黄少许纳于猪肠内；或拌饭与之食，则遇冬不畏冷，偷卧灶内。如猫有病，以乌药磨水灌之即愈。若人偶踏伤，以苏木煎汤疗之。猫食薄荷则醉。以死猫埋㈢近竹地，则竹自引之而来，亦气类之相感也。昔有猫与犬同时而产，好事者暗使之易乳而饮，以此眩奇。凡猫吃青草，主天必大雨。

校 记

㈠"啮鼠"：乾本误作"隅风"。

㈡"孕"：乾本误作"竿"。

㈢"埋"：乾本误作"理"。

注 解

①属哺乳纲食肉目猫科。

②传说不足为信。

松鼠

松鼠①一名鼪鼠，随地有之。居土穴或树孔中，形似鼠而有青黄长毛。头嘴似兔，而尾毛更长。善鸣，能如人立，交前两足而舞。好食粟豆，善登木，亦能食鼠，人多取以为玩弄之物。初时性劣，宜以铜索系之，豢养既久，可不用索亦不去矣。喜投人囊袖中，恐其爪尖伤人肌肤，常于砂石上拖其爪，令不尖锐，则无伤也。

注 解

①属哺乳纲啮齿目松鼠科。一名栗鼠。尾毛可制笔。

养鳞介法

江海汪洋，鳞介之属无穷，总非芳塘碧沼之美观。姑取一二有色嘉鱼，任其穿萍戏藻；善鸣蛙鼓，听其朝吟暮噪，是水乡中一段活泼之趣，园林所不可少者也。

金鱼

鱼之名色极广，园池惟以金鱼①为尚，青鱼、白鱼次之。独鲤鱼、鲫鱼善能变化颜色，而金鲫更耐久可观。前古无缸畜养，至宋始有以缸畜之者。今多为人养玩，而鱼亦自成一种，直号曰金鱼矣。大抵池沼中所畜有色之鱼，多鲤、鲫、青鱼之类。有名金鱼，人皆贵㈠重之。不亵置于池中，惟居城以卖鱼为业者，多畜之池内，以广其生息。但鱼近土则色不红鲜，必须缸畜，缸宜底尖口大者为良。凡新缸未蓄水时，擦以生芋，则注水后便生苔而水活。夏秋暑热时，须隔日一换水，则鱼不蒸死而易大。俟季春跌子时，取大雄虾数只，盖之，则所生之子皆三五尾。但虾掐须去其半，则鱼不伤。视雄鱼沿缸赶咬，即雌鱼生子之候也。跌子草上，取草映日看，有子如粟米大，色亮如水晶者，即将此草另放于浅瓦盆内，止容三五指水，置微有树阴处晒之。不见日不生，若遇烈日亦不生，二三日后便出，不可与大鱼同处，恐为所食。子出后，即用熟鸡鸭子黄捻细饲之，旬日后，随取河渠㈡秽水内所生小红虫饲之。但红虫必须清水漾过，不可着多，至百余日后，黑者渐变花白，次渐纯白。若初变淡黄，次渐纯红矣。其中花色，任其所变。鱼以三尾五尾，脊无鳞而有金管银管者为贵。名色②有金盔、金鞍、锦被，及印红头、里头红、连鳃红、首尾红、鹤顶红、六鳞红、玉带围、点绛唇，若八卦、骰子点者，又难得。其眼有黑眼、雪眼、珠眼、紫眼、玛瑙眼、琥珀眼之异。身背有四红至十二红、十二白，及堆金砌玉，落花流水，隔断红尘，莲台八瓣，种种之不一，总随人意命名者也。养熟见人不避，拍指可呼，尽堪寓目。至若养法，如鱼翻白，及水泛沫，亟换新水。恐伤鱼，将芭蕉叶根捣烂投水中，可治鱼泛。如鱼瘦而生白点，名为鱼虱，急投以枫树皮或白杨皮，即愈。或以新砖入粪桶内浸一宿，取出令干，投缸中，亦可治虱。如水中沤麻，或食鸽粪，鱼必泛死，则以粪圊解之。误食杨花，则鱼病，亦以粪解之。吴越市贩，多金鲤、金鲫，大有一二尺者，畜之池中，任其游泳清波，尽堪赏玩。又五色文鱼，生江西信丰县城内奉真观右凤凰井中。浙江西湖之玉泉，吴山之北大井中，及昌化山之龙潭，有身长三四尺五彩斑纹金鳞耀目者，土人遇旱，祷雨多应。

校 记

㈠“贵”：乾本误作“黄”。

㈡“渠”：乾本误作“药”。

注 解

①鲤形目鲤科，一名锦鱼，是我国珍贵的特产，它的远祖就是鲫鱼，我国在宋代就有嘉兴饲养观赏用的金色种鲫鱼的记载。鲫鱼经过了大约九百多年的家化和人工选育，变成现在和原始鲫鱼大不相同的各式品种的金鱼。

②金鱼的品种（名色）很多。如以颜色的变异来分，有橙色、黑色、棕色、蓝色等种类。如以金鱼头部的变形特点来分，则有头顶上长有肉瘤的“虎头”“鹤顶红”“裹头红”等；有头部的鼻隔发展成为一对肉质球的“绒球”；有眼球突出于眼眶以外的“龙睛”“雪眼”“玛瑙眼”等；有眼球突出瞳孔向上的“望天”；有在眼眶上长出一对水泡似的半透明组织的“水泡眼”；有鳃盖的后部向外翻转的“翻鳃”“连鳃红”等。如以金鱼鳞片的变异来看，则有鳞片像小蛤壳甚至变得圆如球子的“珍珠”。

斗鱼

斗鱼[①]一名文鱼。出自闽中三山溪内。其大如指，长二三寸许。花身红尾，又名丁斑鱼。性极善斗，好事者以缸畜之，每取为角胜之戏，此博雅者所未之见也。昔费无学有《斗鱼赋》，叙云：“仲夏日长，育之盆沼，作九州朱公制，亭午风清，开关会战，颇觉快心。”又先朝有人携斗鱼数十头，以贻中贵，中贵大悦，为之延誉于朝，遂得显擢者，皆斗鱼之力也。

注 解

①现名丁斑鱼。体略似鲹鱼而长，口不大。臀鳍发达，胸鳍亦长，体色暗褐，具有青色条纹十二条，下面色淡。雌雄鱼的色彩亦有分别，容易认识，雄的善斗，体长六七寸，栖息在河湖池沼里。

绿毛龟

龟[①]乃介中灵物也。故十朋大[②]龟，圣人所取；金钱小龟，博览所尚。是编原属耳目玩好之书，非适口充肠之集。故介类虽多，而惟取于龟。龟之中，又独详夫绿毛者，总因其可供盆玩也。

龟，蛇头龙颈，外骨内肉，肠属于首。卵生，无雄[3]，相顾而神交，或与蛇交而孕。龟蛇伏气，背皆向东，虽有鼻而息以耳。秋冬穴蛰，故多寿[4]，愈老则愈小，至八百年大如钱，千年生毛，是不可得之物也。惟绿毛龟[5]出自南阳内乡[一]，及唐县，今以蕲州者，用充方物，土人取自溪涧中，售之四方。多畜水盆，以为清玩。每以虾与蜓蚰饲之。交冬除水，即藏之匣中[6]，自能伏气不死，来春清明后，仍放水盆中。其背上绿毛，依然如旧。若真绿毛龟，背毛竟有长至一二寸者。中有金线脊骨三棱，底甲如象牙之色，小似五铢钱者为贵。平常龟久养盆中，亦能生毛，但易大而无金线，底板黄黑之不同尔。绿毛者且能辟蛇虺之毒，非无益于园林者也。

校　记

㈠“乡”：乾本误作“卿”。

注　解

①属爬虫纲龟鳖目龟科，栖于河湖池沼间，常食鱼虫杂草，善游泳，又能爬行陆上，遇敌时，头尾四肢皆缩入甲内，一名水龟。

②古代以龟为货币。《易·损》：“十朋之龟。”按《汉书·食货志》有元龟、公龟、侯龟、子龟，为龟宝四品。

③雌龟背甲较高，雄龟背甲较低，实非无雄。

④龟能耐饥渴寒暖，以长寿称于世，但愈老愈小，则是传说，并非事实。

⑤绿毛龟系龟的一种，形似水龟。甲上附生苔类。养于水中，此苔类分披如毛，故名。

⑥龟经冬必须冬眠。故藏在匣内亦无碍。

蟾蜍　蛙

蟾蜍[1]一名詹诸，一名蚵蚾，即虾蟆之属也。生江湖池泽间，今处处有之。又喜居人家下湿之地。其形大头锐，促眉浊声，背有痱磊，行极迟缓，不解长鸣者，为蟾蜍。抱朴子云：蟾蜍千[一]岁则头[2]上有角，颔下有丹书，八字三足者难得。形小口阔[二]，皮多黑斑[三]，能跳接百虫，举动极急者为虾蟆[3]。又一种名蛙，生水中似虾蟆，而皆青绿尖嘴细腰。亦有背作黄路者，谓之金线鼃[4]，性好坐而以脰鸣，生子最多，一鼃鸣百鼃皆鸣，其声甚壮名鼃鼓，至秋则无声矣。三月上巳，农夫听蛙声“上昼叫，上乡熟；下昼叫，下乡熟；终日叫，上、下齐熟”⑤。故章孝标诗云：“田家无五行，水旱卜㈣蛙声。”

校 记

㈠“千”：乾本误作“牛”。

㈡“阔”：中华版、乾本均误作“渴”。

㈢“斑”：乾本误作“班”。

㈣“卜”：中华版误作“下”，乾本误作“小”，按以花说堂版“卜”字是。

注 解

①属两栖纲无尾目蟾蜍科，一名癞虾蟆，性迟缓，不善跳跃，常徐徐匐行，经冬必须冬眠，皮内有毒腺，可制蟾酥或蟾蜍素。

②系属附会传说。

③即田鸡，常捕食田间害虫，对农业上至有裨益。

④鼃系古写蛙字。金线蛙为虾蟆的一种。

⑤原出《月令通考》。上、下乡指高低田。又《农候杂》有：“田鸡叫得哑，低田好稻把；田鸡叫得响，田内好荡桨。”

养昆虫法

昆虫至微之物，何烦笔墨？然而花开叶底，若非蝶舞蜂忙，终鲜生趣。至于反舌无声，秋风萧瑟之际，若无蝉噪夕阳，蛩吟晓夜，园林寂寞，秋兴何来？姑存数种于卷末，良有以也。

蜜蜂

蜂有三种：蜜蜂[①]、土蜂、木蜂。土蜂作房地穴中，形大而黑。木蜂作房树上，身长腰细而黄。皆系野蜂，无所取用。惟蜜蜂身短而脚长，尾有蜂螫，众蜂内有一蜂王，形独大，且不螫人。每日群蜂[②]而[㈠]朝，名曰蜂衙，颇有君臣之义。无王则众蜂皆死。若有二王[③]，其一必分，分出时，老蜂王反逊位而出，众蜂均挈其半，略无多寡。从王出者，不复回旧房。出则群拥护其王，不令人见。当采花时，一半守房，一半挨次出采，如掠花少者受罚，但采各花须，俱用双足挟二花珠。惟采兰花，则必背负一珠，以此顶献于王。又有蜂将，不善往外采花，但能酿蜜。至七八月间，蜂将尽死。若不死则蜜皆被蜂将食去，众蜂必饥。故俗谚云："将蜂活过冬，蜂族必皆空"，亦一异也。养蜂之家，一年割蜜二次，冬三月天气闭藏，百花已尽，量留蜜少许以为蜂之粮。春三月百卉齐芳，则不必多留矣。若养久蜂繁，必有王分出。每见群蜂飞拥而去，速随以行，非歇于高屋檐牙，便停于乔木茂林。收取之法：或用木桶与木匣，两头板盖泥封，下留二三小坎，使通出入，另置一小门，以便开视。如蜂初分无房，即以一开口木桶紧照蜂旁。如蜂不进桶，用碎砂土撒上自收。或用阡张纸焚烟熏之即入桶，收归再接桶在下，同放养蜂处。其房宜在廊下，并忌火日。小满前后割蜜则蜂盛。割法：先将照藏蜂样桶二个，轻抬起蜂桶，将空桶接上，安置端正，仍令蜂做蜜牌子于空桶内，少停数日，乘夜蜂不动时，用刀割取上桶，或用细绳勒断，仍封盖其上桶，然后将蜜牌子用新布一块，滤绞净。其蜜有白有黄，白者鲜而贵，以瓷器贮之。再将蜜渣入锅内，慢火熬煎，候其融化，复绞出渣。用锡镟或瓦盆，先贮冷水，次倾蜡在内，渣以蜡尽为度。人家多有畜至一二十房者。北方地燥，且无善养者，蜂多结房于土穴中，故皆土蜜。人近其房，则群必起而螫之。又不善取，故蜜少。然其功用甚大，老人服此，得以长年。调和药石，非此不可。浸制果蔬，其用亦广。又西方有黑蜂，其大如壶器，亦一异也。

校 记

㈠“而”：乾本误作“两”。

注 解

①属节肢动物门昆虫纲膜翅目蜜蜂科，为采集花蜜的小蜂。

②蜂群中除蜂王（后蜂）外，有雄蜂（即所指的将蜂）及工蜂（职蜂）两种。蜂王每群只一头，生活期自三四年至八九年不等。工蜂实为生殖器发育不完全的雌蜂，体略小，翅健善飞，专门负责营巢、采蜜及保育幼虫等工作。雄蜂体比工蜂稍大而短，前后翅延长，色黑，数量较少，举动缓慢，腹内无贮蜜囊，肢部也没有贮花粉的凹洼，舌短小，尾亦无螫针，其职分，除与雌蜂交尾外，徒贪食飞游而已。至秋初，常被工蜂放逐于巢外或咬毙，其生存期约二十日至二三个月。

③三四月间工蜂旺盛时，准备分封，先作好蜂王的窝，本来里面蜂王的卵和工蜂的卵没有差异，但因有目的地加于培养，饲料特殊，便养成伟大健壮的雌蜂，这就是新蜂王。新蜂王已出窝，不日即将分封。旧蜂王在天气晴朗时候即率领工蜂一部，飞出另营新巢。

蛱蝶

蛱蝶[①]一名蝴蝶，多从蠹蠋所化，形类蛾而翅大身长，四翅轻薄而有粉，须长而美，夹翅而飞。其色有白、黑、黄，又有翠绀者，赤黄、黑黄者，五色相间者，最喜嗅花之香，以须代鼻，其交亦以鼻，交后则粉褪，不足观矣。然其出没于园林，翩跹于庭畔；暖烟别沉蕙径，微雨则宿花房；两两三三，不招而自至；蘧蘧栩栩，不扑而自亲，诚微物之得趣者也。昔唐穆宗禁中，牡丹盛开，有黄白蛱蝶万数，飞集花间。网之，盖得数百，乃金也。又南海有蛱蝶，大如蒲帆，称肉得八十斤，啖之[②]极肥美。

注 解

①系昆虫纲鳞翅目，蝶之一种，旧时以蛱蝶为蝶类总名。今动物学于蝶类又分粉蝶、弄蝶、蛱蝶等科。

②均属传说附会。

蟋蟀

蟋蟀[1]一名莎鸡，俗名趣（一作促）织，又名蛬（即蛩），感秋气而生。形似蝗而小，正黑有光泽如漆。有角翅，二长须。其性猛，其音商，善鸣健斗。色有青黑黄紫数种，总以青黑者为上。其相以头项肥、脚腿长、身背阔者善角胜。凡生于草上者身软，生于砖石者体刚，生于浅草瘠土者性和，生于乱石深坑向阳之地者性劣。每于七八月间，闾[一]巷小儿，及游手好闲之辈，多荒废本业，提竹筒过笼，铜丝罩铁匙等器具，诣丛草处，或颓垣破壁间，或砖瓦土石堆，或古冢溷厕之所。侧耳徐行，一闻[二]其声，轻身疾[三]趋，声之所至，穴斯得矣。或用以铁掠，或操以尖草。不出，再以筒水灌之，则自跃出矣。视其跃处，而以罩罩之。如身小头尖，色白脚细者弃去。若红麻头、白麻头、青项、金翅、金丝额、银丝额，是皆最妙者。次则黄麻头，再次则紫金黑色者，尽皆收归。每一虫不论瓦盆泥钵，实时养起，候有贵公子富家郎，并开场赌斗者，不论虫之高低，每十每百，输钱买去，遂细定其名号曰：油利挞、蟹壳青、金琵琶、红沙、青沙、绀色、枣核形、土蜂形者为一等。长翼飞铃、梅花翅、土狗形、螳螂形者为一等。牙青、红铃、紫金翅、拖肚黄、狗蝇黄、锦蓑衣、金束带、红头紫者为一等。乌头、金翅、油纸灯、三段锦、月额头、香狮子、蝴蝶形者为一等。每日比斗，其中有百战百胜者，是为大将军，务养其锐，以待稠人广众之中，登场角胜。每至白露，开场者大书报条于市，某处秋兴可观，此际不论贵贱老幼咸集。初至斗所，凡有持促织而往者，各纳之于比笼，相其身等、色等，方合而纳乎官斗处，两家亲认定己之促织，然后纳银作采，多寡随便。更有旁赌者与台丁，亦各出采。若促织胜，主胜；促织负，主负；胜者鼓翅长鸣，以报其主，即将小红旗一面，插于比笼上，负者输银。其斗也，亦有数般巧处。或斗口，或斗间。斗口者勇也，斗间者智也。斗间者俄而斗口，敌弱也。斗口者俄而斗间，敌强也。昔人促织有忌四：一曰仰头，二曰卷须，三曰练牙，四曰踢腿，皆不可用。若过寒露后，则无所用之矣。养法：在先置瓦盆百余（近日有烧成促织盆），每盆各致其一，内填泥少许于底，用极小蚌壳一枚盛水。日以鳗鱼、鳜鱼、茭肉、芦根虫、断节虫、扁担虫饲之。如无虫，以熟栗子黄米饭为常食。如促病积食，以水拌红虫饲之。冷病嚼牙，以带血蚊虫饲之。热病，以绿豆芽尖叶或棒槌虫饲之。斗后粪结，以粉青、小青虾饲之。斗伤以自然铜浸水点之，牙伤以茶姜点之。咬伤者，以童便调蚯蚓粪点之。气弱者，饲以竹蝶。身瘦者，饲以蜜蜂。如此调养，促织之能事毕矣。

校记

㈠"闾":乾本误作"间"。

㈡"闻":乾本误作"问"。

㈢"疾":乾本误作"即"。

注 解

①属昆虫纲直翅目蟋蟀科。种类颇多,大都是作物的害虫。《尔雅·释虫》:"蟋蟀蛬。"郭注:"今促织也。亦名蜻蛚。"又《方言》:"蜻蛚,楚谓之蟋蟀。"按今动物学,蜻蛚与蟋蟀虽属同科,而非一物。

鸣蝉

鸣蝉①一名寒蜇㈠,夏曰蟪蛄,秋曰蜩。又㈡楚谓之蜩,宋卫谓之螗,陈郑谓之眼蜩,又名腹育㈢。雌者谓之疋,不善鸣。乃朽木及蛴螬腹蛸所化,多折裂母背而生。无口而以胁㈣②,鸣声甚清亮而闻远,鸣则天寒。头方有緌,两翼六足,能含气不食,应候守常,多息于高柳、桑枝之上,死惟存一壳,名曰蝉蜕㈤③。生有五德:饥吸晨风,廉也;渴饮朝露,洁也;应时长鸣,信也;不为雀啄,智也;首垂玄緌,礼也。取者,以胶竿首承焉,则惊飞可得。儿小多称马蛰,取为戏。以小笼盛之,挂于风檐或树杪,使之朗吟高噪,庶不寂寞园林也。

校 记

㈠"蜇":乾本误作"桨"。

㈡"又":乾本误作"及"。

㈢"育":乾本误作"查"。

㈣"胁":善成堂版、中华版均误作"肠"。

㈤"蜕":各版均误作"脱"。

注 解

①属昆虫纲半翅目蝉科。种类甚多,有寒蝉、茅蜩、蟪蛄、蜋蜩、蚱蝉、山蝉等。

②雄体腹面有鸣器一对,雄的没有,不能鸣,叫哑蝉。

③见《说文》,按凡虫类所解的皮都叫"蜕"。

金钟儿

金钟儿[①]似促织身黑而长。锐前丰后，其尾皆歧，以跃为飞，以翼鼓鸣。其声则磴棱棱，如小钟。然更间以纺绩虫之声，秋夜闻之，犹如鼓吹。此虫暗则鸣，晓即止。瓶(一)以琉璃，饲以青蒿，亦点缀秋园之一助也。不因(二)其微而弃(三)之。

校　记

(一)“瓶”：乾本误作“于”。

(二)“因”：乾本误作“囚”。

(三)“弃”：乾本误作“叶”。

注　解

①属蟋蟀科。一名铃虫。体形似西瓜子而较浑，色黑褐，头部小，触角呈丝状。雄体比雌体小，唯前翅较大而有波状脉，常平叠能互相摩擦而发声，鸣声可爱。

纺绩娘

纺绩娘[①]北人呼为聒聒儿。似蚱蜢而身肥，音似促织而悠长，其清越过之，有好事者捕养焉。以小秸(一)笼盛之，挂于檐下。风清露冷之际，凄声彻夜，酸楚异常。梦回枕上，俗耳为之一清。觉蛙鼓莺题，皆不及也。故韵士独取秋声，良有以也。每日以丝瓜花(二)或瓜穰饲之可久，若纵之林木之上，任其去来，远聆其音，更为雅事。

校　记

(一)“秸”：花说堂版及乾本均误作“楷”。

(二)“每日以丝瓜花”：乾本误作“母口以孙瓜花”。

注　解

①属昆虫纲直翅目螽斯科。体长约一寸七分。色绿或黄褐，头部较小，触角黄褐，为丝状，颇长。前胸前狭后宽，后肢长大，善跳跃，后胫节最长，翅达于尾端，雄的前翅，有微凸的发声镜，能鸣。鸣声唧唧让让，音韵悠长，抑扬可听。

萤

萤[①]一名景天，一名熠耀，又曰夜光，多腐草所化[②]。初生如蛹，似蚊而脚短。翼厚，腹下有亮光[③]。日暗夜明，群飞天半，犹若小星。生池塘边者曰水萤，喜食蚊虫。好事者，每捉一二十，置之小纱囊内，夜可代火，照耀读书，名曰宵烛。小儿多以此为戏。园中若有腐草，自能生之不绝，不烦主人力也。昔车武子家贫，夜读书无灯，以练囊[㈠]盛萤照读。一种水萤，多居水中，故唐李卿有《水萤赋》。又隋炀帝夜游，放[㈡]萤火数斛，光明似月，亦好嬉之过也。

校 记

㈠“囊”：乾本误作“裹”。

㈡“放”：善成堂版、中华版均误作“故”。

注 解

①属昆虫纲鞘翅目萤科，体长雌雄相等，约五分许，色黑褐，前胸部桃色，头隐于前胸下，尾端色暗黄。

②萤产卵水滨之草根。卵黄色，微现磷光，约一月化蛆，栖水边。冬伏土中，翌春蛹化为成虫。古代每误以为腐草所化生。种类颇多。

③萤尾端具有发光器，由多数细胞合成，细胞内有一种可燃物，遇支气管输入的氧气便发光。

修订后记

《花镜》在我国古农书中虽属后起，但在园艺方面是早期的文献。作者从事园林工作到七十余岁的高龄才完成此书，其中以《花历新裁》，掌握季节，最为落实。对庭园规划，花木配植，特具心得，尤以《课花十八法》论述种种栽培管理技术有独到之处。作者对自然界现象已运用观察、实验等方法进行研究，找出植物生长发育的一般规律和栽培管理的相应技术，并据此总结了祖国劳动人民的经验和前人研究的成果，进一步有所提高，其中有些地方还纠正了古书中的某些错误，提出了不少的创见，因此，《花镜》可说是祖国园艺学中一部宝贵的遗产。

又《花镜》一书，以往许多版本，均题为《园林花镜》，这是由于其对庭园规划，论述相当透辟，由于他对植物生长有了较深刻的体会，如《种植位置法》里说："草木之宜寒、宜暖、宜高、宜下者，天地虽能生之，不能使之各得其所，赖种植位置之有方耳。如园中地广，多植果、木、松、篁；地隘，只宜花草药苗。设若左有茂林，右必留旷野以疏之；前有芳塘，后必筑台榭以实之，外有曲径，内当垒奇石以邃之。"并强调指出要结合植物的生物学特性、植物学特征和色相的配合。他说："花之宜阳者，引东旭而纳西晖，花之喜阴者，植北囿而领南薰。其中色相配合之巧，又不可不论也。"同时举出二十多种主要花木的配植方式并加以说明，"如牡丹、芍药之艳姿，宜玉砌台阶，佐以嶙峋怪石，修篁远映。梅花、蜡梅之清操，宜疏篱竹坞，曲园暖阁，红白相间，古干横施。……桃花夭冶，宜别墅山隈，小桥溪畔，横参翠柳，斜映明霞。杏花繁灼，宜屋角墙头，疏林广榭。梨之韵，李之诘，宜闲庭广圃……菊之操介，宜茅舍清垒，使带露餐英，临流泛蕊。……海棠韵娇，宜雕楼峻宇，……木樨香胜，宜崇楼广厦，挹以凉飕……紫荆荣而久，宜竹林花坞。芙蓉丽而闲，宜寒江秋沼。松柏骨苍，宜峭壁奇峰。藤萝掩映，其余异品奇花，不能详述。总之，因其质之高下随其花之时候，配其色之深浅，多方巧搭，虽药苗野卉，皆能点缀姿容，以补园林之不足，使四时有不谢之花……"此外，对于亭榭的布置、回廊曲槛的安排，他也有一定的见解。这些都表达了祖国古典庭园艺术朴素的、优美的、雄浑的民族风格。年前本书参与欧洲各国出版展览，亦得到不少的好评，欧西人士极誉中国为“园林之母”，诚非偶然的。

《花镜》作者，自称有“文园馆课”“书屋讲堂”等事物，又据张国泰序说，“归来高士，退老东篱，知止名流，养安北牖”，“遨游白下，著书满家；终老西泠，寄怀十亩”。从这里可以看出，他当时是在明亡以后，不做清朝官吏的所谓“高士”，退归田园从事花草果木栽培，并兼授徒为业的老书生，不过他是否如所说“锄园艺圃，调鹤栽花”，亲自参加体力劳动呢？这只能说可能有一段时间参加过多少劳动，或附带劳动，到了老年便只是指点园丁工作了。这从原书“花间日课”四则中，可以看到。其第一则“春”载：“薄暮绕径，指园丁理花，饲鹤种鱼。”第二则“夏”载：“薄暮箨冠蒲扇，立高阜，看园丁抱瓮浇花。”从这里可以看出作者并没有亲自参加劳动，不过在黄昏时候指点或看园丁操作罢了。再谈作者自奉方面，第三则“秋”载：“日晡持蟹螯鲈脍，酌海川螺，试新酿。”第四则“冬”载：“禺中置毡褥，烧乌薪”，“羔裘貂帽”，说明作者并非“贫无长物”者，而是封建有闲阶级中的一员。作者生长在明末清初的封建时代，因而在写作中夹杂着不少封建迷信的东西，我们在接受学习前人的生产经验时，应该抱批判的态度，取其精华去其糟粕，做到吸取营养，古为今用。

这次再版，特在“批注”里择要补充繁殖、栽培、药用以及其他有关问题，尽量做好古为今用工作。

此外，在本书花果类荔枝篇的第五批注里，曾提到《蔡襄荔枝谱》是我国最早的荔枝专著，而《广中荔枝谱》则列在其后。年来我在编撰《广东荔枝志》时，查得清初人编写的《广群芳谱・荔枝部》已引用郑熊《广中荔枝谱》，《古今图书集成·草木典》亦引过此书，列在唐段公路《北户录》之后。《说郛》书中亦列有唐郑熊《番禺杂记》一部，（按郑著有《番禺杂记》三卷、《广中荔枝谱》一卷）惟查《宋史·艺文志》、南宋陈振孙的《直斋书录题解》及黄文裕《广东通志》，均列郑为北宋初人，且记其事迹较详，故以此说为可靠。郑谱成于公元十世纪六十年代，著录有荔枝品种二十二个，《浪斋别录》说，蔡作谱于安静堂时，曾参阅郑谱，可见其时该谱尚存，以后才散佚；蔡谱成于公元一〇五九年，至今仍存，故《蔡襄荔枝谱》仍是现存的最早的荔枝专书，特在此加以说明。

伊钦恒记　一九七八年秋月

出版后记

《花镜》是我国古代著名的观赏植物专著。本书的作者在以往的介绍中多作“陈淏子”，但根据其同时期后辈文人所作的文章，其称谓均为“陈淏”，由此可知《花镜》的作者署名为陈淏较为恰当（据陈剑先生）。作者撰写此书时，已77岁高龄。有关他的生平，我们可以大致从旁人的一些记载文字中窥见一二。如张国泰序中说“遨游白下，著书满家”，可见他曾在南京遨游，而且著作甚多；“终隐西泠，寄怀十亩”，则是最终隐居杭州，寄情山水田亩之间，后将一生种花的经验写成了这本我国观赏植物的巨著——《花镜》。

《花镜》问世以后，受到了人们的高度赞扬，流传很广。在校注者的序言中，我们可以看到《花镜》的众多版本。我国农业出版社最早曾于1962年出版此书，并于七八十年代数次加印，足见其受欢迎程度。

本书的编者在大学读书的时候，曾于图书馆阅读过农业出版社伊钦恒先生校注的《花镜》，当时就非常喜欢。时隔多年，该版《花镜》早已不见于市，而且受限于当时的印刷条件等，存在一些拉丁学名错误、图片不清晰等问题。于是编者下决心重做此书，并努力联系到校注者伊钦恒先生的后人，获得校注文字授权。在此过程中，要感谢何日胜教授、赵永达、曾繁华、梁德新先生给予的帮助。

为了给本书搭配最科学、最精美的插图，编者联系到了《江苏植物志》（2013—2015）的主编刘启新研究员。他非常支持本书再版，同时，江苏省中国科学院植物研究所也授权本书使用《江苏植物志》中的插图。但是，其中的个别插图因年代久远，无法联系到作者本人，希望插图作者看到本书后，及时与我们取得联系，以便我们支付相应稿酬。非常感谢植物研究所的各位老师，使得本书得到了最大程度的完善。

在编辑的过程中，编者主要参考了《中国植物志》和《江苏植物志》确定各植物的拉丁学名；针对原书中的一些字句，也参考了陈剑先生的点校本《花镜》，及孟方平先生《〈花镜〉伊校本拾遗》一文，获得了不少启发；另外还有宋希於、张莉老师的指导和建议，在此一并表示感谢。受限于编者水平，本书不可避免会有一些错误，敬请广大读者批评指正，我们将在再版时予以改正。

联系邮箱：fengshaowei@hinabook.com.

本书编者

2021 年 7 月

图书在版编目（CIP）数据

花镜 /（清）陈淏著；伊钦恒校注 . -- 南京：江苏凤凰文艺出版社，2021.9

ISBN 978-7-5594-5367-9

Ⅰ . ①花… Ⅱ . ①陈… ②伊… Ⅲ . ①观赏园艺—中国—清代 Ⅳ . ① S68

中国版本图书馆 CIP 数据核字 (2020) 第 216676 号

花镜

[清] 陈淏 著　伊钦恒 校注

策　　划　银杏树下
责任编辑　王　青
特约编辑　冯少伟
装帧设计　墨白空间 · 郑琼洁
出版发行　江苏凤凰文艺出版社
　　　　　南京市中央路 165 号，邮编：210009
网　　址　http://www.jswenyi.com
印　　刷　北京天宇万达印刷有限公司
开　　本　720 毫米 ×1000 毫米　1/16
印　　张　21.5
字　　数　300 千字
版　　次　2021 年 9 月第 1 版
印　　次　2021 年 9 月第 1 次印刷
书　　号　ISBN 978-7-5594-5367-9
定　　价　78.00 元